国防科技图书出版基金

无线网络中的博弈论

Game Theory for Wireless Networks

何世彪　吴乐华　胡中豫　编著

国防工业出版社

·北京·

图书在版编目(CIP)数据

无线网络中的博弈论/何世彪,吴乐华,胡中豫编著.
—北京:国防工业出版社,2016.4
ISBN 978-7-118-10199-7

Ⅰ.①无… Ⅱ.①何… ②吴… ③胡… Ⅲ.①博弈
论－应用－无线电通信－通信网－研究 Ⅳ.①TN92

中国版本图书馆 CIP 数据核字(2016)第 064375 号

※

*国防工业出版社*出版发行

(北京市海淀区紫竹院南路 23 号 邮政编码 100048)
腾飞印务有限公司印刷
新华书店经售

*

开本 710×1000 1/16 印张 14¼ 字数 260 千字
2016 年 4 月第 1 版第 1 次印刷 印数 1—2500 册 定价 79.00 元

(本书如有印装错误,我社负责调换)

国防书店:(010)88540777   发行邮购:(010)88540776
发行传真:(010)88540755   发行业务:(010)88540717

致 读 者

本书由国防科技图书出版基金资助出版。

国防科技图书出版工作是国防科技事业的一个重要方面。优秀的国防科技图书既是国防科技成果的一部分,又是国防科技水平的重要标志。为了促进国防科技和武器装备建设事业的发展,加强社会主义物质文明和精神文明建设,培养优秀科技人才,确保国防科技优秀图书的出版,原国防科工委于1988年初决定每年拨出专款,设立国防科技图书出版基金,成立评审委员会,扶持、审定出版国防科技优秀图书。

国防科技图书出版基金资助的对象是:

1. 在国防科学技术领域中,学术水平高,内容有创见,在学科上居领先地位的基础科学理论图书;在工程技术理论方面有突破的应用科学专著。

2. 学术思想新颖,内容具体、实用,对国防科技和武器装备发展具有较大推动作用的专著;密切结合国防现代化和武器装备现代化需要的高新技术内容的专著。

3. 有重要发展前景和有重大开拓使用价值,密切结合国防现代化和武器装备现代化需要的新工艺、新材料内容的专著。

4. 填补目前我国科技领域空白并具有军事应用前景的薄弱学科和边缘学科的科技图书。

国防科技图书出版基金评审委员会在总装备部的领导下开展工作,负责掌握出版基金的使用方向,评审受理的图书选题,决定资助的图书选题和资助金额,以及决定中断或取消资助等。经评审给予资助的图书,由总装备部国防工业出版社列选出版。

国防科技事业已经取得了举世瞩目的成就。国防科技图书承担着记载和弘扬这些成就,积累和传播科技知识的使命。在改革开放的新形势下,原国防科工委率先设立出版基金,扶持出版科技图书,这是一项具有深远意义的创举。此举势必促使国防科技图书的出版随着国防科技事业的发展更加兴旺。

设立出版基金是一件新生事物,是对出版工作的一项改革。因而,评审工作需要不断地摸索、认真地总结和及时地改进,这样,才能使有限的基金发挥出巨大的效能。评审工作更需要国防科技和武器装备建设战线广大科技工作者、专家、教授,以及社会各界朋友的热情支持。

让我们携起手来,为祖国昌盛、科技腾飞、出版繁荣而共同奋斗!

国防科技图书出版基金
评审委员会

国防科技图书出版基金
第七届评审委员会组成人员

Ⅴ

前　　言

　　博弈的形式和方法在人类活动中早已存在，但博弈论作为系统理论的呈现较晚，19 世纪学术界开始研究经济学中的博弈行为，最著名的有关于产量决策的古诺（Gournot）博弈和关于价格决策的贝特兰德（Bertrand）博弈。现代博弈论起源于 20 世纪初，标志性成果是冯·诺伊曼（von Neumann）和摩根斯坦恩（Morgenstern）合著的《博弈论与经济行为》一书。50 年代，纳什（Nash）研究了非合作博弈形式，并提出了纳什均衡的概念，为非合作博弈的一般理论奠定了基础。60 年代现代博弈论成熟，不完全信息的扩展使得博弈理论变得更具有广泛的适应性，基本概念也得到系统阐述与澄清，博弈论成了完整而系统的理论。70 年代以后，博弈论得到进一步发展和丰富，除在经济领域获得巨大成功的应用之外，对相关的学科也产生了强有力的影响；同时，计算机技术的飞速发展使得复杂博弈模型求解变得可能，人们开始使用博弈论的思想与方法分析和解决工程领域问题。

　　在需求牵引和技术推动下，许多新的通信技术与新型无线网络得到迅猛发展，网络的形态各异、结构复杂、功能多样，使得使用传统的分析方法和理论工具分析无线网络的相关问题变得越来越吃力，因此需要有新的理论、方法和工具分析无线通信领域的相关问题。博弈理论正成为许多新理论、新方法中的最有代表性和最有发展前景的一种理论方法。近年来的研究表明，无线网络的几乎所有问题，都可利用博弈论的方法进行建模和分析，最典型的如功率控制、干扰避免、接入控制、频谱共享、路由、拥塞控制、资源分配、网络攻防及信息安全问题、跨层设计和优化、信任管理等。

　　本书在阅读大量文献的基础上，结合作者的探索实践，从工程应用角度对博弈论的基本概念、基本形式、基本定义、基本定理、基本博弈模型及相关性质进行了全面的梳理和介绍。结合无线网络中的博弈应用，对博弈的主要模型和建模方法进行了系统的归纳。对于博弈论在无线网络中的典型应用，如功率控制、资源分配、干扰避免、主动防御、跨层优化等问题的博弈建模、算法实现及性能评价进行了全面分析和讨论。对博弈论在无线网络中其他前瞻性问题进行了初步阐述。

　　本书的主要特点：

　　（1）系统性。系统地介绍博弈论的基本概念、基本定理、基本定义、相关博弈性质、常见博弈形式和博弈建模基本方法。

　　（2）针对性。无论是从博弈的概念阐述还是其应用都基于无线网络的需求，而不像一般的博弈论书籍主要针对经济学的应用，书中所举的例子基本上是针对无线网络中的具体问题进行博弈建模的。

（3）新颖性。汇集了最新的研究成果，将近年来涌现的大量研究成果进行归纳和总结，整理出博弈论典型应用模式，而这些应用又具有方法论的意义。

（4）理论性。涉及无线网络及其发展的总体趋势、基本理念以及一些技术问题的深层思考，如智能通信的问题、与环境的最优匹配问题、通信中的合作问题、局部最优与全局最优问题等。

（5）创新性。书中包含了作者多年的研究心得和学术成果，如认知无线电的频谱分配、功率控制，以及无线 ad hoc 网络的信道分配等。书中引入的算法都经过理论证明或仿真验证，证明其是有效的、正确的。

本书由何世彪教授统一编写，胡中豫教授用多年的研究成果为本书提供了有力支撑，吴乐华教授对本书的材料组织、格式调整及书稿的文字做了大量的工作，研究生苏志广、胡智伦、郑鹏宇、戴昊峰的部分研究成果为本书提供了素材。感谢于全院士及曾孝平教授对本书提出的指导性意见，感谢本书参考文献作者，他们的研究成果为作者提供了有益的启迪，许多关键性成果直接成为本书的支撑。

感谢国防科技图书出版基金的资助，感谢国防科技图书出版基金的评委和国防工业出版社的同仁对本书出版的支持。本书受重庆市科委"应急通信重庆市重点实验室能力提升项目"（编号 cstc2014pt - sy40003）资助。

由于作者水平有限，书中难免存在疏漏、不当之处，恳请广大读者不吝指正。

作 者

目　录

Contents

第1章 博弈论基础

在人类活动中,博弈自古就有,例如,某些对抗性游戏、战争及外交都是博弈过程。博弈是指参与博弈的各方,即参与者按照一定的规则选择策略(或采取行动),以便获得既定目标或收益的相互作用过程。博弈论是研究博弈过程的科学理论或工具集合。博弈论是一门古老而又年轻的学科,我国春秋时期的军事著作《孙子兵法》,在某种意义上就是一部博弈论的著作。近代博弈论的概念和相关的理论出现较晚,主要关注的是经济领域,研究经济活动决策过程和利益最大化的问题。博弈论也是应用数学的一个分支,主要研究最优决策的问题,通常称为"对策论",它起源于20世纪初期,自80年代以来得到了进一步完善和广泛应用。在这段时间,博弈论除本身发展成为一个相对完善、内容丰富的理论体系,成功应用于经济领域外,还在政治学、生物学、计算机科学、军事、外交、国际关系、公共政策、犯罪学等领域得到广泛应用,并产生了重要影响。近年来,随着无线通信技术的高速发展及广泛应用,在无线网络中出现了一些用传统的分析方法很难解决的问题,于是人们开始将博弈论的理论和方法引用到无线网络中,分析、理解、解决诸如功率控制、资源分配、拥塞控制、路由、拓扑控制、信任管理、跨层优化及其他相关问题。10多年来,有关博弈论在无线网络中的应用取得了许多积极成果,尤其是认知无线电概念提出后,引入博弈论的理论和方法研究解决认知网络中的相关问题,已引起广泛注意和讨论。但是在无线网络中应用博弈论的理论和方法毕竟还处在初级阶段,许多技术人员对于博弈论的基本理论和方法还很陌生,本书就是将博弈论的基本概念、原理和方法,从技术人员的角度进行总结,将近些年来应用博弈论分析解决无线网络中问题的研究成果进行梳理,并结合自己的研究成果,系统阐述无线网络系统中的博弈论应用问题,讨论其发展的相关问题。

1.1 博弈论的发展概况

虽然对博弈的形式和方法研究自古就有,但是现代博弈论作为系统理论的呈现,公认是起源于20世纪初,最早是微观经济学的组成部分。1949年,冯·诺伊曼(von Neumann)和摩根斯坦恩(Morgenstern)合著的《博弈论与经济行为》一书为现代博弈论奠定了理论基础。下面简单回顾现代博弈论的发展过程[1-3]。

19世纪,学术界已开始研究经济学的博弈行为,最为典型的有产量决策的古诺(Gournot)模型和关于价格决策的贝特兰德(Bertrand)模型(分别于1838年、1883年提出),到目前为止仍被广泛应用。

20世纪初期是博弈论系统研究的起步阶段,一个标志性成果是从竞赛与游戏中引出的二人零和博弈,并且提出了扩展性策略、混合策略等重要概念。这一时期最重要的成果是冯·诺伊曼的最小最大定理(1928年),他为二人零和博弈提供了解法,同时对博弈论的发展产生了重大影响。20世纪博弈研究的奠基之作《博弈论与经济行为》系统地汇集了博弈论的研究成果,首次完整而清晰地表达了博弈的整体框架,使之成为一门科学。该书还详细地讨论了二人零和博弈,对合作博弈做了探讨,开辟了一些新的研究领域,并在经济学上广泛应用。

20世纪50年代,纳什(Nash)研究了非合作博弈形式,并提出了纳什均衡的概念,为非合作博弈的一般理论奠定了基础,开辟了博弈研究的一个全新领域。他规定了非合作博弈的形式,定义了著名的"纳什均衡点"。此后几十年中,大量学者致力于研究博弈的结构,发展"纳什均衡点"理论,探讨其实际应用的可能性。与此同时,合作博弈理论在这个阶段也得到发展。军事和经济成为博弈论应用的主要领域。

20世纪60年代是博弈论研究成果丰硕的时期,也标志着现代博弈论的成熟。不完全信息的扩展使博弈理论变得更具有广泛适应性,基本概念也得到系统阐述与澄清,博弈论成为完整而系统的体系,并在经济理论"逻辑范畴"与相应的"博弈重要解"之间找到了对应关系,特别是博弈论与数理经济理论间建立了内在的、牢固的关系。海萨姆与塞尔腾正是在这一时期开始他们的工作的,海萨姆提出了不完全信息理论,开始对均衡选择问题的研究。

20世纪70年代至今是博弈论的进一步丰富和发展时期。博弈论本身在若干领域获得重大突破并开始对其他学科的研究产生强有力的影响。计算机技术的飞速发展使得研究复杂算法与涉及大规模计算的博弈模型发展起来。经济模型有更深入的研究,特别是非合作博弈理论被应用于若干特殊的经济模型中,使得一些复杂的经济问题得到博弈解。博弈论还应用于生物、计算机科学、工程领域和哲学领域。博弈论逐渐成为人们分析、认识、解决许多领域的决策问题的工具。

正是由于博弈论特有的思想方法、精确程度和诱人的应用前景,吸引了许多经济学家、数学家投身于这一研究领域。有人认为,如果20世纪50年代是"一般均衡理论"的时代,60年代是"增长理论"的时代,70年代是"信息经济学"时代,那么80年代则是"博弈论"引起经济理论"革命的时代"。由此反映人们对博弈论在现代经济中的重要地位和作用的积极评价。

进入21世纪,博弈论在社会领域、经济领域获得广泛应用的情况下,正逐渐向工程领域渗透。随着认知无线电概念的提出[4,5],分析无线电的相互作用、相互合作的问题,博弈论正成为一种不可或缺的工具。在传统的无线网络中,博弈论模型被用来更好地理解和分析无线网络中的功率控制、路由、拥塞控制、信任管理以及资源分配的一些问题[6-8]。可以预期的是,博弈论将成为无线网络的一种有效的分析工具,在未来的无线系统设计、资源优化配置及系统性能评估等方面必将起到巨大的作用。

1.2　博弈论的基本概念和术语

博弈论是处理相互作用的竞争或合作过程的理论(或工具),理想的目标是以最小代价获得最大收益。博弈的基本的手段是"胡萝卜加大棒"。这个"胡萝卜"可以是自然的奖赏(如最大化利润、最优的通信效果等),也可以是人为设置的一种奖励机制。同样,"大棒"可能是自然的惩罚(如产量超过市场总需求,利润降低甚至为0;通信用户不当作为,系统相互干扰严重,无法工作等),也可能是人为设置的一种惩罚机制。奖励机制和惩罚机制主要是用于调整参与者的行为,以期系统(或过程)朝着预期的目标演进。其实,在博弈论中还隐含着智能学习、推理、人工智能的部分,这部分是博弈论的精髓。因为无论是在经济学中、通信领域还是在其他领域运用博弈论,都有一个策略的选择问题,需要对相应环境、对手的行为、可能的结果进行学习、分析判断,才能做出正确的决策,而且需要对相互作用过程的外部环境进行有效的测量、感知等。博弈论是严密的科学体系,构建这个体系需要一系列的概念、术语、定义、定理。下面首先介绍博弈论的主要概念、术语、基本定义和定理。

1.2.1　博弈及博弈论的定义

定义 1.1　博弈

博弈是相互作用决策过程的模型[9]。

一组博弈参与者,为追求某一目标(该目标可能是个体的目标,也可能是整体的目标)按照一定的规则选择策略,每个参与者选择的策略对其他参与者选择策略产生影响,而其他参与者选择的策略对该参与者的策略选择也产生影响,所有参与者选择的策略相互作用,产生博弈结果。博弈结果是所有参与者选择策略的函数,决策者从过程的结果来看具有潜在的冲突目标。下面先介绍几个例子。

例 1.1　囚徒困境。

一次严重的仓库纵火案发生后,警察在现场抓到甲、乙两名犯罪嫌疑人,怀疑他们为了报复而一起放火烧了整个仓库,但警方没有足够的证据。于是警方将两名嫌疑人隔离囚禁起来,要求他们坦白交代。如果他们都坦白交代,每人获刑 3 年;如果他们都拒不坦白,由于证据不足,则每人获刑 1 年;如果一名抵赖另一名坦白,则抵赖者获刑 5 年而坦白者将免于刑事处罚。

这是一个典型的博弈过程,甲、乙两名犯罪嫌疑人采用不同的策略(坦白,抵赖),会有不同的结果。可以用收益矩阵表示两名囚徒的博弈过程和结果,如图 1 - 1 所示。用 C 表示坦白(Confess),用 D 表示抵赖(拒绝)(Deny),图中的数字表示他们选择不同策略(坦白,抵赖)的收益(获刑年数)。

		囚徒甲	
G		C	D
囚徒乙	c	(3,3)	(0,5)
	d	(5,0)	(1,1)

图 1 - 1　囚徒困境的矩阵表示

例 1.2　石头 - 剪刀 - 布。

这是一个传统的猜拳游戏。赢得博弈效用为 1,输掉博弈效用为 - 1,打平则效用为 0。博弈可以描述为矩阵的形式,如图 1 - 2 所示。若玩家 1(行玩家)出布 p,而玩家 2(列玩家)出石头 R,则结果为 (p,R),结果收益矢量为 $(1, -1)$,等等。

		玩家2		
G		P	R	S
玩家1	p	(0,0)	(1,-1)	(-1,1)
	r	(-1,1)	(0,0)	(1,-1)
	s	(1,-1)	(-1,1)	(0,0)

图 1 - 2　石头 - 剪刀 - 布博弈的矩阵表示

例 1.3　认知无线电困境。

假设两个无线电工作于同一环境,试图最大化它们的吞吐量。每个无线电可以实现两个波形:一个窄带波形;另一个宽带波形。如果两个无线电选择窄带波形,行动矢量为 (n,N),信号在频率上分开,每个吞吐量可达 9.6kb/s。若一个无线电用宽带波形,而另一个无线电用窄带波形,行动矢量为 (n,W) 或 (w,N),则发生干扰,窄带信号吞吐量为 3.2kb/s,而宽带信号吞吐量为 21kb/s。如果两者均选择宽带波形,则每个吞吐量为 7kb/s。博弈结果如图 1 - 3 所示。

定义 1.2　博弈论

博弈论是分析研究相互作用决策过程的理论和分析工具的集合[9]。

博弈论是一种使用严谨数学模型解决现实中利害冲突、合作、竞争的理论,有

	无线电2	
G	N	W
无线电1 n	(9.6,9.6)	(3.2,21)
无线电1 w	(21,3.2)	(7,7)

图 1-3 无线电困境的矩阵表示

它自己的工具和分析方法。博弈论的一般分析方法是:建立博弈模型;确定目标函数(效用函数);证明博弈过程的收敛性;求博弈均衡解;等等。

1.2.2 博弈的组成要素

一般来说,博弈过程主要包括如下五个组成部分:

（1）参与者:也称局中人、博弈方、玩家,可以是某个理性个体,也可以是一个组织或团体,它们独立选择策略,采用行动,参与博弈过程,获得自己想要的博弈结果。在博弈模型中,一般假设参与者是"理性的",即参与者只会选择对自己有利的策略,而不管这种行为是否会损害其他的参与者。由于参与者的相互依存性,博弈中一个理性的决策必定建立在预测其他参与者的反应之上。一个参与者将自己置身于其他参与者的位置,并为对方着想从而预测其他参与者将选择的策略,在这个基础上该参与者决定自己最理想的行动,这就是博弈论方法的本质和精髓。所以参与者应该清楚地知道自己的目标和利益所在,在博弈中总是采取最佳策略以实现其效用或利益的最大化。博弈中所有参与者组成的集合称为参与者集合,通常用 $\mathbb{N} = \{1,2,\cdots,N\}$ 表示,单个参与者 $i,i \in \mathbb{N}$。

（2）策略集合:博弈模型中每个参与者有一组可选择的策略集合 S_i,在博弈中策略通常与行动等效,选择什么样的策略就意味着采取相应的行动。若以行动来表示,则参与者 i 的行动集合表示为 A_i。参与者在进行博弈时,通常要从该集合中选择某一个行动矢量,记为 $a_i(a_i \in A_i)$。所有参与者的行动矢量集合称为参与者行动空间,它是单个参与者行动集合的笛卡儿积,记为 $A = \times_{i \in \mathbb{N}}A_i$。对于策略空间来说,有 $S = \times_{i \in \mathbb{N}}S_i$。

（3）结果空间:每个策略矢量产生一个相应的结果(收益),此结果是由每个参与者选择的策略共同决定的,它们之间相互作用。因此,在每个博弈中,都存在着一个从策略矢量到某个结果空间的映射。由于这个映射关系是预先定义好的,因而大多数的博弈往往只考虑产生结果的策略矢量而不是关注结果本身,即选择了某个策略就意味着某种博弈结果。

（4）偏好关系:是指对两个结果或两个策略矢量之间的一种倾向性选择,是一个二元选择问题。如果对 X 的两个结果 $x_1, x_2 \in X$，更倾向 x_1，则记为 $x_1 \geq x_2$（读作 "x_1 弱偏好于 x_2"），表示选择 x_1 的愿望至少不比选择 x_2 的愿望弱；若选择 x_1 的愿望一定强于选择 x_2，则表示为强偏好关系，记为 $x_1 > x_2$；若选择 x_1 的愿望与选择 x_2 的愿望一样，则记为 $x_1 \sim x_2$。

对于规模较小的博弈，可以对每个参与者在所有可能结果上列出偏好表。然而，当博弈规模增加时，则偏好表疯狂增长，用列表的方式不现实。

（5）效用函数：又称目标函数或收益函数，是对偏好关系的一种数学描述，即将两种结果的偏好关系用具体的参数值来描述，是策略矢量到一组实数值的映射，$u_i : X \rightarrow \mathbb{R}$。

效用函数是以紧凑的方式表示偏好关系。

定义 1.3 效用函数[8]

一个偏好关系 "$\geq$" 可以表示为效用函数，$u : X \rightarrow \mathbb{R}$，即

$$x_1 \geq x_2 \Leftrightarrow u(x_1) \geq u(x_2)$$

给效用函数安排具体数字是次要的，但效用函数要保留偏好关系，即效用函数保留序数关系。例如，假设参与者 j 偏好于苹果而不是橙子，从保留偏好关系上，$u_j(\text{apple}) = 1$ 及 $u_j(\text{orange}) = 0.5$，可以等效地写为 $u_j(\text{apple}) = 1000$，$u_j(\text{orange}) = 10$。面对选择苹果和橙子，参与者 j 偏好于苹果，因此可以预期选择苹果。

（6）决策规则：一个特定的博弈模型中参与者选择策略的规则，即参与者如何根据其预期收益调整其下一个策略，策略的调整依据是决策规则。

（7）决策时间：参与者决策更新的时刻，根据策略更新过程的时刻不同可分为如下四个部分。

① 同步决策过程：所有参与者在一个周期内同时更新其选择的策略。

② 循环决策过程：每个参与者在一个周期内依次更新其选择的策略。

③ 随机决策过程：参与者不定时、随机地更新其选择的策略（一次博弈过程中只有一个参与者更新策略）。

④ 异步决策过程：参与者随机地更新其选择的策略（一次博弈过程中有多个参与者更新策略）。

（8）博弈信息：参与者在博弈中所具备的知识，特别是有关其他参与者的特征（收益、偏好等）、行动或策略的知识。在博弈过程中：若参与者掌握其他参与者的全部信息，则这种信息称为完全信息；若仅掌握其他参与者的部分信息，则称为不完全信息。如果一个参与者不但具有完全信息，而且还准确掌握其他参与者所采取的行动，则这种信息为完美信息；反之称为不完美信息。信息对于参与者的意义和作用至关重要，掌握信息的多少将直接影响到决策的准确性，从而关系到整个博弈的结果。有经验的参与者总是尽可能地收集博弈信息，从而在采取策略进行决

策时掌握主动。

不同形式的博弈其组成要素有所不同,标准博弈至少由参与者集合、行动空间(策略空间)和效用函数组成,记为 $G = \langle \mathbb{N}, A, \{u_j\} \rangle$。标准博弈也称作策略式博弈。

1.2.3　策略式博弈和扩展式博弈

策略式博弈基本组成为参与者集合、行动空间及效用函数。它只关注参与者有什么样的策略可选择,以及选择这些策略的结果。而扩展式博弈不仅关注有什么样的策略可选择,还要关注选择策略的动态过程(或描述),如选择策略的规则、什么时间行动、行动顺序等。与策略式博弈侧重博弈结果相比,扩展式博弈更注重参与者在博弈过程中所遇决策问题的序列结构的详细分析。

扩展式博弈主要包括以下要素:

(1)参与者集合;

(2)参与者的行动顺序,即每个参与者在何时行动;

(3)参与者的行动空间或策略空间,即可选择的行动集合;

(4)参与者的信息集,即每个参与者在行动前所掌握的信息;

(5)效用函数,即博弈结束时每个参与者所得到的博弈结果;

(6)发生事件(自然的选择)的概率分布。

从表述方式上:策略式博弈通常采用收益矩阵的方式表示,如囚徒的困境、石头 – 剪刀 – 布和认知无线电困境等;而扩展式博弈通常用博弈树来表示。为了说明问题,下面构建一个有序博弈的例子。

例1.4　有序行动扩展博弈[8]。

两个参与者采取行动是有次序的:当参与者2选择他的行动时,知道参与者1已在两个方向(南或北)所采取的行动,从而决定他的行动选择,参与者2选择的行动在两个方向(东或西)。这样的博弈示于图1-4,它既是扩展式博弈又是策略式博弈。

扩展式博弈可以表示为树形结构,其中每个节点表示参与者的一个决策点,从此节点出来的分支表示此参与者可能的行动。用这种方法表示包含不同参与者的有序行动的博弈过程非常方便。在树的叶节点,可以按照从根节点出发的路径为每个参与者标示出收益。扩展式博弈还可表示不同的信息集合,这些信息集合表明了参与者在选择行动时掌握了多少信息。收益矩阵和博弈树的表示方式在本质上是相同的,但是通常用收益矩阵表示静态博弈较为方便,而用博弈树表示动态博弈较为直观。

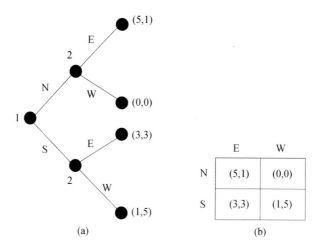

图 1-4 有序行动扩展式博弈表示方式

(a) 博弈树表示;(b) 收益矩阵表示。

1.2.4 博弈的分类

从不同的角度可对博弈进行不同的分类,例如:根据参与者的多少可分为二人博弈(只有 2 个参与者)和多人博弈(参与者数量大于 2);根据参与者是否合作可分为合作博弈和非合作博弈;根据博弈结果可分为零和博弈、常和博弈及变和博弈。

(1) 合作博弈与非合作博弈:两者的主要区别在于参与者在博弈过程中是否能够达成具有约束力的协议。倘若不能,则称非合作博弈。合作博弈理论倾向于对合作的研究,强调的是集体理性、效率、公正、公平,主要解决如何分享合作带来的收益。而非合作博弈理论则偏向于对竞争的研究,强调的是个人理性、个人最优决策,其结果通常不满足集体理性,而且可能是有效的或无效的。

合作博弈需要在参与者之间传递相关的状态信息:对于无线网络,有中心的网络结构,利于实现合作博弈;对于分布式网络结构,在节点之间传递大量的信息,所需的开销太大,故而通常采用非合作博弈。

(2) 完全信息博弈与不完全信息博弈:在完全信息博弈中,每一个参与者都拥有其他参与者的特征、策略集合和效用函数等方面的所有信息,即博弈过程中所有需要的信息对全部参与者是透明的。在不完全信息博弈中,参与者只能了解上述信息的一部分(或完全不了解其他参与者的信息)。

(3) 静态博弈与动态博弈:静态博弈是指在博弈中参与者同时选择行动,或者虽非同时但后行动者不知道先行动者采取了什么行动。动态博弈是指参与者的行动有先后顺序,并且后行动者能观察到先行动者所选择的行动。

（4）完美信息博弈与不完美信息博弈：在动态博弈中,若参与者完全了解自己行动之前的整个博弈过程,称这些参与者具有完美信息又称完美回忆。若参与者不完全了解自己行动之前的整个博弈过程,则该参与者具有不完美信息。所有参与者具有完美信息的博弈称为完美信息博弈。至少有一个参与者具有不完美信息的博弈,则称为不完美信息博弈。

1.3 纳 什 均 衡

博弈论为分析博弈过程提供了大量一般性工具。博弈的过程能否收敛,是人们关注的一个问题。若博弈的过程能收敛到一个稳定状态,则称博弈过程是收敛的,收敛的博弈才有研究价值。博弈收敛到的这个稳态,在博弈论中通常用纳什均衡（Nash Equilibrium,NE）的概念来表述。在讨论纳什均衡之前,先讨论动态系统,在这里并非详细地引入动态系统理论,而通过介绍动态系统引出某些在博弈论中常需要提及的相关概念和定义。

1.3.1 动态系统理论

网络中的无线电相互作用,相互影响。通常情况下,可用一组参数描述网络的状态。网络中的无线电相互作用引起网络状态的改变（或转移）,因此可用状态的转移来描述网络变化情况。在这种情况下,可将网络看成一个动态系统,用动态系统理论描述系统状态改变的过程。

动态系统理论是分析动态系统行为及设计系统按照期望模式行为机制的理论。典型动态系统理论的分析目标是确定期望行为、收敛及系统的稳定性。

动态系统状态变化是确定的,是当前状态和时间的函数。换句话说,一个动态系统由

$$\dot{a} = g(a,t) \qquad\qquad (1-1)$$

给出[9],它描述一个系统作为状态 a 和时间 t 的函数的状态变化。假设 $t=0$ 时系统的状态为 $a(0)$ 。

当式（1-1）不直接依赖 t 时,即 $\dot{a} = g(a)$,则系统称为自治的。一般来说,将同步系统看成自治系统,但是随机的异步系统很难剔除时间的依赖性。

分析动态系统的首要目标是解式（1-1）产生一个演进的函数来描述系统状态作为一个时间的函数。其典型是求解一个单调的微分方程。在求解此方程之前,首先确定解是否存在。给定一个动态系统模型,由 Picard-Lindelöf 定理[10]保证其解存在。

定理 1.1 Picard-Lindelöf 定理

给定一个开集 $D \subset A \times T$ 及式(1-1)中的 g,如果 g 在 D 上是连续的及对于任意 $\boldsymbol{a} \in D$ 是局部 Lipschitz 连续的,当 d^t 存在于 D 中时,则对每一个起始状态为 $\boldsymbol{a}(0)$ 的动态系统,存在唯一解 d^t。

定义 1.4 Lipschitz 连续

如果存在一个 $K < \infty$,对所有 $\boldsymbol{a}^1, \boldsymbol{a}^2 \in A$,有 $\parallel d^t(\boldsymbol{a}^1, t) - d^t(\boldsymbol{a}^2, t) \parallel \leqslant K \parallel \boldsymbol{a}^1 - \boldsymbol{a}^2 \parallel$,则函数 $d^t : A \times T \to A, A \subset \mathbb{R}^{n^2}$,在 $(\boldsymbol{a}, t)$ 处是 Lipschitz 连续的。若条件仅满足某些开集 $D \subset A \times T$,则 d^t 将是局部 Lipschitz 连续的。类似地,若对所有 $(\boldsymbol{a}, t) \in A \times T$ 都满足,则函数 d^t 是 Lipschitz 连续的。

1. 不动点

评估函数 d^t 的解暗示系统的状态在行为空间的某一界限内或在整个行为空间中是随时间变化的。对于某些系统,连续的调整不是主要的,甚至是不期望的。无线电网络,支撑连续的调整意味着消耗更多的信令带宽。

对于无线电网络,更希望网络是确定的,具有稳定状态,仅随环境的变化而调整。识别这些稳定状态也允许无线电设计者预测网络的性能。依据状态方程,这样的稳定平衡状态是 d^t 的不动点。

定义 1.5 不动点

如果 $\boldsymbol{a}^* = d^t(\boldsymbol{a}^*)$,$\forall t \geqslant t^*$,则点 $\boldsymbol{a}^*$ 是 $d^t : A \to A$ 的一个不动点。对于一个一维的集合,不动点则为 $x = f(x)$ 的点。

求解不动点是乏味的,因为它包括搜索整个行动空间,所以人们感兴趣的是在开始搜索之前是否有不动点存在。幸运的是,这些已经由 Leray-Schauder-Tychonoff 不动点定理[11]给出答案。

定理 1.2 Leray-Schauder-Tychonoff 不动点定理

如果 $A \subset \mathbb{R}^n$ 是非空的、凸的及紧支的,且如果 $d^t : A \to A$ 是一个连续的函数,则 $\exists \boldsymbol{a}^* \in A$,使 $\boldsymbol{a}^* = d^t(\boldsymbol{a}^*)$。

该定理有局限性:首先,它不适用于有限的行动集这样一类常见的约束条件,因为有限集虽然紧支,但是非凸;其次,实际情形中 d^t 不一定是连续函数;最后,在此定理的一般约束条件下,如果已知方程(1-2)的解,即不动点,就能很方便地用它们来判定稳态,但要解出这些不动点将异常困难。

$$a_i^* = d^t(a_i^*), \forall i \in \mathbb{N} \qquad (1-2)$$

2. 求解最优

也许通过最大化(或最小化)某些目标函数 $J : A \to \mathbb{R}$,求解网络的方法是最优的。对于有限行动空间,通过穷尽搜索每一个点来评价 J。

对于无限行动空间,该方法不切实际。但如果 J 可微且 A 是 $\mathbb{R}^n$ 的紧支区间,就可以减少搜索空间。如果一个实际的行动矢量 $\boldsymbol{a}^*$ 是最优的,则 $\boldsymbol{a}^*$ 既是点的界也是 $\Delta J(\boldsymbol{a}^*) = 0$ 的点:

$$\Delta J(\boldsymbol{a}) = \frac{\partial J(\boldsymbol{a})}{\partial \boldsymbol{a}_1}\hat{\boldsymbol{a}}_1 + \frac{\partial J(\boldsymbol{a})}{\partial \boldsymbol{a}_2}\hat{\boldsymbol{a}}_2 + \cdots + \frac{\partial J(\boldsymbol{a})}{\partial \boldsymbol{a}_n}\hat{\boldsymbol{a}}_n \qquad (1-3)$$

式中：$\hat{\boldsymbol{a}}_j (j=1,2,\cdots,n)$ 为 A 的第 j 维。

实际上，与其说 $\boldsymbol{a}^*$ 是 J 最优的，不如说继 $\boldsymbol{a}^*$ 后不能增加 J。对于拟凹，若存在某些点，使 $\Delta J(\boldsymbol{a}^*)=0$，则该点是最优的。文献[9]给定拟凹和凹的定义。

定义 1.6　拟凹

如果 $\Delta J(\boldsymbol{a}'')(\boldsymbol{a}'-\boldsymbol{a}'') \leqslant 0 \Rightarrow J(\boldsymbol{a}') \leqslant J(\boldsymbol{a}'')$ 对所有的 $\boldsymbol{a}',\boldsymbol{a}'' \in A$ 成立，则函数 $J: A \rightarrow \mathbb{R}$ 被称作是拟凹的。

拟凹函数是相对于坐标横轴函数图形没有下凸现象的曲线。对拟凹性的另一种理解是：拟凹函数的局部最大值也是全局最大值，或者说在局部最大值的邻域拟凹函数是常数。

更一般地，若一个函数是凹的，则也是拟凹的。

定义 1.7　凹

如果函数 $J: A \rightarrow \mathbb{R}$ 在集合 A 上是凹的，则对所有 $\boldsymbol{a}_1, \boldsymbol{a}_2 \in A$，有 $J(\lambda \boldsymbol{a}_1 + (1-\lambda)\boldsymbol{a}_2) \geqslant \lambda J(\boldsymbol{a}_1) + (1-\lambda)J(\boldsymbol{a}_2)$ 对所有 $\lambda \in [0,1]$ 成立。

3. 收敛及稳定性

在讨论收敛及稳定性时，常用到李雅普诺夫（Lyapunov）稳定性和吸引性，下面给出其定义。

定义 1.8　Lyapunov 稳定性

如果存在 $\varepsilon>0, \delta>0$，对所有 $t \geqslant t^0$，$\| \boldsymbol{a}(t^0), \boldsymbol{a}^* \| < \delta \Rightarrow \| \boldsymbol{a}(t), \boldsymbol{a}^* \| < \varepsilon$ 成立，则矢量 $\boldsymbol{a}^*$ 是 Lyapunov 稳定的。

从该定义中，不能归结出 δ 和 ε 之间的实际关系，工程师更乐意认为 Lyapunov 稳态类似于一个"输入有界、输出有界"的稳态，激励的界为 δ，当工作于 $\boldsymbol{a}^*$ 时，系统将保持在以 $\boldsymbol{a}^*$ 为中心、距离为 ε 的界内。

定义 1.9　吸引性

如果给定任意 $\boldsymbol{a}(t^0) \in S$，对于 $t \geqslant t^0$ 序列 $\{\boldsymbol{a}(t)\}$ 收敛于 $\boldsymbol{a}^*$，则矢量 $\boldsymbol{a}^*$ 在区域 $S \subset A, S = \{\boldsymbol{a} \in A | \| \boldsymbol{a}, \boldsymbol{a}^* \| < M\}$ 上是吸引的，其中 M 是有界常数。

这两个概念组成了渐近稳态。

定义 1.10　渐近稳态

如果 $\boldsymbol{a}^*$ 同时满足李雅普诺夫稳态性和吸引性，则称为渐近稳态。

注意：李雅普诺夫稳态不暗示着吸引性，吸引性也不暗示着李雅普诺夫稳态。

定理 1.3　离散时间系统的李雅普诺夫直接方法[12]

给定具有不动点的递推关系式 $\boldsymbol{a}(t^{k+1}) = d^t(\boldsymbol{a}(t^k))$，如果存在连续函数（李雅普诺夫函数）将 $\boldsymbol{a}^*$ 的邻域映射到一个实数，即 $L: N(\boldsymbol{a}^*) \rightarrow \mathbb{R}$，则 $\boldsymbol{a}^*$ 是李雅普诺夫

稳态。它必须满足下面三个条件：

(1) $L(\boldsymbol{a}^*) = 0$；

(2) $L(\boldsymbol{a}) > 0, \forall \boldsymbol{a} \in N(\boldsymbol{a}^*) \backslash \boldsymbol{a}^*$；

(3) $\Delta L(\boldsymbol{a}(t)) \equiv L[d^t(\boldsymbol{a}(t))] - L(\boldsymbol{a}(t)) \leqslant 0, \forall \boldsymbol{a} \in N(\boldsymbol{a}^*) \backslash \boldsymbol{a}^*$。

更进一步，如果条件(1)~(3)成立，及：

① 如果 $N(\boldsymbol{a}^*) = A$，则 $\boldsymbol{a}^*$ 是全局李雅普诺夫稳态；

② 如果 $\Delta L(\boldsymbol{a}(t)) < 0, \forall \boldsymbol{a} \in N(\boldsymbol{a}^*) \backslash \boldsymbol{a}^*$，则 $\boldsymbol{a}^*$ 是渐近的稳态；

③ 如果 $N(\boldsymbol{a}^*) = A$ 及 $\Delta L(\boldsymbol{a}(t)) < 0, \forall \boldsymbol{a} \in N(\boldsymbol{a}^*) \backslash \boldsymbol{a}^*$，则 $\boldsymbol{a}^*$ 是全局渐近稳态。

李雅普诺夫直接方法是指如果找到一个函数沿由网络调整所产生的各个路径都是严格下降的，则该无线电网络是渐近平稳的。

4. 收缩映射及一般收敛定理

在前面的讨论中，假设网络下一个状态是网络当前状态的函数，并且有闭式表达式。在实际的网络中，这是很难做到的，但网络状态的变化趋势往往有明显倾向性。假设在一个递归的网络调整规则后，不能精确预测下一个网络状态，但能够界定网络状态在一个实际的集合 $A(t^1)$ 内，由此假设知道网络状态在 $A(t^1)$ 中；依此类推，在第二次迭代后，网络状态将进入另一个集合 $A(t^2)$，它是 $A(t^1)$ 的一个子集。扩展该概念，如果给定任意一个网络状态的集合 $A(t^k)$，则网络决策调整总是使网络状态进入 $A(t^{k+1})$，它是 $A(t^k)$ 的一个子集。

实际上，随着递归连续进行，该过程有可能越来越精确地接近网络某个工作点，或许能引导进入一个预期的网络稳定状态。迭代约束在一个递归的可能点，形成各种大量有价值算法的基，该特殊类算法称为收缩映射，如图 1 – 5 所示。

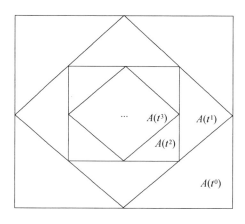

图 1 – 5　收缩映射示意图

定义 1.11　收缩映射

给定一个递归表达式 $\boldsymbol{a}(t^{k+1}) = d(\boldsymbol{a}(t^k))$，若对 $\alpha \in [0, 1)$ 有 $\| d(\boldsymbol{a}), d(\boldsymbol{b}) \|$

$\leq \alpha \parallel \boldsymbol{a}, \boldsymbol{b} \parallel$,$\forall \boldsymbol{b}, \boldsymbol{a} \in A$,则 d 称作模为 α 的收缩映射。

该定义应用于决策规则是很困难的,但任意的递归 d 若满足 Blackwell's 条件,则为收缩映射。

定理 1.4　Blackwell's 条件[13]

给定一个递归表达式 $\boldsymbol{a}(t^{k+1}) = d(\boldsymbol{a}(t^k))$,$d$ 形成一个收缩映射的条件是它满足单调性和贴现性:

(1) 单调性:给定有界的函数 $g_1, g_2 : A \rightarrow \mathbb{R}$,当 $g_1(\boldsymbol{a}) \leq g_2(\boldsymbol{a})$,$\forall \boldsymbol{a} \in A$ 时,d 必须满足 $d(g_1(\boldsymbol{a})) \leq d(g_2(\boldsymbol{a}))$,$\forall \boldsymbol{a} \in A$。

(2) 贴现性:存在 $\beta \in (0, 1)$,对所有有界的 $g_1 : A \rightarrow \mathbb{R}$,$c \geq 0$,$\boldsymbol{a} \in A$,有 $d(g_1(\boldsymbol{a}) + c) = d(g_1(\boldsymbol{a})) + \beta c$。

决策规则含有一个收缩映射,这是非常有意义的。由收缩映射定理可知,d 有一个唯一的不动点,迭代 f 可从任意起始点收敛到该不动点。经 k 次迭代后,当前状态到不动点之间的距离为

$$\parallel \boldsymbol{a}(t^k), \boldsymbol{a}^* \parallel \leq \frac{\alpha^k}{1 - \alpha} \parallel \boldsymbol{a}(t^1), \boldsymbol{a}(t^0) \parallel \tag{1-4}$$

式(1-4)对估计 d 的误差定界是非常有用的。另一个具有不动点 $\boldsymbol{a}^*$ 的收缩映射的李雅普诺夫函数由下式给出:

$$L(\boldsymbol{a}) = \parallel \boldsymbol{a}, \boldsymbol{a}^* \parallel \tag{1-5}$$

每一个收缩映射 d 有一个唯一的不动点,d 以可预期的速率收敛于该点。

可以放宽收缩的条件至准收缩。收缩映射中要求所有点都在每次迭代过程中相互靠近,一个准收缩不必满足此要求,但仍然要求在每次迭代后所有点都向一个唯一不动点靠近。

定义 1.12　准收缩

给定一个映射 $d : A \rightarrow A$,有一个不动点 $\boldsymbol{a}^*$,如果存在 $\alpha \in [0, 1)$ 有 $\parallel d(\boldsymbol{a}), d(\boldsymbol{a}^*) \parallel \leq \alpha \parallel \boldsymbol{a}, \boldsymbol{a}^* \parallel$,$\forall \boldsymbol{a} \in A$,则 d 是一个准收缩。

通过定义,d 有一个不动点 $\boldsymbol{a}^*$,d 以一个下式给出的速率收敛于该点:

$$\parallel \boldsymbol{a}(t^k), \boldsymbol{a}^* \parallel \leq \alpha^k \parallel \boldsymbol{a}(0), \boldsymbol{a}^* \parallel \tag{1-6}$$

对大多数收缩映射而言,均假设调整过程是同步的。可以放松该假设,引入一般性的收缩定理。

定理 1.5　一般性收敛定理[11]

假设 $\cdots \subset A(t^{k+1}) \subset A(t^k) \subset \cdots A(t^0)$,$A(t^k)$ 代表网络经 k 次迭代后可能的状态,$A(t^0)$ 代表网络所有可能的初始状态。如果下面两个条件成立,则异步情况下也能收敛。

(1) 同步收敛条件:

① $d(\boldsymbol{a}) \in A(t^{k+1})$,$\forall k, \boldsymbol{a} \in A(t^k)$;

② $\{a(t^k)\}$ 是一个序列,对每一个 k,有 $a(t^k) \in A(t^k)$,$\{a(t^k)\}$ 中每个有限的点都是 d 的不动点。

（2）盒子条件：对每个 k，存在集合 $A_j(t^k) \subset A_j$，有

$$A(t^k) = A_1(t^k) \times A_2(t^k) \times \cdots \times A_n(t^k)$$

1.3.2 纳什均衡定义

前面讨论了系统运行趋于稳态的一些条件。在博弈论中，博弈收敛到的稳态便是一种平衡状态，通常就是纳什均衡。这是博弈论中一个非常重要的概念。在讨论纳什均衡之前，先给出与纳什均衡相关的定义。

1. 相关定义

最优响应是指该策略带给参与者收益或期望收益，大于或等于其他任何策略能带来的收益。

定义 1.13 最优响应

若一个参与者采用的策略矢量为 a_i，其他参与者所选择的策略组合矢量为 a_{-i}，则其最优响应为

$$\hat{B}_i(a) = \{b_i \in A_i : u_i(b_i, a_{-i}) \geq u_i(a_i, a_{-i}), \forall a_i \in A_i\} \qquad (1-7)$$

由定义 1.13 可以看出，最优响应是指在给定参与者选择的策略为 a_i，其对手的策略为 a_{-i} 时，所有比该参与者采用策略 a_i 获得更大收益的策略集合。与最优响应相对应的还有一个更优响应，若将式（1-7）中" $\geq$ "→" $>$ "，就构成了更优响应。

定义 1.14 纳什均衡

行动矢量 a^* 是纳什均衡，当且仅当 $u_i(a^*) \geq u_i(b_i, a^*_{-i})$，$\forall i \in \mathbb{N}$，$b_i \in A_i$。

纳什均衡是一种策略组合，它使得每个参与者的策略都是对其他参与者策略的最优响应，任何参与者单独改变策略收益都会受损。

参与者的策略分为纯策略和混合策略。纯策略是指参与者在自己的策略空间中做一个确定性选择，混合策略是指参与者以一定的概率分布在自己的策略空间中随机选择。因此，纳什均衡也可分为纯策略均衡和混合策略均衡。

定义 1.15 混合策略[9]

给定一个（纯）行动集合 A_i，对参与者 i 来说混合策略是一个分配的概率，即

$$\boldsymbol{\alpha}_i = (p_i(a_i^1), p_i(a_i^2), \cdots, p_i(a_i^{|A_i|}))$$

式中：$p_i(a_i^k)(k = 1, 2, \cdots, |A_i|)$ 为选择每个 $a_i^k \in A_i$ 的概率，有 $p_i(a_i^k) \in [0, 1]$ 且 $\sum_{k=1}^{|A_i|} p_i(a_i^k) = 1$。

即参与者以一定的概率选择某组策略组合。换句话说，每种策略组合均分配一组被选择的概率。有些博弈，其纯策略或许没有纳什均衡，但其混合策略存在纳什均衡。

定义 1.16　帕累托(Pareto)占优

如果对于所有参与者 $i \in \mathbb{N}$,都存在 $u_i(a', a'_{-i}) \geqslant u_i(a, a_{-i})$,则策略 a' 相对于策略 a 是帕累托占优的。其中,至少一个参与者严格不等。

一个参与者通过将其策略由 a 改变为 a' 来增加收益,但同时不降低其他参与者的收益。参与者可能需要同时改变其策略来取得帕累托最优。

定义 1.17　帕累托最优

如果对某个参与者 $j, u_j(b) > u_j(a)$,当且仅当不存在其他策略组合 b 能够使 $u_i(b) > u_i(a)$, $\forall i \in \mathbb{N} \setminus j$,那么这个组合 a 是帕累托最优的。

帕累托最优是纳什均衡之外的另一个重要概念。通俗地讲,在帕累托最优的情况下,若一个行动策略组合要增加某些参与者的收益,则其他参与者的收益必然受损,这时资源已被充分利用,任何人想再使自己的收益得到改善,必然损害他人利益。

利用纳什均衡概念可以对非合作博弈中各参与者的决策选择和博弈的结果进行分析和预测。根据纳什均衡的定义,给定其他参与者采用某个纳什均衡策略时,所考察的参与者同样选择该纳什均衡的策略是符合自己利益的。因此,如果一个参与者预测或判断其他参与者都会采用某个特定的纳什均衡策略,只要这个参与者是追求最大收益的,该参与者的决策选择和博弈的结果就较易判断。这种利用博弈中的纳什均衡分析判断参与者的选择和博弈结果的方法称为纳什均衡分析。

通过例 1.1 来说明最优响应、纳什均衡和帕累托最优的概念。

在囚徒甲看来:如果囚徒乙选择 c ,则自己选择 C (获刑 3 年)比选择 D (获刑 5 年)更好;如果囚徒乙选择 d ,则自己选择 C (获刑 0 年)比选择 D (获刑 1 年)更好。因此,不管囚徒乙选择 c 还是 d ,囚徒甲选择 C 为最优策略。同理,在囚徒乙看来, c 也为最优策略。所以,(C, c)就是这个囚徒博弈的纳什均衡策略,此时两人获得的效用均为获刑 3 年。但从全局来看,纳什均衡解实际上并不是此次博弈的最优策略,因为当两个人分别选择 D 和 d 时,二人获得的刑罚最少(1 年),此时称策略组合(D, d)相对于均衡(C, c)是帕累托占优的。但由于囚徒都是理性的,二人之间没有串通,所以这个全局最优均衡(D, d)在非合作条件下是不可能达到的。为了达到(D, d),需要两个囚徒进行合作,即彼此信赖对方不会出卖自己,这时他们就会同时分别选择 D 和 d 。可见,在非合作条件下,博弈得到的纳什均衡解一般只是局部最优解而非全局最优解。为了提高纳什均衡解的帕累托有效性,需要引入合作机制。

2. 劣势策略及劣势策略的剔除

虽然纳什均衡是一个非常重要的方法,但很多博弈求解纳什均衡是很困难的。识别一个博弈纳什均衡的一般方法是对定义 1.14 做穷尽搜索,这是非常麻烦的。对某些特殊的博弈可能减少搜索过程,但并非所有的博弈都满足这些特殊性质。

相对于占优策略,也有劣势策略。

定义 1.18 劣势策略

如果 $u_i(\boldsymbol{b}_i, \boldsymbol{a}_{-i}) \geq u_i(\boldsymbol{a}_i, \boldsymbol{a}_{-i})$ 对于所有 $\boldsymbol{a}_{-i} \in A_{-i}$ 成立,及对某些 $\boldsymbol{b}_{-i} \in A_{-i}$,有 $u_i(\boldsymbol{b}_i, \boldsymbol{b}_{-i}) > u_i(\boldsymbol{a}_i, \boldsymbol{b}_{-i})$,则行动(策略)$\boldsymbol{a}_i$ 相对于行动 $\boldsymbol{b}_i$ 是劣势的。

在博弈过程中,参与者总是希望不断地剔除劣势策略,最后获得占优策略以使自身获得最大收益。这就是反复剔除劣势策略(Iterative Elimination of Dominated Strategies,IEDS)方法,通过此方法可达到纳什均衡。

下面通过例子说明劣势策略如何剔除。

例 1.5 劣势策略剔除博弈。假设博弈如图 1-6 所示。参与者 1 选择向左移动、向右移动或停留在中间($s_1 = L, M, R$),而参与者 2 选择向左移动及向右移动($s_2 = L, R$)。注意:不管参与者 2 如何做,对参与者 1 来说选择 $s_1 = R$ 都不是好的主意,可见该策略相对于其他两个策略是劣势(严格)的。假设参与者 1 是理性的,可以从考虑的博弈结果中剔除该行。一旦这样,策略 $s_2 = R$ 便优于 $s_2 = L$ 策略,因此,对参与者 2 来说,选择前者是合理的。最终,参与者 2 选择策略 $s_2 = R$,参与者 1 选择 $s_1 = M$。通过反复剔除劣势策略,该博弈结果的策略组合为 (M, R),记为 $\mathrm{NE}(M, R)$。

	$s_2 = L$	$s_2 = R$
$s_1 = L$	(1,1)	(0.5,1.5)
$s_1 = M$	(2,0)	(1,0.5)
$s_1 = R$	(0,3)	(0,2)

图 1-6 劣势策略博弈示例

定义 1.19 严格劣势策略

如果 $u_i(\boldsymbol{b}_i, \boldsymbol{a}_{-i}) > u_i(\boldsymbol{a}_i, \boldsymbol{a}_{-i})$ 对所有 $\boldsymbol{a}_{-i} \in A_{-i}$ 成立,则行动 $\boldsymbol{a}_i$(策略)是相对于行动 $\boldsymbol{b}_i$ 严格劣势的。

IEDS 可解博弈的另一个例子是例 1.3 中的认知无线电困境。通过反复剔除严格劣势策略,达到唯一 $\mathrm{NE}(w, W)$。

3. 混合策略均衡

为克服一般博弈的限制,如像例 1.2 中的石头-剪刀-布,可能没有一个 NE,多数人建议对标准式博弈使用混合扩展策略。在对标准博弈使用混合扩展策略的过程中,参与者使用"混合"(概率)代替离散的行动。混合策略见定义 1.15。

对于 $\boldsymbol{a}_i^k \in A_i$,$\boldsymbol{\alpha}_i$ 由 $p_k > 0$ 支撑。给定一个行动空间 A 及参与者集合 $\mathbb{N}$,参与者 i 的所有可能混合行动集合表示为 $\Delta(A_i)$,而 $\Delta(A) = \underset{i \in \mathbb{N}}{\times} \Delta(A_i)$ 用以表示所有可能的混合策略组合。为完成对标准博弈 $G = \langle \mathbb{N}, A, \{u_i\} \rangle$ 的混合扩展,给出混合策略矢量 $\boldsymbol{\alpha}_i \in \Delta(A_i)$,参与者 i 具有期望的效用函数 $U_i(\boldsymbol{a})$ 为

$$U_i(\boldsymbol{a}) = \sum_{a \in A} p(\boldsymbol{a}) u_i(\boldsymbol{a}) \qquad (1-8)$$

式中：$p(\boldsymbol{a}) = \underset{i \in \mathbb{N}}{\times} p_i(\boldsymbol{a}_i)$。

给定标准博弈 $G = \langle \mathbb{N}, A, \{u_i\} \rangle$，其混合扩展由 $G' = \langle \mathbb{N}, \Delta(A), \{U_i\} \rangle$ 给出，对参与者 i 其混合策略矢量 $\boldsymbol{\alpha}$ 的混合最优响应为

$$\hat{B}_i^\alpha(\boldsymbol{\alpha}) = \{\boldsymbol{\beta}_i \in \Delta(A_i) : U_i(\boldsymbol{\beta}_i, \boldsymbol{\alpha}_{-i}) \geq U_i(\boldsymbol{\alpha}_i, \boldsymbol{\alpha}_{-i}), \forall \boldsymbol{\alpha}_i \in \Delta(A_i)\}$$
$$(1-9)$$

对策略矢量 $\boldsymbol{\alpha}$，同步最优响应为

$$\hat{B}^\alpha(\boldsymbol{\alpha}) = \underset{i \in \mathbb{N}}{\times} \hat{B}_i^\alpha(\boldsymbol{\alpha}) \qquad (1-10)$$

例 1.6　石头 – 剪刀 – 布的混合策略。

石头 – 剪刀 – 布博弈的混合扩展，参与者 1 出布、石头、剪刀的概率为 p_1^p、p_1^r、p_1^s，而参与者 2 出布、石头、剪刀的概率为 p_2^p、p_2^r、p_2^s。由于该问题的对称性，参与者 1 的最优响应 $\boldsymbol{\alpha}_1^* = (p_2^r, p_2^s, p_2^p)$，参与者 2 最优响应 $\boldsymbol{\alpha}_2^* = (p_1^r, p_1^s, p_1^p)$，该情形对 $\boldsymbol{\alpha}_1^* = (1/3, 1/3, 1/3)$，$\boldsymbol{\alpha}_2^* = (1/3, 1/3, 1/3)$ 中的 $\boldsymbol{\alpha}^*$ 产生一个唯一同步解。在石头 – 剪刀 – 布博弈中，纯策略没有纳什均衡存在，但在混合策略中有纳什均衡存在。

4. 纳什均衡的存在

在求解纳什均衡解之前，重要的工作是确定纳什均衡是否存在。确定纳什均衡是否存在，需要用到动态系统理论、不动点定理等。对于不同类型的博弈，确定纳什均衡点是否存在有一些具体的方法，这里仅给出两个定理。

定理 1.6　纳什定理[8]

每个有限的策略式博弈，无论是混合策略还是纯策略都具有纳什均衡。

前面已经介绍，所有具有纳什均衡的博弈都是 IEDS 可解的，但并非所有博弈都有纳什均衡。定理 1.6 指出所有有限策略空间的策略式博弈都有纳什均衡。

类似于在动态系统中证明动态系统具有稳定状态，不动点定理可以证明一个博弈具有纳什均衡。前面已经定义了参与者 i 的最优响应 $\hat{B}_i(\boldsymbol{a})$，见式(1-7)。

再定义对于博弈中所有参与者的同步最优响应 $\hat{B}(\boldsymbol{a})$。对于 $i \in \mathbb{N}$，同步最优响应为

$$\hat{B}(\boldsymbol{a}) = \times_{i \in \mathbb{N}} \hat{B}_i(\boldsymbol{a}) \qquad (1-11)$$

考虑行动矢量 $\boldsymbol{a}^*$，有 $\boldsymbol{a}^* \in \hat{B}(\boldsymbol{a}^*)$，考查定义 1.14，则 $\boldsymbol{a}^*$ 必为纳什均衡。如果 $\hat{B}(\boldsymbol{a})$ 有不动点，则博弈有纳什均衡。确定 $\hat{B}(\boldsymbol{a})$ 具有不动点，需要引入卡库塔（Kakutani）不动点定理。

定理 1.7 Kakutani 不动点定理[14]

设 $f:X \to X$ 为对应于非空、紧支、凸集合 $X \subset \mathbb{R}^n$ 上的上半连续凸值函数,则存在某个 $\boldsymbol{x}^*$,使得 $\boldsymbol{x}^* = f(\boldsymbol{x}^*)$。

最后由纳什不动点定理给出一类博弈的纳什均衡存在性。

定理 1.8 纳什不动点定理[9]

每一个标准博弈 $G = \langle \mathbb{N}, A, \{u_i\} \rangle$ 有一个在 $\mathbb{R}^m$ 上的非空、紧支、凸的子集合 $A_i, \forall i \in \mathbb{N}$,如果 u_i 在 $\boldsymbol{a}$ 上连续,在 $\boldsymbol{a}_i$ 上是拟凹的,则 G 有一个纯策略 NE。

例 1.7 功率控制博弈中存在纳什均衡。

在功率控制博弈中,无线电调整其功率水平试图最大化其某些效用,典型效用函数是平衡信号干扰噪声比(SINR)、吞吐量、功率耗费或电池寿命。例如,移动台调整功率水平以使下列效用函数最大化:

$$u_i(\boldsymbol{p}) = \frac{R}{p_i}(1 - e^{-0.5\gamma_i})^L \qquad (1-12)$$

这是一个 FSK 波形除以传输功率的吞吐量的表达式。

在式(1-12)中,吞吐量是数据率 R、分组长度 L 及参与者 i 接收信号的 SINR(γ_i)的函数,γ_i 为

$$\gamma_i = \frac{W}{R} \frac{g_i p_i}{\sum_{k \in \mathbb{N} \setminus i} g_k p_k + \sigma} \qquad (1-13)$$

式中:W 为传输信号的带宽;g_k 为第 k 个移动台到基站的增益;p_k 为第 k 个移动台的发射功率;σ 为基站处的噪声功率。

这个例子可以建模为一个由 $\langle \mathbb{N}, P, \{u_i\} \rangle$ 表示的标准式博弈。其中,P 为功率(行动)空间,由每个参与者 i 可用功率水平 $P_i \subset \mathbb{R}$ 集合的笛卡儿积形成。

根据本例的目的,假设每个 P_i 是紧支、凸值的。因此,比较这个博弈与定理 1.7 中的条件可以看到,行动集合是非空、紧支、凸的 $\mathbb{R}$ 的子集,$\forall i \in \mathbb{N}$,$u_i(\boldsymbol{p})$ 对 $\boldsymbol{p}$ 是连续的,其中 $\boldsymbol{p}$ 为每个参与者 i 从 P_i 中选择一个功率水平所形成的功率矢量。为证明 u_i 对 p_i 是拟凹的,考虑图 1-7 所示的 u_i 形状,该形状任意上部水平集合是凸的。例如,在 $p_{i,1}$ 处的 u_i 上部水平集合 $\boldsymbol{U}(p_{i,1})$。

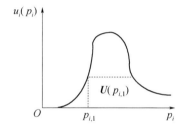

图 1-7 式(1-12)给出的效用函数一般形状

该效用函数也是拟凹的,由定理 1.8 可以看出该博弈至少有一个纯策略纳什均衡。

若博弈的效用函数是严格拟凹的,则由式(1-7)给出的最优响应函数将成为一个单值函数。实际上,结合紧支、凸空间上效用函数的连续性和可微性,可通过对 $\forall i \in \mathbb{N}$ 同时解

$$\hat{B}_i(\boldsymbol{a}) = \boldsymbol{a}_i \tag{1-14}$$

得到 NE。

例 1.8　竞争寡头及带宽选择。

一般的竞争寡头是由 N 个公司组成的集合,所有公司生产相同的商品,对于每个公司 i,自由决定生产商品的数量 $q_i \in [0, \infty)$。依照这个原则,每个公司打算最大化其收益(利润),即

$$u_i(q) = P(q)q_i - C_i(q_i) \tag{1-15}$$

式中:$P(q)$ 为商品的价格,由公司生产的商品数量决定;$C_i(q_i)$ 为公司 i 生产 q_i 个单位商品的耗费(成本)。一般来说,$P(q)$ 随着总的生产的商品数量增加而下降,$C_i(q_i)$ 随着 q_i 的增加而增加。

价格和成本通常近似为线性函数:

$$P(q) = \max\left(0, 1 - \sum_{i \in \mathbb{N}} q_i\right) \tag{1-16}$$

$$C_i(q_i) = cq_i \tag{1-17}$$

$$u_i(q) = \left(1 - \sum_{i \in \mathbb{N}} q_i\right)q_i - C_i(q_i) \tag{1-18}$$

认知无线电困境可以构造为一个基于博弈论的无线网络场景。假设网络中包含 5 个认知无线电,每个无线电 i 自由决定无线电中实现的同时跳频的信道数,$c_i \in [0, \infty)$。依照这个规则,每个无线电期望最大化吞吐量函数与功率耗费之间的差值,即

$$u_i(c) = P(c)c_i - C_i(c_i) \tag{1-19}$$

式中:$P(c)$ 为符号中没有被干扰的部分(使得 $P(c)c_i$ 为无线电 i 的吞吐量);$C_i(c_i)$ 为无线电 i 同时支持 c_i 个信道的成本。

通常,$P(c)$ 随无线电使用信道数的增加而下降,$C_i(c_i)$ 随 c_i 的增加而增加。如果以线性函数方式最大化这个结果,则式(1-19)可写为

$$u_i(c) = \left(B - \sum_{k \in \mathbb{N}} c_k\right)c_i - Kc_i \tag{1-20}$$

式中:B 为整个跳频带宽;K 为每个信道使用的耗费;$\mathbb{N}$ 为认知无线电集合。

比较式(1-18)和式(1-20),认知无线电博弈正好是简单的竞争寡头博弈。无线电 i 的最优响应为

$$\hat{B}_i(c) = \left(B - K - \sum_{k \in \mathbb{N} \setminus i} c_k\right)/2 \qquad (1-21)$$

每个无线电均具有由式(1-21)定义的最优响应,同时解式(1-14),产生下列系统方程:

$$\begin{cases} c_1 + 0.5c_2 + 0.5c_3 + 0.5c_4 + 0.5c_5 = (B-K)/2 \\ 0.5c_1 + c_2 + 0.5c_3 + 0.5c_4 + 0.5c_5 = (B-K)/2 \\ 0.5c_1 + 0.5c_2 + c_3 + 0.5c_4 + 0.5c_5 = (B-K)/2 \\ 0.5c_1 + 0.5c_2 + 0.5c_3 + c_4 + 0.5c_5 = (B-K)/2 \\ 0.5c_1 + 0.5c_2 + 0.5c_3 + 0.5c_4 + c_5 = (B-K)/2 \end{cases}$$

同时解这组方程,产生齐次解,即

$$\hat{c}_i = (B-K)/6, \forall i \in \mathbb{N} \qquad (1-22)$$

对 N 个认知无线电,唯一的 NE 由下式给出:

$$\hat{c}_i = (B-K)/(N+1), \forall i \in \mathbb{N} \qquad (1-23)$$

纳什均衡与博弈的最终结果相一致,如果所有参与者都预见到纳什均衡必然会发生,那么参与者没有动力改变其策略。更进一步,如果参与者的起始状态是纳什均衡,则没有理由相信其中任何一个参与者将背离,系统在没有任何条件(参与者集合,收益等)变化的情况下将处在均衡状态中。但若参与者从一个非均衡的策略组合开始,则将通过纳什均衡收敛的过程达到均衡点,一旦达到均衡点就会停止在那个状态。因此研究某些博弈收敛的性质,对我们的研究非常重要。更麻烦的问题是:存在多个纳什均衡点时,谁是更有可能的博弈结果? 能保证收敛到其中的哪一个? 更进一步,纳什均衡对参与者联合背离将是脆弱的,尽管它对单个参与者的单方面背离不是脆弱的。

5. 子博弈完美均衡

子博弈完美均衡,也称子博弈精炼均衡,是有关均衡的另一个重要概念。在静态标准博弈中纳什均衡是这种博弈的解,而在动态博弈中子博弈完美纳什均衡才更为精细。为说明问题,从完全及完美信息的动态博弈开始。

下面以两个参与者博弈为例说明完全及完美动态博弈,并引出相关的概念。

完全及完美动态博弈的步骤如下:

(1) 参与者 1 从可行的行动集合 A_1 中选择一个行动 a_1;

(2) 参与者 2 观察到 a_1 后,从可行的行动集合 A_2 中选择一个行动 a_2;

(3) 两人的收益分别为 $u_1(a_1, a_2)$ 和 $u_2(a_1, a_2)$。

完全及完美动态博弈的特点如下:

(1) 行动是顺序发生的;

(2) 下一步行动之前,先前的所有行动都是可被观察到的;

(3) 每一可能的行动组合下,参与者的收益都是共同知识。

可以通过逆向归纳法求解此类博弈的解。在第二阶段参与者 2 行动时,由于其前面的参与者 1 已选择行动 a_1,其面临的决策问题可表示为

$$\max_{a_2 \in A_2} u_2(a_1, a_2)$$

假定对 A_1 中的每一个 a_1,参与者 2 的最优化问题只有一个唯一的解,记为 $R_2(a_1)$,这就是参与者 2 对参与者 1 行动的响应(或最优响应)。由于参与者 1 能够知道参与者 2 一样解出参与者 2 的问题,参与者 1 可以预测参与者 2 对参与者 1 每一个可能的行动 a_1 所做出的响应,这样参与者 1 在第一阶段要解决的问题可归结为

$$\max_{a_1 \in A_1} u_1(a_1, R_2(a_1))$$

假设参与者 1 的这一最优化问题同样有唯一解,表示为 a_1^*,称 $(a_1^*, R_2(a_1^*))$ 是这一博弈的逆向归纳解。逆向归纳解不包含不可置信的威胁:参与者 1 预测参与者 2 将对参与者 1 可能选择的任何行动 a_1 做出最优响应,选择行动 $R_2(a_1)$;这一预测排除参与者不可置信的威胁,即参与者 2 将在第二阶段到来时做出不符合自身利益的响应。

只有不包含不可置信威胁的纳什均衡才是子博弈完美纳什均衡。步骤(1)~(3)所描述的博弈可能有多个纳什均衡,但是唯一的子博弈完美纳什均衡就是与逆向归纳解相对应的均衡。

以三阶段博弈的例子讨论逆向归纳法的理性假设。参与者 1 和 2,三步博弈,其中参与者 1 有两次行动:

(1)参与者 1 选择 L 或 R,其中选择 L 使博弈结束,参与者 1 的收益为 2,参与者 2 的收益为 0。

(2)参与者 2 观察参与者 1 的选择,如果参与者 1 选择 R,则参与者 2 选择 L' 或 R',其中 L' 使博弈结束,两人的收益均为 1。

(3)参与者 1 观察参与者 2 的选择(并且回忆在第一阶段时自己的选择)。如果前两阶段的选择分别为 R、R',则参与者 1 可选择 L'' 或 R'',每一种选择博弈都将结束,选择 L'' 时,参与者 1 的收益为 3,参与者 2 的收益为 0;如果选择 R'',两人的收益分别为 0 和 2。

三阶段博弈的博弈树如图 1-8 所示。

为计算这一博弈的逆向归纳解,从第三阶段(参与者 1 的第二阶段)开始。这里参与者 1 面临的选择是:L'' 可得收益为 3,R'' 可得收益为 0,于是 L'' 是最优的。那么在第二阶段,参与者 2 预测到一旦博弈进入到第三阶段,则参与者 1 选择 L'',这会使参与者 2 的收益为 0。从而在第二阶段,参与者 2 选择是:L' 可得收益为 1,R' 可得收益为 0,于是 L' 是最优的。这样在第一阶段,参与者 1 预测到:如果博弈进入第二阶段,参与者 2 将选择 L',使参与者 1 的收益为 1。从而在第一阶段,参与

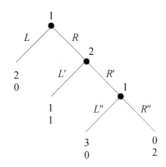

图 1 – 8 三阶段博弈的博弈树

者 1 的选择是:L 收益为 2,R 收益为 1,于是 L 是最优的。所以逆向归纳解是在第一阶段参与者 1 选择 L 使博弈结束。

相对于完全且完美的动态博弈,子博弈完美均衡有完全但非完美的动态博弈过程,同样可用逆向归纳法求解。这样的博弈同样使参与者在每次行动之前能观测到前面所有阶段的行动,但每一阶段参与者都是同时行动。下面通过两阶段博弈的例子说明完全但非完美博弈。

(1) 参与者 1 和 2 同时从各自的可行集合 A_1、A_2 中选择行动 a_1、a_2;

(2) 参与者 3 和 4 观察到第一阶段的结果 (a_1,a_2),然后同时从各自的可行集合 A_3、A_4 中选择行动 a_3、a_4;

(3) 收益为 $u_i(a_1,a_2,a_3,a_4)$,其中 $i=1,2,3,4$。

如果参与者 1 和 2 预测到参与者 3 和 4 在第二阶段的行动将由 $(a_3^*(a_1,a_2),a_4^*(a_1,a_2))$ 给出,则参与者 1 和 2 在第一阶段的问题就可用以下的同时行动博弈表示:

(1) 参与者同时从各自的行动集合中选择行动 a_1 和 a_2;

(2) 收益情况为 $u_i(a_1,a_2,a_3^*(a_1,a_2),a_4^*(a_1,a_2))$,其中 $i=1,2$。

假定 (a_1^*,a_2^*) 为以上同时行动博弈唯一的纳什均衡,则称 $(a_1^*,a_2^*,a_3^*(a_1^*,a_2^*),a_4^*(a_1^*,a_2^*))$ 为两阶段博弈的子博弈完美解。此解与完全且完美博弈中的逆向归纳解在性质上是一致的。

下面给出完美子博弈及完美子博弈均衡的定义。

定义 1. 20 完美子博弈

如果博弈 G' 包含扩展式博弈树 G 的一个单节点,并且它的后继节点一直到树叶与 G 相同,则博弈 G' 是扩展式博弈 G 的一个完美子博弈。

如果一个节点 $n \in G'$,并且 $n' \in h(n)$($h(\cdot)$ 表示历史信息),则 $n' \in G'$。子博弈 G' 的信息配置和收益从原始博弈 G 中继承得来:如果 n 和 n' 在 G 中的信息配置是相同的,则它们在 G' 中的信息配置是相同的,并且 G' 的收益函数受原始博弈 G 的限制。

定义 1.21 子博弈完美均衡

如果策略组合 s 是原始博弈 G 中的任何完美子博弈 G' 的纳什均衡,则它是一个有限扩展式博弈 G 的子博弈完美均衡。

子博弈完美均衡是纳什均衡的一个子集。子博弈完美均衡的概念往往用来选择更可靠的纳什均衡。

博弈论是一个十分复杂的理论体系,其相关的概念和术语,以及相关的定义和定理还有很多,但从无线网络应用的角度,本章介绍的基本知识基本够用。

参考文献

[1] 李平. 基于博弈论的认知无线电功率控制算法研究[D]. 南京:南京邮电大学, 2010.

[2] 苏志广. 认知无线电网络中基于博弈论的功率控制算法研究[D]. 重庆:重庆通信学院, 2008.

[3] Gibbons R. 博弈论基础[M]. 高峰,译. 北京:中国社会科学出版社, 1999.

[4] Mitola J Ⅲ, Maguire Jr G Q. Cognitive radio:making software radios more personal[J]. IEEE Personal Communications, 1999, 6(4):13 – 18.

[5] Haykin S. Cognitive radio:brain – empowered wireless communications[J]. IEEE Journal on Selected Areas in Communications, 2005, 23(2):201 – 220.

[6] MacKenzie A B, Wicker S B. Game theory in communications:motivation, explanation, and application to power control[C]. IEEE Global Telecommunications Conference, 2001:821 – 826.

[7] Srivastava V, Neel J, MacKenzie A B, et al. Using game theory to analyze wireless ad hoc networks[J]. IEEE Communications Surveys and Tutorials, 2005, 7(4):46 – 56.

[8] MacKenzie A B, DaSilva L A. Game theory for wireless engineers[J]. Synthesis Lectures on Communications, 2006, 1(1):1 – 86.

[9] Neel J O D. Analysis and design of cognitive radio networks and distributed radio resource management algorithms[D]. Blacksburg:Virginia Polytechnic Institute and State University, 2006.

[10] Walker J A. Dynamical systems and evolution equations:theory and applications[M]. New York:Plenum Press, 1980.

[11] Bertsekas D P, Tsitsiklis J N. Parallel and distributed computation:numerical methods[M]. Belmont:Atherna Scientific, 1997.

[12] Medio A, Lines M. Nonlinear dynamics:a primer[M]. Cambridge:Cambridge University Press, 2001.

[13] Blackwell D. Discounted dynamic programming[J]. The Annals of Mathematical Statistics, 1965, 36(1):226 – 235.

[14] Osborne M J. A course in game theory[M]. Cambridge:MIT Press, 1994.

第2章 博弈模型

第1章介绍了博弈的基本概念和术语,以及相关的定义和定理。在博弈分析中,一个非常重要的问题是建立正确的博弈模型,针对不同的博弈模型进行相应的分析,从而得到博弈的结果。在传统经济学中,根据不同的博弈场景建立了大量的博弈模型,在通信中应用博弈论的方法,通常情况是根据经济学中的博弈模型将通信中的各要素与经济学博弈要素进行映射,借用经济学的博弈模型分析通信中的相关问题。本章根据通信中常用的博弈模型进行有选择的介绍,重点介绍重复博弈模型、马尔可夫博弈模型和位势博弈模型。文献[1]对博弈模型和相关模型的性质进行了详细的研究,本章的重复博弈模型、马尔可夫博弈模型和位势博弈的内容基本上来自文献[1]。

2.1 古诺博弈和贝特兰德博弈

许多经典的经济学博弈模型常用于通信中的博弈分析,如古诺(Gournot)博弈和贝特兰德(Bertrand)博弈[2]。

2.1.1 古诺博弈

古诺早在一个世纪之前就提出了纳什所定义的均衡。本节通过模型说明:① 如何把对一个问题的非正式描述转化为一个博弈的标准式表示;② 如何通过计算解出博弈的纳什均衡;③ 重复剔除严格劣势策略的步骤。

令 q_1、q_2 分别表示企业1、2生产的同质产品的产量,市场中该产品的总供给 $Q = q_1 + q_2$,令 $p(Q) = a - Q$ 表示市场出清时的价格(更为精确一些的表述:$Q < a$ 时,$P(Q) = a - Q$;$Q > a$ 时,$p(Q) = 0$)。设企业 i 生产 q_i 的总成本 $C_i(q_i) = cq_i$,即企业不存在固定成本,且生产每单位产品的边际成本为常数 c,这里假定 $c < a$。根据古诺的假设,两个企业同时进行产量决策。

为求古诺博弈中的纳什均衡,首先将其化为标准式的博弈。双头垄断模型中只有两个参与者,即模型中的两个垄断企业。在古诺博弈模型里,每一个企业可以选择的策略是其产品产量,假设产品是连续可分割的。由于产出不可能为负,每一企业策略空间就可表示为 $S_i = [0, \infty)$,其中一个代表性策略 s_i 就是企业选择的产量,$q_i \geq 0$。一般来说,特别大的产量也是不可能的,不应包括在策略空间之中;不

过当 $Q \geqslant a$ 时, $p(Q) = 0$,任一企业都不会有 $q_i > a$ 的产出。

要全面表述这一博弈并求其均衡解,还需把企业 i 的收益表示为它自己和另一企业所选择策略的函数。假设企业的收益是利润额,这样在一般的两个参与者标准式博弈中,参与者 i 的收益 $u_i(s_i, s_j)$ 可写为

$$u_i(q_i, q_j) = q_i[p(q_i + q_j) - c] = q_i[a - (q_i + q_j) - c] \quad (2-1)$$

在一个标准的二人博弈中,一对策略 (s_1^*, s_2^*) 如果是纳什均衡,则对每个参与者 i, s_i^* 应满足

$$u_i(s_i^*, s_j^*) \geqslant u_i(s_i, s_j^*) \quad (2-2)$$

式 $(2-2)$ 对 S_i 中每一个可选策略 s_i 都成立。这一条件等价于:对每个参与者 i, s_i^* 必须是最优化问题的解,即

$$\max_{s_i \in S_i} u_i(s_i, s_j^*) \quad (2-3)$$

在古诺的双头垄断模型中,上面的条件可具体表述为:一对产出组合 (q_1^*, q_2^*) 若为纳什均衡,对每一个企业 i, q_i^* 应为最大化问题的解,即

$$\max_{0 \leqslant q_i \leqslant \infty} u_i(q_i, q_j) = \max_{0 \leqslant q_i \leqslant \infty} q_i[a - (q_i + q_j^*) - c] \quad (2-4)$$

设 $q_j^* < a - c$,企业 i 最优化问题的一阶条件既是必要条件又是充分条件,其解为

$$q_i = \frac{1}{2}(a - q_j^* - c) \quad (2-5)$$

如果产量组合 (q_1^*, q_2^*) 成为纳什均衡,则企业的产量选择必须满足

$$q_1^* = \frac{1}{2}(a - q_2^* - c) \quad (2-6)$$

且

$$q_2^* = \frac{1}{2}(a - q_1^* - c) \quad (2-7)$$

联立式 $(2-6)$ 和式 $(2-7)$,可得

$$q_1^* = q_2^* = \frac{a-c}{3} \quad (2-8)$$

均衡解的确小于 $a - c$,满足上面的假设。

对这一均衡的直观理解非常简单。每一家企业都希望成为市场的垄断者,这时它会选择 q_i 使自己的利润 $u_i(q_i, 0)$ 最大化,结果其产量将为垄断产量 $q_m = (a-c)/2$ 并可赚取垄断利润 $u_i(q_i, 0) = (a-c)^2/4$。在市场上有两家企业的情况下,要使两家企业总的利润最大化,两家企业的产量之和 $q_1 + q_2$ 应等于垄断产量 q_m,比如 $q_i = q_m/2$ 时就可以满足这一条件。但这种安排存在一个问题,即每一家企业都有动机偏离它。其原因是:垄断产量较低,相应的市场价格 $p(q_m)$ 就比较高,在

这一价格下每家企业都会倾向于提高产量,而不顾这种产量的增加会降低市场出清价格。在古诺的均衡解中,这种情况就不会发生,两家企业的总产量要更高些,相应地使价格有所降低。

2.1.2 贝特兰德博弈

下面讨论双头垄断中两家企业相互竞争的另一模型。贝特兰德(1883 年)提出企业在竞争时选择的是产品价格,而不像古诺模型中选择产量。首先应该明确贝特兰德模型和古诺模型是两个不同的博弈,这一点十分重要:参与者的策略空间不同,收益函数不同,并且在两个模型的纳什均衡中企业行为也不同。一些学者分别用古诺均衡和贝特兰德均衡来概括所有这些不同点。这种提法可能会导致误解:只表示古诺博弈和贝特兰德博弈的差别,以及两个博弈中均衡行为的差别,而不是博弈中使用的均衡概念不同。

考虑两种有差异的产品,如果企业 1 和 2 分别选择价格 p_1、p_2,则消费者对企业 i 的产品的需求为

$$q_i(p_i, p_j) = a - p_i + bp_j \qquad (2-9)$$

式中:$b > 0$,即只限于企业 i 的产品为企业 j 的产品的替代品的情况。这个需求的函数在现实中并不存在,因为只要企业 j 的产品价格足够高,无论企业 i 要求多高的价格,对其产品的需求都是正的。后面将会讲到,只有在 $b < 2$ 时问题才有意义。

与前面讨论的古诺模型相似,假定企业生产没有固定成本,并且边际成本为常数 $c(c < a)$,两家企业是同时行动(选择各自的价格)的。

要寻找纳什均衡,首先需要把对问题的叙述转化为博弈的标准式。参与者仍为两个,不过这里每家企业可以选择的策略是不同的价格而不再是产品产量。假定小于 0 的价格是没有意义的,但企业可选择任意非负价格,例如,用便士标价的商品,并无最高的价格限制。这样,每个企业的策略空间又可以表示为所有非负实数 $S_i = [0, \infty)$,其中企业 i 的一个典型策略 s_i 是所选择的价格 $p_i \geq 0$。

仍假定每个企业的收益等于利润额,当企业 i 选择价格 p_i,其竞争对手选择价格 p_j 时,企业 i 的利润为

$$u_i(p_i, p_j) = q_i(p_i, p_j)[p_i - c] = [a - p_i + bp_j][p_i - c] \qquad (2-10)$$

若价格组合 (p_1^*, p_2^*) 为纳什均衡,则对每个企业 i,p_i^* 是以下最优化问题的解:

$$\max_{0 \leq p_i < \infty} u_i(p_1, p_2^*) = \max_{0 \leq p_i < \infty} [a - p_i + bp_j^*][p_i - c] \qquad (2-11)$$

对企业 i 求此最优化问题的解为

$$p_i^* = \frac{1}{2}(a + bp_j^* + c) \qquad (2-12)$$

由上可知,若价格组合(p_1^*, p_2^*)为纳什均衡,则企业选择的价格应满足

$$\begin{cases} p_1^* = \dfrac{1}{2}(a + bp_2^* + c) \\ p_2^* = \dfrac{1}{2}(a + bp_1^* + c) \end{cases} \tag{2-13}$$

由(2-13)式得

$$p_1^* = p_2^* = \frac{a + c}{2 - b} \tag{2-14}$$

2.2 重 复 博 弈

在博弈中,运用的主要手段是"胡萝卜加大棒",对于守规则的参与者进行"奖励",即"胡萝卜",而对背离规则的参与者进行"惩罚",即"大棒",通过反复的"奖励和惩罚"达到全局最优的均衡状态。很多单阶段博弈中的均衡点并非全局最优的,全局最优通常是在多次重复的博弈中方能达到。因为:在一次博弈中,无法对单方面背离的参与者进行"惩罚";而在多次重复的博弈中,对于单方面背离的参与者可以在后续的博弈过程中进行"惩罚"。所以重复博弈是理解博弈论中"声誉"和"惩罚"概念的重要工具。在重复博弈中,可以有效地迫使参与者基于将来利益的考虑而不采用背离的手段获得当前阶段的私利。在一个重复博弈中,参与者在潜在的无限时间内参与重复的相互作用,因此参与者必须考虑在任一轮选择的策略将会给对手在紧接着的下一轮博弈中所选择策略造成影响。每个参与者都试图在数轮之内最大化期望收益。有些博弈在单阶段中是没有均衡点的,但是在重复博弈中通过适当的奖惩机制可使博弈收敛到期望的均衡。

2.2.1 重复博弈的基本概念

重复博弈又称为多阶段博弈,同一博弈形式不断重复。参与者基于当前博弈收益和可能的将来收益选择采取的策略。这种博弈的形式广泛存在于各种博弈中,通信网络中应用的博弈类型大多数可建模为重复博弈的形式。图2-1给出的是认知无线电困境反复进行的情况,两个博弈参与者在博弈过程中不断选择窄带、宽带信道。由于标准博弈不断重复,假设博弈是同步的,即$T_i = T_j, \forall i, j \in \mathbb{N}$。当博弈有无限个阶段时,则称为无限范围;当博弈只是有限个阶段时,则称为有限范围。

基于博弈过去行动、将来的期望及当前观察的知识,参与者选择策略,即选择每个阶段的行动。值得注意的是,假设博弈的轮数不可被参与者预知是至关重要的;否则,参与者只考虑在最后一轮中的优化策略,然后据此推出之前的策略。但有时,重复博弈会存在随机中止的情况,如无线电突然离开网络等行为。在这种情

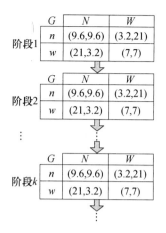

图 2-1 重复博弈是一系列的阶段博弈

况下,假设无线电离开网络的时机是未知的。

1. 策略式重复博弈

策略式重复博弈是指重复博弈中每个阶段的博弈都是标准的策略博弈。在策略式博弈中,用 $\mathbb{N}$ 表示参与者集合,A_i 表示每一轮博弈中参与者 i 的所采取行动的集合,整个行动空间 $A = \times_{i \in \mathbb{N}} A_i$,每一轮的所有参与者行动集合 $a = (a_i)_{i \in \mathbb{N}}$。由于一个参与者还可能随机化其行动,以 $\boldsymbol{\alpha}_i$ 的概率来选择行动 $\boldsymbol{a}_i$。

参与者 i 在博弈的某一个阶段的收益表示为 $g_i : A \rightarrow \mathbb{R}$,是一个行动集的函数。可以将阶段收益统一表示为 $\boldsymbol{u}(\boldsymbol{a}) = (u_1(\boldsymbol{a}), u_2(\boldsymbol{a}), \cdots, u_N(\boldsymbol{a}))$。博弈 $G = \langle \mathbb{N}, A, \{u_i\}_{i \in \mathbb{N}} \rangle$ 便是阶段博弈。

以轮数(回合)$k, k \in \{0, 1, 2, \cdots\}$ 来标识参与者每一轮采取的行动和相应的收益。以这种方式,$\boldsymbol{a}^k = (a_1^k, a_2^k, \cdots, a_N^k)$ 就是博弈第 k 轮(阶段)的行动集合。将参与者至 k 阶段的行动作为一个历史记录 $h^k = (a^0, a^1, \cdots, a^k)(k = 0, 1, 2, \cdots)$,且 $\boldsymbol{H}^k$ 表示所有可能的至第 k 阶段且包括第 k 阶段的历史集合。参与者 i 的纯策略将第 k 轮可能采取的行动分配至之前 $k-1$ 轮每个历史记录中。

参与者在几轮博弈中都试图最大化期望的收益,其结果收益通常解释为单轮收益的加权和,加权因子为贴现因子。若阶段 k 的收益为

$$\tilde{u}_i(\boldsymbol{a}^k) = \delta^k u_i(\boldsymbol{a}^k) \tag{2-15}$$

则总的收益(贴现收益,也称正常收益)可表示为单轮收益之和

$$u_i = \sum_{k=0}^{\infty} \delta^k u_i(\boldsymbol{a}^k) \tag{2-16}$$

值得注意的是,重复博弈的简单公式化表示是假设参与者在第 $k+1$ 轮时,k 轮以前的行动可以被所有参与者知道。这在许多实际情况下是不成立的。在极端情况下,如果在第 $k+1$ 轮时参与者对其对手在第 k 轮时的行动毫无所知,那么这

些行动对后面各轮的决策都会没有任何影响,也就不期望其均衡点与单阶段博弈有什么不同。在两个极端情况中,一定有某个中间地带,每个参与者可能不知道其对手在之前几轮博弈的准确行动信息,但是一定知道与此相关的某些信息。这种情况的一个例子是非完美监控博弈[3]。

由于参与者考虑将来收益,参与者应有可设计的策略,用于惩罚在随后阶段偏离先前阶段达成协议的参与者。当实施惩罚时,参与者通过选择他们的行动来减少惹是生非参与者的收益。

用一组参数$\langle \mathbb{N}, A, \{\hat{u}_i\}, \{d_i\} \rangle$表示一个重复博弈。其中,$\hat{u}_i$评估由策略$\{d_i\}$产生行动组合序列。特别强调如下几点:

(1) 重复博弈模型暗含着同步定时;

(2) 通过策略选择,参与者为将来所有阶段做出他们的行动决定;

(3) 参与者将未来收益加权作为决策过程的一个部分。

例2.1 石头 – 剪刀 – 布的重复博弈

如图2 – 2所示,参与者1选择剪刀,参与者2选择布,结果是:参与者1赢,效用为 +1;参与者2输,结果为 –1。

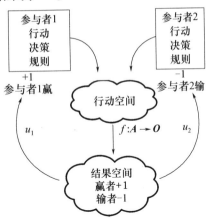

图2 – 2 石头 – 剪刀 – 布的重复博弈

通常,参与者在博弈规则的引导下,基于他们先前对于行动/结果的观测及对将来的期望连续调整决策。在本博弈中,参与者观察统计对手出石头、剪刀、布的概率和规律,评估下一轮博弈中对手可能采取的策略,从而调整自己的策略来获胜。该博弈重复进行。

例2.2 移动辅助功率控制

考虑单个蜂窝系统,有10个移动终端以速率1kHz的速率调整功率水平。在功率调整间隔,每个移动终端以概率α离开网络、以概率β进入网络。如果一个终端离开网络或一个终端进入网络,作为模型中参与者的改变,则博弈终止。所以经k次迭代后,网络与开始相同的概率为$(1-\alpha)^k (1-\beta)^k$。

可以重复该博弈,成为一个具有下列收益贴现的重复博弈。单个的功率控制迭代可建模为标准博弈$\langle \mathbb{N}, A, \{u_i\} \rangle$。其中:$\mathbb{N} = \{1, 2, \cdots, 10\}$, A 为行动空间; u_i: $A \rightarrow \mathbb{R}$ 为无线电 i 与可能的行动组相联系的值。在阶段 k, 行动序列为 a^k, 一个无线电的收益贴现如式(2-15)所示,总的从策略(a^k)中期望收益如式(2-16)所示,其中, $\delta = (1 - \alpha)(1 - \beta)$。

在重复博弈中每个阶段的博弈为标准策略博弈,有时在表示重复博弈过程时采用扩展式的博弈树方式更为直观和有效。

2. 近视重复博弈

不考虑过去行动、将来期望,重复博弈中的参与者就是近视的。假设在参与者之间没有信息交流,不记忆过去的事件或不考虑将来的事件。任何近视参与者的调整都是基于对最近的博弈阶段的观察。由于参与者不考虑将来收益,因此不可能用复杂的多阶段策略,而简单的近视策略,诸如最优响应动态及更优响应动态仍然被使用。近视重复博弈可以完全由$\langle \mathbb{N}, A, \{u_i\}, \{d_i\} \rangle$表示,其中, $\{u_i\}$ 为重复博弈阶段的效用函数,这里假设是同步调整的。

如同在博弈理论文献中给出的典型定义,在重复博弈的每个阶段决策都是同步的。然而,在认知无线电网络中同步是很难取得的,更常用的是异步决策定时。博弈理论工作者对这种情况建模为非同步近视重复博弈。非同步近视重复博弈就是决策不同步的重复博弈。这对限定数目允许在每个阶段调整策略的参与者建模有影响。相关的术语如下:

(1)如果过程建模为循环定时,则参与者 k 将在每个 $k|\mathbb{N}|$ 阶段调整。

(2)如果建模过程为随机决策定时,则在每个阶段只有一个参与者随机选择策略,并允许其改变策略。

(3)如果建模为异步决策过程,则在每个阶段一个随机的参与者子集合被允许改变策略。

(4)如果建模为同步的决策过程,则博弈为近视重复博弈。

基于这样的思想,在后续的讨论中考虑将非同步近视博弈表示为$\langle \mathbb{N}, A, \{u_i\}, \{d_i\}, T \rangle$是非常有用的。

例 2.3 FM-AM 扩谱重复博弈。

以同一环境中两个认知无线电都想获得最好的语音质量为例,每个无线电可以使用 FM、AM 和 Spread Spectrum 三种不同的波形。整个博弈的动态如图 2-3 所示。在每个周期,一个认知无线电随机选择它的波形,并在整个周期内保持不变。一个无线电采用的波形与另一个无线电采用的波形组合为一个行动矢量,该矢量通过结果函数确定一个结果。基于它们的观察及将来干扰,认知无线电将在认知周期决定重复博弈的下一个行动。

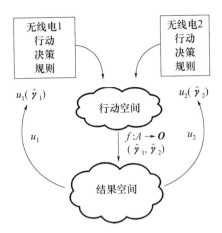

图 2 – 3 两个认知无线电的重复博弈

2.2.2′ 稳定状态

博弈的过程是为了达到期望的均衡,前面已经给出纳什均衡的定义,其实纳什均衡就是一个稳定状态。对于完美信息的标准博弈,纳什均衡是一个合情合理的解释。将博弈论应用到无线电网络中,合理的假设是:网络中无线电具有相同的目标(如最大化 SINR),无线电知道其他无线电的效用函数。然而无限数量的信道条件使得无线电不可能知道其他无线效用函数的准确值,甚至不可能推断其他参与者的效用函数,纳什均衡的概念对于无线电建模为一个重复博弈要更复杂。

1. 均衡与稳定状态

对于无线电系统可用动态系统理论分析稳定状态,博弈论均衡是一种稳定状态,但是稳定状态并非都是均衡点。

定理 2.1 纳什均衡和认知无线电稳定状态[1]

给定一个认知无线电网络 $\langle \mathbb{N}, A, \{u_i\}, \{d_i\}, T \rangle$,其中所有参与者都是自主理性的,如果博弈 $\langle \mathbb{N}, A, \{u_i\} \rangle$ 有一个均衡 $\boldsymbol{a}^*$,则 $\boldsymbol{a}^*$ 是 d 的一个不动点。

因此,除参与者是自主理性外,没有网络的任何其他知识,均衡点一定是满足单个理性的所有决策的一个不动点。但这并不排除对于某个自主理性决策规则存在其他非均衡的不动点。以下列出的某些选择条件对于循环、随机、异步及同步定时,不动点集合与博弈的纳什均衡都是一致的:

(1)最优响应,即

$$d_i(\boldsymbol{a}) = \{\boldsymbol{b}_i \in A_i : u_i(\boldsymbol{b}_i, \boldsymbol{a}_{-i}) \geqslant u_i(\boldsymbol{a}_i, \boldsymbol{a}_{-i}), \forall \boldsymbol{a}_i \in A_i\}$$

(2)随机更优响应,即

$$d_i(\boldsymbol{a}) = \mathrm{rand}(\{\boldsymbol{b}_i \in A_i : u_i(\boldsymbol{b}_i, \boldsymbol{a}_{-i}) > u_i(\boldsymbol{a}_i, \boldsymbol{a}_{-i}), \forall \boldsymbol{a}_i \in A_i\})$$

(3)在一个有限行动空间上的穷尽更优响应,即

$$b_i \in A_i : u_i(b_i, a_{-i}) > u_i(a_i, a_{-i})$$

此外

$$d_i(a) \in \{b_i \in A_i : u_i(b_i, a_{-i}) > u_i(a_i, a_{-i})\}$$

2. 重复博弈的强迫均衡

在近视重复博弈中,合理的假设是:阶段博弈的均衡点是:重复博弈的稳定状态。但如果参与者不是近视的,每个阶段选择他们的行动是试图最大化现在和将来收益的加权之和,且参与者对于正确策略采取合作的方式,则将可能有更多的均衡点。

在重复博弈中,可以通过"胡萝卜"和"大棒"来规范博弈参与者的行为:如果一个参与者选择一个行动提高了其他参与者的效用,则施之以"胡萝卜";而一个参与者选择一个行动降低了其他参与者的效用,则施之以"大棒"。在实际应用中,惩罚多少、奖励多少是有限制的。假设重复博弈中所有参与者共谋最小化参与者 i 的收益,在控制自己行动的情况下参与者 i 能够确保仍有某个最小的收益 v_i。关于这一点,将在 2.2.3 节"大众定理"给予具体说明。

例如,在认知无线电困境(例 1.3)中,如果行参与者想惩罚列参与者,则行参与者将选择 w,产生列参与者可能最小的效用($3.2 < 9.6, 7 < 21$)。然而行参与者不能迫使列参与者吞吐量小于 $3.2\mathrm{kb/s}$,所以对于一个单阶段的博弈,没有参与者可以通过惩罚使参与者吞吐量小于 $7\mathrm{kb/s}$。如果博弈扩展到将来一个无限范围,则所有阶段期望的收益为

$$7 \sum_{k=0}^{\infty} \delta^k = \frac{7}{1-\delta}$$

对于参与者 k 是背离者,而参与者 j 是惩罚者这类情况,一些典型的策略如下:

(1)冷酷触发。一旦参与者 k 背离,j 便会在后面所有阶段采用使 k 收益最小化的行动。即如果一方采取不合作的策略,另一方随即并且永远采取不合作策略。这在博弈论中被称为触发策略,或冷酷策略。

如果对方知道你的策略是触发策略,那么对方将不敢采取不合作策略。因为一旦他采取了不合作策略,双方便永远进入不合作的困境。因此,只要有人采取触发策略,那么双方均愿意采取合作策略。但是这个策略面临着一个问题:如果双方存在误解,或者由于一方发生选择性的错误,且这个错误是无意的,那么结果将是双方均采取不合作的策略。也就是说,这种策略不给对方改正错误或解释错误的机会。

(2)以牙还牙策略。博弈首先采取合作方式,若 j 当前回合遇到 k 背叛,则会在下一回合背叛,即立刻实施报复。若 k 回归合作,j 在下一个回合也回归到合作。以牙还牙策略有如下四个特点:

① 友善:以牙还牙者开始时一定采取合作态度,不会背叛对方。

② 报复性:若遭到对方背叛,以牙还牙者一定会还击做出报复。

③ 宽恕:当对方停止背叛时,以牙还牙者会原谅对方,继续合作。

④ 不羡慕对手:以牙还牙者自身永远不会得到最大利益,整个策略以全体的最大利益为归宿。

(3) 慷慨的以牙还牙策略。不是立即实施惩罚,在实施连续惩罚之前允许一定回合的背叛。当 k 回到合作策略一定回合之后,j 也回到合作策略。

(4) 宽恕的以牙还牙策略。在一个背叛之后 j 以某个小概率选择合作策略,其他方面 j 的行为类似于以牙还牙策略。

3. 阶段博弈的性质

近视博弈决策动态的收敛性质很大程度上由阶段博弈(标准博弈)的性质决定。为分析近视博弈决策动态的收敛性,回到标准博弈的性质:反复剔除劣势策略(IEDS)可解博弈,有限改善性质(Finite Improvement Property,FIP),及弱有限改善性质(Weak FIP)。假设有限标准博弈定义为 $G = \langle \mathbb{N}, A, \{u_i\} \rangle$。

在定义 FIP 及 Weak FIP 之前,先引入相关的术语。

定义 2.1　路径

博弈 G 中的路径为序列 $\gamma = (a^0, a^1, \cdots)$,使得对于每个 $k \geq 1$,存在一个唯一的参与者其策略组合 (a^{k-1}, a^k) 严格不同于其他参与者。

等效地说,路径是指单方面改变序列。为讨论路径,需要使用以下惯例:

(1) γ 中的每一个元素称为一步。

(2) a^0 是指 γ 的起始点。

(3) 假定 γ 是有限的 m 步,a^m 称为 γ 的终端点或结束点,γ 的长度为 m。

如果存在 $m \in \mathbb{N}$,在 γ 和 $(0, 1, \cdots, m)$ 之间存在一一映射,则称路径 $\gamma = (a^0, a^1, \cdots, a^k, \cdots)$ 是有限的;若不存在这样的 m,则 γ 是无限的。

定义 2.2　改善路径

改善路径是指,对于所有 $k \geq 1$, $u_i(a^k) > u_i(a^{k-1})$,其中,i 为第 k 步中唯一的改变者。

改善路径是理解无线电行为的一个非常重要的概念,在自主理性的近视重复博弈中,无线电的调整过程沿着改善路径。对于收敛分析,改善路径的一个最重要的性质是有限改善性质。

定义 2.3　有限改善性质

如果博弈 $G = \langle \mathbb{N}, A, \{u_i\} \rangle$ 中所有改善路径都是有限的,则称该博弈具有有限改善性质。

对于有限博弈(有限参与者,有限的行动空间),FIP 的等效说法是博弈没有改善周期。

定义 2.4　周期

周期是指一个有限路径 $\gamma = (a^0, a^1, \cdots, a^m)$，其中 $a^m = a^0$。

如果周期也是改善路径，则称为改善周期。γ 周期的长度就是 γ 中元素的个数。如果重复的元素仅是起始点和终止点，则该周期是简单的和闭合的。

定理 2.2 改善周期及 FIP

有限标准博弈 $G = \langle \mathbb{N}, A, \{u_i\} \rangle$ 具有 FIP，当且仅当 G 没有改善周期。

定义 2.5 弱有限改善性质

设博弈 $G = \langle \mathbb{N}, A, \{u_i\} \rangle$，如果对所有 $a \in A$，存在一个有限改善路径终止于纳什均衡点，则称该博弈具有弱有限改善性质。

具有 FIP 及弱 FIP 的博弈具备一些有价值的性质，下面以定理形式给出。

定理 2.3 FIP 及 NE 存在性

所有具有 FIP 的博弈至少存在一个纳什均衡。

而所有具有 FIP 的博弈，同样具有弱 FIP。

定理 2.4 FIP 及弱 FIP

如果博弈 $G = \langle \mathbb{N}, A, \{u_i\} \rangle$ 具有 FIP 并且是有限的，则 G 具有弱 FIP。

除 FIP 博弈具有弱 FIP 的性质外，还有一些博弈具有弱 FIP 性质[4]：

（1）IEDS 可解博弈。

（2）准 – 非周期博弈。

（3）有限超模博弈。

（4）连续，两个参与者，拟凹博弈。

准 – 非周期博弈是标准博弈，对于任意 $a \in A$ 均存在一个有限的严格最优响应序列，终止于 NE 均衡。

这些性质对于讨论重复博弈的收敛性具有非常大的帮助，具体的讨论细节参见文献[1]，IEDS 算法是有限博弈纳什均衡的一个有效识别方法。

2.2.3 大众定理

大众定理也称为无名氏定理，通常是指一些广为人知的没有被证明（或不需要证明）的正确结论。在博弈论的环境中，大众定理为重复博弈建立了可行收益。虽然这些定理都有传统上的意义，但在博弈论中专门是指任何可以为重复博弈建立可行收益的定理，即这些定理称为大众定理实际上是一个误称，因为这些定理都是经过证明的。

为更好地引出大众定理，先定义最小 – 最大收益的概念。最小 – 最大收益是参与者 i 的最低收益。

定义 2.6 参与者 i 的最小 – 最大收益

$$\underline{u}_i = \min_{a_{-i}} \left[\max_{a_i} u_i(a_i, a_{-i}) \right] \tag{2-17}$$

是对手能强加给参与者 i 的最低阶段收益，即无论其他参与者如何行动都可以自我保障的最低收益,也称为预约收益。

参与者 i 在任何情况下至少收获 u_i,因此比最小 – 最大收益更高的收益为可行收益。另一种理解最小 – 最大收益的方式是,参与者 i 的对手选择任一个可以支持其最小收益行动 $\boldsymbol{a}_{-i}$ 均可保障的收益,假设参与者 i 能准确地预知 $\boldsymbol{a}_{-i}$ 并对其做出最优的响应。

定理 2.5 在无限重复博弈的纳什均衡中,无论贴现因子的级别如何,参与者 i 的正式收益至少等于 $\underline{u}_i$。

定理 2.6 大众定理

对于每个可行的严格个人理性收益矢量 $\boldsymbol{u}$,$\exists \underline{\delta} < 1$,使得 $\forall \delta \in (\underline{\delta}, 1)$ 存在博弈 $G'(\delta)$ 的一个纳什均衡,其收益为 $\boldsymbol{u}$。

隐藏在大众定理后的一个直观感觉就是,假如每个参与者都相信博弈会以一个很高的概率重复,则收益的任何组合(使得每个参与者至少获得其最小或最大收益)在一个重复博弈中都是可持续的。

例如,考虑施加在背离的参与者身上的惩罚是使其在博弈之后的所有轮中停留在最小或最大收益中。通过这种方式,背离的短期收益被博弈中未来几轮的最小或最大收益所补偿。当然,也有其他不那么激进(不那么冷酷)的策略也可以达到其中某些可行收益。为此,定理引入一个证明,这个证明使用以下等式:

$$\sum_{t=k_1}^{k_2} \delta^t = \frac{\delta^{k_1} - \delta^{k_2+1}}{1-\delta}$$

$$\sum_{t=k_1}^{\infty} \delta^t = \frac{\delta^{k_1}}{1-\delta}$$

式中:$\delta \in [0, 1)$。

证明:取一个可行的收益 $\boldsymbol{u} = (u_1, u_2, \cdots, u_N)$,其中 $u_i > \underline{u}_i$($\forall i \in \mathbb{N}$),且选择行动组合 $\boldsymbol{a} = (a_1, a_2, \cdots, a_N)$ 使得 $g(\boldsymbol{a}) = \boldsymbol{u}$。考虑恐吓:参与者采取行动 a_i 直到某个人背离;一旦有一个参与者背离,其他参与者就会最大或最小化背离者的收益直到博弈结束(注意:纳什均衡的定义足以处理单边的背离)。

一个参与者可以从背离中获益吗?如果参与者 i 在第 k 轮背离,其在那一轮会获得收益 $\hat{u}_i = \max_{\hat{a}_i} g_i(\hat{a}_i, \boldsymbol{a}_{-i})$,且在之后的轮中获得收益 $\underline{u}_i$。该策略的平均折算收益为

$$(1-\delta) \Big[\sum_{t=0}^{k-1} \delta^t u_i + \delta^k \hat{u}_i + \sum_{t=k+1}^{\infty} \delta^t \underline{u}_i \Big] = (1-\delta) \Big[\frac{1-\delta^k}{1-\delta} u_i + \delta^k \hat{u}_i + \frac{\delta^{k+1}}{1-\delta} \underline{u}_i \Big]$$

$$= (1-\delta^k) u_i + \delta^k \big[(1-\delta) \hat{u}_i + \delta \underline{u}_i \big]$$

当然,没有背离的平均折算收益可简化为 u_i,如果 $(1-\delta) \hat{u}_i + \delta \underline{u}_i < u_i$,上述表达式比 u_i 小。最终,由于 $\underline{u}_i < u_i$,能确保找到 $\delta \in [0, 1)$ 使得不等式为真,即总能选择 δ 足够接近 1 使平均折算收益的第二项超过第一项。

证明忽略了一个问题,即一个可行收益 u 在阶段博弈中可能需要随机化的行动。更完全的证明参见文献[5]。

由大众定理发现:均衡中的许多收益都可能是持续的。然而,如果存在多个(无限)的均衡,在非合作情况下就无法判定哪个均衡是最有可能的输出。

2.3 马尔可夫博弈

重复博弈概念和马尔可夫博弈概念之间存在自然的关系。在随机或马尔可夫博弈中,博弈的每个历史阶段可以概括为一个"状态",从一个状态到另一个状态的转移可看成一个马尔可夫过程。换句话说,博弈中下一轮的状态取决于当前的状态和当前行动的组合。

2.3.1 马尔可夫链

假设由于不确定的调整顺序,或不确定的决策规则,不可能为评估方程推导一个闭式表达式,甚至不能限定调整到一个后续的子集合。然而,可以把无线电网络从一个状态到另一个状态的改变建模为一个以系统过去全部状态为条件的条件概率事件。若下一个时刻的状态概率分布仅依赖于最近的状态,即

$$P(a(t^{k+1}) = a^n | a(t^0), \cdots, a(t^k)) = P(a(t^{k+1}) = a^n | a(t^k)) \quad (2-18)$$

则随机状态序列 $\{a(t^k)\}$ 是马尔可夫链。

假设状态空间是有限的,这不是马尔可夫链本身所要求的,但是该假设对后面进一步讨论有益。进一步,假设网络在时刻 t^k 的状态为 $a^m \in A$,则在时刻 t^{k+1},网络以状态转移概率 p_{mn} 转移到状态 $a^n \in A$,其中,$p_{mn} \geq 0$,$\forall a^m, a^n \in A$,且有

$$\sum_{j \leq |A|} p_{mj} = 1$$

它允许系统以概率 p_{mm} 停留在状态 a^m。为简化表述,用转移矩阵 P 来表示,其中,第 m 行、n 列元素即为状态转移概率 p_{mn}。

从 P 得到矩阵乘积形式,$P^2 = PP$。P^2 中的第 m 行、n 列元素 p_{mn}^2 表示系统从状态 a^m 经两步转移后到达状态 a^n 的概率。如果考虑 P^k 写成 $P^k = P P^{k-1}$,则 P^k 中的第 m 行、n 列元素 p_{mn}^k 表示系统从状态 a^m 经 k 步转移后到达状态 a^n 的概率。

类似地,起始状态的随机概率分布可用一列矢量 π 来表征,其中,π_m 表示起始状态为 a^m 的概率,$\pi_m \in [0,1]$ 及 $\sum_{m=1}^{|A|} \pi_m = 1$。这样,经 k 步转移后的状态概率分布为 $\pi^T P^k$,T 表示转置运算。

2.3.2 各态历经马尔可夫链

回到分析稳态及收敛性目标,实际上人们感兴趣的是将无线电网络建模为平

稳分布和极限分布的马尔可夫链。

定义 2.7　平稳分布

设马尔可夫链的转移矩阵为 $\boldsymbol{P}$，若存在概率分布 $\boldsymbol{\pi}^*$，使 $\boldsymbol{\pi}^{*\mathrm{T}}\boldsymbol{P} = \boldsymbol{\pi}^{*\mathrm{T}}$，则称 $\boldsymbol{\pi}^*$ 为该马尔可夫链的平稳分布。

注意：解平稳分布等效为解当 $\lambda = 1$ 情况下的特征方程，即

$$\boldsymbol{\pi}^{*\mathrm{T}}\boldsymbol{P} = \lambda\,\boldsymbol{\pi}^{*\mathrm{T}} \tag{2-19}$$

定义 2.8　极限分布

给定起始分布 $\boldsymbol{\pi}^0$、转移矩阵 $\boldsymbol{P}$，则极限分布为 $\lim\limits_{k\to\infty}\boldsymbol{\pi}^{0\mathrm{T}}\boldsymbol{P}^k$。

与前面讨论的平稳状态不同，马尔可夫链具有唯一既平稳又极限的分布，它允许人们刻画网络的特征行为，尤其是给定唯一的平稳极限分布 $\boldsymbol{\pi}^*$。可以预测，网络中的状态经足够步数的转移后，状态 $\boldsymbol{a}^m$ 的概率将为 π_m；由各态历经定理可知，唯一的平稳极限分布存在。

定理 2.7　各态历经定理

如果马尔可夫链是各态历经的，则对所有的起始分布 $\boldsymbol{\pi}^0$，存在一个唯一的极限和平稳分布。

该定理给出了一个有价值的结论，即各态历经的马尔可夫链收敛于某个极限分布，而不管起始分布是什么。可以证明，认知无线电网络可以建模为各态历经的马尔可夫链，这表明：

（1）网络具有唯一稳态分布 $\boldsymbol{\pi}^*$。

（2）该分布可以通过解特征方程 $\boldsymbol{\pi}^{*\mathrm{T}}\boldsymbol{P} = \lambda\,\boldsymbol{\pi}^{*\mathrm{T}}$（$\lambda = 1$）得到。

（3）对所有起始分布，网络收敛到 $\boldsymbol{\pi}^*$。

具有既约性、正常返性和非周期性的马尔可夫链是各态历经的。

定义 2.9　既约性

如果 $\forall\,\boldsymbol{a}^m, \boldsymbol{a}^n \in A$，存在一个以非零概率从状态 $\boldsymbol{a}^m$ 转移到状态 $\boldsymbol{a}^n$ 的状态转移序列，则马尔可夫链是既约的。

定义 2.10　正常返性

如果 $\forall\,\boldsymbol{a}^m \in A$，从离开 $\boldsymbol{a}^m$ 再回到该状态的期望转移步数小于 ∞，则马尔可夫链是正常返的。

定义 2.11　非周期性

如果 $\forall\,\boldsymbol{a}^m \in A$，不存在一个整数 $n > 1$，使系统一旦离开该状态后，再回到这个状态的转移步数是 n 的倍数，则马尔可夫链是非周期的。

注意：若一个网络以循环的方式定时，将不满足非周期性。这是因为无线电 i 在离开状态 $\boldsymbol{a}^m$ 后，每经 n 次转移都会返回到状态 $\boldsymbol{a}^m$。

定理 2.8　各态历经的判别

转移矩阵为 P 的有限马尔可夫链是各态历经的,当且仅当存在某个 k 使 P^k 中没有零元素。

例2.4 认知无线电调整的马尔可夫模型。

考虑包含两个认知无线电的网络,每个无线电选择两个行动。该网络具有四个可能的状态,标为 $\{a^1, a^2, a^3, a^4\}$。假设从实验观察得到的转移概率矩阵为

$$P = \begin{array}{c} \\ a^1 \\ a^2 \\ a^3 \\ a^4 \end{array} \begin{array}{cccc} a^1 & a^2 & a^3 & a^4 \\ \begin{bmatrix} 0.1 & 0.3 & 0.1 & 0.5 \\ 0.4 & 0 & 0.3 & 0.3 \\ 0.4 & 0.1 & 0.3 & 0.2 \\ 0.1 & 0.4 & 0.3 & 0.2 \end{bmatrix} \end{array} \qquad (2-20)$$

状态转移如图2-4所示,每一个状态用顶点表示,权值及有方向的边与转移概率相联系。

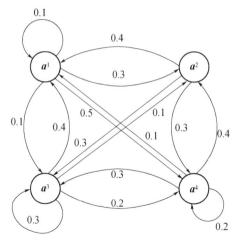

图2-4 例2.4的状态转移图

从式(2-20)可知,从状态 a^2 到状态 a^3 的转移概率为0.3。计算 P^2:

$$P^2 = \begin{array}{c} \\ a^1 \\ a^2 \\ a^3 \\ a^4 \end{array} \begin{array}{cccc} a^1 & a^2 & a^3 & a^4 \\ \begin{bmatrix} 0.22 & 0.24 & 0.28 & 0.26 \\ 0.19 & 0.27 & 0.22 & 0.32 \\ 0.22 & 0.23 & 0.22 & 0.33 \\ 0.31 & 0.14 & 0.28 & 0.27 \end{bmatrix} \end{array} \qquad (2-21)$$

可计算得到,状态 a^3 经两步转移后进入状态 a^4 的概率为 $p_{34}^2 = 0.33$。

类似地,给定一个起始状态分布 $\pi = [0.1 \quad 0.2 \quad 0.3 \quad 0.4]^T$,两步转移后,每一个状态的概率为 $\pi^T P^2 = [0.25 \quad 0.203 \quad 0.25 \quad 0.297]$。由于 P^2 中所有元素都为正,故一定存在一个稳态的分布 π^*,由解 $\pi^{*T} P = \pi^{*T}$ 得 $\pi^{*T} =$

$\begin{bmatrix} 0.2382 & 0.2352 & 0.2272 & 0.2938 \end{bmatrix}$。

2.3.3　吸收马尔可夫链

对于认知无线电网络,可以建模为各态历经的马尔可夫链,并能找到唯一的极限分布。

如果没有路径离开状态 a^k ,则 a^k 为马尔可夫链中的吸收状态。

定义 2.12　吸收状态

设马尔可夫链的转移矩阵为 P ,如果 $p_{kk}=1$,则称状态 a^k 为吸收状态。

定义 2.13　吸收马尔可夫链

马尔可夫链为吸收马尔可夫链,如果同时满足:

(1)它至少有一个吸收状态。

(2)对于马尔可夫链中的每一个状态,都存在一个转移概率非零的状态转移序列,使其进入吸收状态。那些非吸收状态称为滑过的状态。

分析梳理后发现,吸收状态就是不动点或稳定状态,系统一旦到达这个状态就永不离开。类似地,当系统建模为吸收马尔可夫链时,可观察到有价值的收敛性。为建立收敛的结果,需要引入基于转移矩阵的另外一些矩阵。

把马尔可夫链的转移矩阵写成典型形式,由修正转移矩阵 P' 给出:

$$P' = \begin{bmatrix} Q & R \\ 0 & I^{ab} \end{bmatrix} \tag{2-22}$$

式中: I^{ab} 为单位矩阵,对应链的吸收状态; Q 为由链中非吸收状态之间的转移概率组成的方阵; 0 为全零的方阵,代表从吸收状态转移到非吸收状态的概率; R 为从非吸收状态转移到吸收状态的概率组成的方阵。这里并没有对 P 执行任何操作,仅以方便寻找的方式重新标识了状态。

给定 P' ,马尔可夫理论提供收敛信息及系统访问转移状态的期望频率。对于 P'^k 递归运算,会使 $\lim_{k\to\infty}Q^k\to 0$ 。 P^k 中的项 p_{mn}^k 表示系统从状态 a^m 经 k 步转移后进入状态 a^n 的概率,因此 $\lim_{k\to\infty}Q^k\to 0$ 意味着系统不处在吸收状态,即没有终止到链中的吸收状态,转移概率趋于 0。

由式(2-22)修正转移矩阵可给出吸收链,基本矩阵为:

$$N = (I - Q)^{-1} \tag{2-23}$$

解基本矩阵 N ,得到一些有价值的结果:首先, n_{km} 表示系统从状态 a^k 出发通过状态 a^m 所期望的步数;其次,计算 $t=N1$,其中 1 为全 1 的列矢量, t^k 给出系统在状态 a^k 进入吸收状态之前所需经历的转移步数;最后,计算:

$$B = NR \tag{2-24}$$

式中: R 由式(2-22)给出; B 中的 b_{km} 表征系统起始于状态 a^k 、结束于吸收状态 a^m

的概率。

因此,转移矩阵为 $\boldsymbol{P}$ 的由马尔可夫模型描述的认知无线电网络是吸收马尔可夫链,得到以下结果:

(1) 稳定状态可通过寻找 $p_{mm} = 1$ 的状态 $\boldsymbol{a}^m$ 来识别。

(2) 收敛到这些稳态是能够保证的,状态的期望分布可通过计算 $\boldsymbol{B}$ 求得。

(3) 给出起始状态 $\boldsymbol{a}^k$,收敛信息可通过计算 $\boldsymbol{t}$ 求得。

例2.5 吸引马尔可夫链的动态频率选择(Dynamic Frequency Selection,DFS)

考虑两个认知无线电在两个信道集合 $F = \{f_1, f_2\}$ 中实现动态频率选择的情况。假设追求最小化干扰,其决策规则比较简单,即如果检测到干扰信号,则转移到其他的频率。

利用前面的知识,该系统建模为

$$\mathbb{N} = \{1, 2\}, A = \{(f_1, f_1), (f_1, f_2), (f_2, f_1), (f_2, f_2)\}$$

$$u_j(\boldsymbol{a}) = \begin{cases} 1, & f_i \neq f_j \\ -1, & f_i = f_j \end{cases}$$

$$d_j(f_j, f_{-j}) = \begin{cases} f_j, & u_j(\boldsymbol{a}) = 1 \\ f \in F \backslash f_j, & u_j(\boldsymbol{a}) = -1 \end{cases}$$

T 是异步的。对于随机定时器 $t \in T$,每个无线电得到的机会为0.5。

该模型转换成马尔可夫模型,其转移矩阵为

$$\boldsymbol{P} = \begin{array}{c} \\ (f_1, f_1) \\ (f_1, f_2) \\ (f_2, f_1) \\ (f_2, f_2) \end{array} \begin{array}{cccc} (f_1, f_1) \ (f_1, f_2) \ (f_2, f_1) \ (f_2, f_2) \\ \begin{bmatrix} 0.25 & 0.25 & 0.25 & 0.25 \\ 0 & 1 & 0 & 0 \\ 0 & 0 & 1 & 0 \\ 0.25 & 0.25 & 0.25 & 0.25 \end{bmatrix} \end{array} \qquad (2-25)$$

状态转移如图2-5所示。

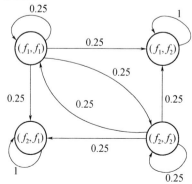

图2-5 例2.5的状态转移图

该马尔可夫链的吸收状态为 (f_1,f_2) 及 (f_2,f_1)，(f_1,f_1) 及 (f_2,f_2) 是暂态。因此可知 $[(f_1,f_2),(f_2,f_1)]$ 是两个稳定状态，网络将收敛到这两个状态。更进一步，通过式(2-23)及式(2-24)分别计算 N、t 及 B，可以确定保留在暂态多长时间，及给定一个起始信道选择下的稳态分布，即

$$
N = \begin{array}{c} (f_1,f_1) \\ (f_2,f_2) \end{array} \begin{array}{cc} (f_1,f_1)\ (f_2,f_2) \\ \begin{bmatrix} 1.5 & 0.5 \\ 0.5 & 1.5 \end{bmatrix} \end{array} \qquad (2-26)
$$

$$
B = \begin{array}{c} (f_1,f_1) \\ (f_2,f_2) \end{array} \begin{array}{cc} (f_1,f_2)\ (f_2,f_1) \\ \begin{bmatrix} 0.5 & 0.5 \\ 0.5 & 0.5 \end{bmatrix} \end{array} \qquad (2-27)
$$

由式(2-26)可知，网络从起始状态 (f_1,f_1) 进行重复试验，系统通过状态 (f_1,f_2)、(f_2,f_2) 的平均步数分别为 1.5、0.5 步。由式(2-27)可知，系统以相等的概率终止于每个吸收状态。

马尔可夫完美均衡是马尔可夫策略组合，其可在每一个真子博弈中产生一个纳什均衡。当随机博弈存在有限个状态和动作时，一定存在马尔可夫完美均衡。注意，马尔可夫完美均衡的概念可扩展应用于不带明确状态变量的扩展式博弈。

马尔可夫链也用来模型化一些通信和网络现象，如信道情况、随机信道接入策略中的时隙占用、交换机中的队列状态等。马尔可夫博弈的结果表明：如果能将网络状态或通信链路抽象为一个或多个"状态变量"，那么只考虑这些状态变量而无须考虑过去的历史或其他的信息，就可以知晓一切(包括均衡存在性)。

2.4　位　势　博　弈

位势博弈是指，在博弈模型中存在一个位势函数，这个位势函数可以严格反映任一参与者单方面策略变化对效用变化的影响。即存在一个位势函数，$V:A\rightarrow\mathbb{R}$，它精确地反映每一个单方面背离的参与者的效用变化值。根据从效用变化与从位势函数变化之间的关系，可以将位势博弈分为精确位势博弈(Exact Potential Game，EPG)、加权位势博弈(Weighted Potential Game，WPG)、序数位势博弈(Ordinal Potential Game，OPG)、广义序数位势博弈(Generalized Ordinal Potential Game，GOPG)及广义 ε – 位势博弈[1]五种类型。

2.4.1　位势博弈的定义

1. 精确位势博弈

定义 2.14　精确位势博弈

对于标准博弈 $G=\langle \mathbb{N},A,\{u_i\}\rangle$，如果存在函数 $V:A\rightarrow\mathbb{R}$，即精确的位势函数，满足

$$u_i(\boldsymbol{b}_i, \boldsymbol{a}_{-i}) - u_i(\boldsymbol{a}_i, \boldsymbol{a}_{-i}) = V(\boldsymbol{b}_i, \boldsymbol{a}_{-i}) - V(\boldsymbol{a}_i, \boldsymbol{a}_{-i}), \forall i \in \mathbb{N}, \forall \boldsymbol{a} \in A$$

$$(2-28)$$

则该博弈称为精确位势博弈。

对于处处可微的效用函数,精确的位势函数 V 存在的等效条件是对 $\forall i \in \mathbb{N}$, $\forall \boldsymbol{a} \in A$,满足

$$\frac{\partial u_i(\boldsymbol{a})}{\partial \boldsymbol{a}_i} = \frac{\partial V(\boldsymbol{a})}{\partial \boldsymbol{a}_i}$$

$$(2-29)$$

例 2.6 一个 2×2 精确位势博弈。

囚徒困境的博弈矩阵、位势函数分别如图 2-6(a)、(b)所示。

G	A	B
a	(3,3)	(0,5)
b	(5,0)	(1,1)

(a)

$V(\cdot)$	A	B
a	0	2
b	2	3

(b)

图 2-6 囚徒困境的博弈矩阵及位势函数

(a) 博弈矩阵;(b) 位势函数。

表 2-1 列出了单方面背离 G 和 V 之间的关系。由表可以看到,囚徒困境博弈满足定义 2.14 中的条件,是一个精确位势博弈。

表 2-1 单方面背离 G 和 V 之间的关系

	单方背离	背离参与者效用函数的变化	V 中的变化
行参与者	$(a,A) \Rightarrow (b,A)$	$3 \Rightarrow 5(+2)$	$0 \Rightarrow 2(+2)$
	$(a,B) \Rightarrow (b,B)$	$0 \Rightarrow 1(+1)$	$2 \Rightarrow 3(+1)$
列参与者	$(a,A) \Rightarrow (a,B)$	$3 \Rightarrow 5(+2)$	$0 \Rightarrow 2(+2)$
	$(b,A) \Rightarrow (b,B)$	$0 \Rightarrow 1(+1)$	$2 \Rightarrow 3(+1)$

通过观察得出,首先,精确位势博弈定义并不意味着对多个背离的差值相等条件,例如,$(a,A) \Rightarrow (b,B)$ 两个参与者的效用都减小($3 \Rightarrow 1$),而 V 实际上增加($0 \Rightarrow 3$)。简单地说,因为行动组最大化 V(使行动组为一个 NE)并不意味着行动组是最佳的或期望的,正如已证明的事实,

$V'(\cdot)$	A	B
a	-1	1
b	1	2

图 2-7 例 2.6 的另一个位势函数

NE 的点并非帕累托有效的。其次,精确的位势函数并非唯一。事实上,另一组 G 的精确位势函数可以由 $V' = V + c$ 形成,其中,c 为任意实数。例如,图 2-7 中的 V'

也是 G 的一个精确位势函数，$V' = V - 1$。

2. 加权位势博弈

加权位势博弈是精确位势博弈放宽条件的情况，参与者效用值的变化与位势函数值的变化由一个加权因子来刻画。

定义 2.15　加权位势博弈

对于标准博弈 $G = \langle \mathbb{N}, A, \{u_i\} \rangle$，如果存在函数 $V: A \rightarrow \mathbb{R}$，即加权位势函数，满足

$$u_i(\boldsymbol{b}_i, \boldsymbol{a}_{-i}) - u_i(\boldsymbol{a}_i, \boldsymbol{a}_{-i})$$
$$= \alpha_i [V(\boldsymbol{b}_i, \boldsymbol{a}_{-i}) - V(\boldsymbol{a}_i, \boldsymbol{a}_{-i})], \forall i \in \mathbb{N}, \forall \boldsymbol{a} \in A, \alpha_i > 0 \quad (2-30)$$

则该博弈称为加权位势博弈。

类似精确位势博弈，对于处处可微的效用函数，加权博弈存在一个等效的公式。特别地，如果存在函数 V，对于 $\forall i \in \mathbb{N}$，$\forall \boldsymbol{a} \in A$ 满足

$$\frac{\partial u_i(\boldsymbol{a})}{\partial \boldsymbol{a}_i} = \alpha_i \frac{\partial V(\boldsymbol{a})}{\partial \boldsymbol{a}_i} \quad (2-31)$$

则该标准博弈是一个加权位势博弈。

例 2.7　一个 2×2 加权位势博弈。

稍微改变例 2.6 中的收益，考虑两个参与者的标准博弈，与函数 V 相关的 G 用图 2-8(a)所示的矩阵形式表示。

G	A	B
a	(3,3)	(0,5)
b	(7,0)	(2,1)

$V(\cdot)$	A	B
a	0	2
b	2	3

(a)　　　　　　　　(b)

图 2-8　加权位势博弈的博弈矩阵和位势函数

(a) 博弈矩阵；(b) 位势函数。

表 2-2 列出了加权位势博弈单方面背离 G 和 V 之间的关系。注意，对于行参与者单方面背离，V 及效用函数中的变化不再精确相等。然而，V 被因子 2 加权，再次取得相等。因此，该加博弈是加权位势博弈，其加权因子 $\alpha_{\text{row}} = 2$，$\alpha_{\text{col}} = 1$，满足定义 2.15 的条件式(2-30)。

表 2-2　加权位势博弈单方面背离 G 和 V 之间的关系

	单方背离	背离参与者效用函数的变化	V 中的变化	a_j
行参与者	$(a,A) \Rightarrow (b,A)$	$3 \Rightarrow 7(+4)$	$0 \Rightarrow 2(+2)$	$\alpha_{\text{row}} = 2$
	$(a,B) \Rightarrow (b,B)$	$0 \Rightarrow 2(+2)$	$2 \Rightarrow 3(+1)$	
列参与者	$(a,A) \Rightarrow (a,B)$	$3 \Rightarrow 5(+2)$	$0 \Rightarrow 2(+2)$	$\alpha_{\text{col}} = 1$
	$(b,A) \Rightarrow (b,B)$	$0 \Rightarrow 1(+1)$	$2 \Rightarrow 3(+1)$	

注意,修改的博弈保留了先前博弈例子良好的相关性,改善路径及先前博弈的位势函数。因此,这两个博弈是更优响应等效。

3. 序数位势博弈

如果进一步放松 V 和效用函数之间的关系,仅保留符号变化,则有序数位势博弈如定义 2.16。

定义 2.16 序数位势博弈

对于标准博弈 $G = \langle \mathbb{N}, A, \{u_i\} \rangle$,如果存在函数 $V: A \rightarrow \mathbb{R}$,即序数位势博弈函数,满足

$$u_i(\boldsymbol{b}_i, \boldsymbol{a}_{-i}) - u_i(\boldsymbol{a}_i, \boldsymbol{a}_{-i}) > 0$$
$$\Leftrightarrow V(\boldsymbol{b}_i, \boldsymbol{a}_{-i}) - V(\boldsymbol{a}_i, \boldsymbol{a}_{-i}) > 0, \forall i \in \mathbb{N}, \forall \boldsymbol{a} \in A \qquad (2-32)$$

则该博弈称为序数位势博弈。类似于位势博弈,对于处处可微的效用函数,等效公式存在:

$$\text{sgn}\left\{\frac{\partial u_i(\boldsymbol{a})}{\partial \boldsymbol{a}_i}\right\} = \text{sgn}\left\{\frac{\partial V(\boldsymbol{a})}{\partial \boldsymbol{a}_i}\right\} \qquad (2-33)$$

有趣的是,具有可微效用函数的精确位势博弈或加权位势博弈,其位势函数也是可微的。如果一个博弈是具有效用函数可微的序数位势博弈,则位势函数不必可微。

例 2.8 2×2 序数位势博弈。

考虑一个标准形式的博弈,用矩阵及位势函数形式表示如图 2-9 所示,表 2-3 列出了序数位势博弈单方面背离 G 和 V 之间的关系。基于所列的关系,G 不再是加权位势博弈,也不是精确位势博弈。然则,符号总是得以保留,使得该博弈为序数位势博弈。

G	A	B
a	$(1,-1)$	$(2,0)$
b	$(2,0)$	$(0,1)$

$V(\cdot)$	A	B
a	0	3
b	1	2

(a)   (b)

图 2-9 序数位势博弈矩阵及位势函数

(a) 博弈矩阵;(b) 位势函数。

表 2-3 序数位势博弈单方面背离时 G 和 V 之间的关系

	单方背离	背离参与者效用函数的变化	V 中的变化
行参与者	$(a,A) \Rightarrow (b,A)$	$1 \Rightarrow 2 (+1)$	$0 \Rightarrow 1 (+1)$
	$(b,B) \Rightarrow (a,B)$	$0 \Rightarrow 2 (+2)$	$2 \Rightarrow 3 (+1)$
列参与者	$(a,A) \Rightarrow (a,B)$	$-1 \Rightarrow 0 (+1)$	$0 \Rightarrow 3 (+3)$
	$(b,A) \Rightarrow (b,B)$	$0 \Rightarrow 1 (+1)$	$1 \Rightarrow 2 (+1)$

注意,该博弈类似于先前的两个博弈,具有 FIP 性质,且位势函数随每个改善路径是单调增加的。通常,FIP 与位势博弈之间有非常紧密的关系。

另外还有两类位势博弈:广义序数位势博弈和广义 ε - 位势博弈,这里仅给出定义。

定义 2.17　广义序数位势博弈

对于标准博弈 $G = \langle \mathbb{N}, A, \{u_i\} \rangle$,如果存在函数 $V: A \to \mathbb{R}$,即广义位势博弈函数,满足

$$u_i(\boldsymbol{b}_i, \boldsymbol{a}_{-i}) > u_i(\boldsymbol{a}_i, \boldsymbol{a}_{-i}) \Rightarrow V(\boldsymbol{b}_i, \boldsymbol{a}_{-i}) > V(\boldsymbol{a}_i, \boldsymbol{a}_{-i}), \ \forall i \in \mathbb{N}, \forall \boldsymbol{a} \in A$$

$$(2-34)$$

则该博弈称为广义序数位势博弈。

定义 2.18　广义 ε - 位势博弈

对于标准博弈 $G = \langle \mathbb{N}, A, \{u_i\} \rangle$,如果存在函数 $V: A \to \mathbb{R}$,即广义 ε - 位势博弈,给定一个 $\varepsilon_1 > 0$,存在一个 $\varepsilon_2 > 0$,有

$$u_i(\boldsymbol{b}_i, \boldsymbol{a}_{-i}) > u_i(\boldsymbol{a}_i, \boldsymbol{a}_{-i}) + \varepsilon_1$$

$$\Rightarrow V(\boldsymbol{b}_i, \boldsymbol{a}_{-i}) > V(\boldsymbol{a}_i, \boldsymbol{a}_{-i}) + \varepsilon_2, \forall i \in \mathbb{N}, \forall \boldsymbol{a} \in A \qquad (2-35)$$

则该博弈称为广义 ε - 位势博弈。

广义序数位势博弈与广义 ε - 位势博弈有可能是一致的,但由于目前还没办法证明这个事实,因此,暂把它们当作两个不同的概念来对待。

4. 位势博弈分类之间的关系

通过前面的定义可以明确:精确位势博弈为加权位势博弈;加权位势博弈为序数位势博弈;序数位势博弈为广义序数位势博弈。更进一步,每个加权位势博弈也为广义 ε - 位势博弈。

定理 2.9　加权及广义 ε - 位势博弈

如果 $G = \langle \mathbb{N}, A, \{u_i\} \rangle$ 为加权位势博弈,则 G 也为广义 ε - 位势博弈。

证明:由于 $u_i(\boldsymbol{b}_i, \boldsymbol{a}_{-i}) - u_i(\boldsymbol{a}_i, \boldsymbol{a}_{-i}) = \alpha_i [V(\boldsymbol{b}_i, \boldsymbol{a}_{-i}) - V(\boldsymbol{a}_i, \boldsymbol{a}_{-i})], \forall i \in \mathbb{N}$,则

$$u_i(\boldsymbol{b}_i, \boldsymbol{a}_{-i}) > u_i(\boldsymbol{a}_i, \boldsymbol{a}_{-i}) + \varepsilon_1 \Rightarrow V(\boldsymbol{b}_i, \boldsymbol{a}_{-i}) > V(\boldsymbol{a}_i, \boldsymbol{a}_{-i}) + \varepsilon_1/\alpha_i$$

令 $\varepsilon_2 = \min_{i \in \mathbb{N}} \{\varepsilon_1/\alpha_i\}$,则支持定义 2.18 中对 $\varepsilon_2 > 0$ 的要求。

精确位势博弈集合(EPG)、加权位势博弈集合(WPG)、序数位势博弈(OPG)及广义序数位势博弈集合(GOPG)之间的关系如图 2 - 10 所示。

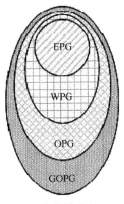

图 2 - 10　位势博弈的 Venn 图

2.4.2　位势博弈的识别技术

从2.4.1节的定义可以看出,若要证明一个实际的博弈是位势博弈,方法就是引入一个位势函数。关于各类位势博弈的存在性目前已经有很多识别方法,这里仅对精确位势博弈和序数位势博弈识别进行简单说明。对于具有两次可微的效用函数的标准博弈,存在一个简单的技术确定其是否为位势博弈。

1. 精确位势博弈识别

对于效用函数是处处两次可微的标准博弈,可以很方便地识别为一个位势博弈。

当所有 $u_k \in \{u_i\}$ 是两次连续可微的,则 V 是 EPG,即对于 $\forall i, j \in \mathbb{N}$,$\forall \boldsymbol{a} \in A$,有

$$\frac{\partial^2 u_i(\boldsymbol{a})}{\partial \boldsymbol{a}_i \, \partial \boldsymbol{a}_j} = \frac{\partial^2 u_j(\boldsymbol{a})}{\partial \boldsymbol{a}_j \, \partial \boldsymbol{a}_i} = \frac{\partial^2 V(\boldsymbol{a})}{\partial \boldsymbol{a}_i \, \partial \boldsymbol{a}_j} \qquad (2-36)$$

成立。更进一步,存在位势博弈的充分条件为

$$\frac{\partial^2 u_i(\boldsymbol{a})}{\partial \boldsymbol{a}_i \, \partial \boldsymbol{a}_j} = \frac{\partial^2 u_j(\boldsymbol{a})}{\partial \boldsymbol{a}_j \, \partial \boldsymbol{a}_i} \qquad (2-37)$$

当式(2-37)成立时,可通过下式找到位势函数:

$$V(\boldsymbol{a}) = \sum_{i \in \mathbb{N}} \int_0^1 \frac{\partial u_i}{\partial \boldsymbol{a}} [x(t)] x'_i(t) \, \mathrm{d}t \qquad (2-38)$$

式中:x 为一条连接某个固定行动组 b 和某些其他行动组合 a 且分段连续可微的路径,如 $x:[0,1] \to A(x(0) = b, x(1) = a)$。

通常,由少量通用的精确位势博弈组合方程易于求解出精确位势博弈的位势函数。

2. 序数位势博弈识别

不同于精确位势博弈,已知的被证明是序数位势博弈的博弈形式并不多。识别序数位势博弈的方法有两种:一种是证明特定的广义序数位势博弈具有某些特殊性质后成为序数位势博弈;另一种方法是找到一个序数变换的序列或更优响应变换,使变换后的博弈为精确位势博弈。下面检验这两种方法。

文献[6,7]引入识别序数位势博弈的技术。在文献[6]中,给出下列序数位势博弈条件。

定理 2.10　序数位势博弈的存在性

假设有限博弈 $G = \langle \mathbb{N}, A, \{u_i\} \rangle$ 具有 FIP。如果对所有的 $\boldsymbol{a}_{-i} \in A_{-i}$ 及所有的 $i \in \mathbb{N}$,$u_i(\boldsymbol{a}_i, \boldsymbol{a}_{-i}) \neq u_i(\boldsymbol{b}_i, \boldsymbol{a}_{-i})$,$\forall \boldsymbol{a}_i, \boldsymbol{b}_i \in A_i$,则 G 为序数位势博弈。

证明:由于博弈具有 FIP,则它具有广义序数位势 V。又由于 $u_i(\boldsymbol{a}_i, \boldsymbol{a}_{-i}) \neq u_i(\boldsymbol{b}_i, \boldsymbol{a}_{-i})$,$\forall \boldsymbol{a}_i, \boldsymbol{b}_i \in A_i$,故 $u_i(\boldsymbol{a}_i, \boldsymbol{a}_{-i}) > u_i(\boldsymbol{b}_i, \boldsymbol{a}_{-i}) \Leftrightarrow V(\boldsymbol{a}_i, \boldsymbol{a}_{-i}) > V(\boldsymbol{b}_i, \boldsymbol{a}_{-i})$。

一个类似公式来自文献[7],给出下列两个条件来建立有限博弈 G 是序数位势博弈:

(1) G 无弱改善周期;

(2) 在偏好关系 $<$ 上,有一个适当的次序。

讨论这些条件有必要引入一些定义。

定义 2.19　非恶化路径

如果 $u_i(a^{k-1}) \leqslant u_i(a^k)$,对所有 $a^k \in \gamma$ 成立,其中 i 是在第 k 步唯一的改变者,则路径是非恶化的。

定义 2.20　弱改善周期

如果 γ 是一个周期,γ 是非恶化的,且至少有一个 $a^k \in \gamma$,$u_i(a^k) < u_i(a^{k+1})$,则路径 γ 是弱改善周期。

定义 2.21　合适序集

如果存在一个函数 $F: X \to \mathbb{R}$,有 $x < y \Rightarrow F(x) < F(y)$,$\forall x, y \in X$,其中 $<$ 是非自反的、可传递的二进制关系,则集合 X 是具有序 $<$ 的合适序集。

依据文献[7],由这些定义可引入识别序数位势博弈的定理。

定理 2.11　序数位势博弈及弱改善周期

对于标准博弈 $G = \langle \mathbb{N}, A, \{u_i\} \rangle$,当且仅当满足下列两个条件:

(1) A 没有弱改善周期;

(2) $(A, <)$ 是合适序集。

则该博弈称为序数位势博弈。

注意:对于可数博弈,定理 2.11 可以放松为仅无弱改善周期。

下面讨论另一个用来识别标准博弈是序数位势博弈的技术——使用更优响应等效。先引入一些概念和定理。

定义 2.22　更优响应等效

如果 $\forall i \in \mathbb{N}$,$a \in A$,$u_i(a_i, a_{-i}) > u_i(b_i, a_{-i}) \Leftrightarrow v_i(a_i, a_{-i}) > v_i(b_i, a_{-i})$,则博弈 $G = \langle \mathbb{N}, A, \{u_i\} \rangle$ 称为对博弈 $G' = \langle \mathbb{N}, A, \{v_i\} \rangle$ 的更优响应等效。

为方便叙述,用 $G \approx G'$ 表示 G 是 G' 的更优响应等效。下面定义一个类似的概念——最优响应等效。

定义 2.23　最优响应等效

如果 $\forall i \in \mathbb{N}$,$a \in A$,$\underset{a_i \in A_i}{\operatorname{argmax}}\, u_i(a_i, a_{-i}) = \underset{a_i \in A_i}{\operatorname{argmax}}\, v_i(a_i, a_{-i})$,则博弈 $G = \langle \mathbb{N}, A, \{u_i\} \rangle$ 称为对博弈 $G' = \langle \mathbb{N}, A, \{v_i\} \rangle$ 的最优响应等效。

用 $G \underset{\max}{\approx} G'$ 表示 G 是 G' 的最优响应等效。下面再定义一个类似的概念——ε-更优响应等效。

定义 2.24　ε-更优响应等效

在 $\varepsilon_1, \varepsilon_2 > 0$ 时,有

$$u_i(\boldsymbol{a}_i, \boldsymbol{a}_{-i}) > u_i(\boldsymbol{b}_i, \boldsymbol{a}_{-i}) + \varepsilon_1 \Leftrightarrow v_i(\boldsymbol{a}_i, \boldsymbol{a}_{-i}) > v_i(\boldsymbol{b}_i, \boldsymbol{a}_{-i}) + \varepsilon_2, \forall i \in \mathbb{N}, \boldsymbol{a} \in A$$

则博弈 $G = \langle \mathbb{N}, A, \{u_i\} \rangle$ 称为对博弈 $G' = \langle \mathbb{N}, A, \{v_i\} \rangle$ 的 ε – 更优响应等效。用 $G \underset{\varepsilon}{\approx} G'$ 表示 G 是 G' 的 ε – 更优响应等效。

定理 2.12 序数位势博弈更优响应等效及协调博弈

给定序数位势博弈 $G = \langle \mathbb{N}, A, \{u_i\} \rangle$，位势为 V，则 G 是对于定义为 $G' = \langle \mathbb{N}, A, \{v_i = V\} \rangle$ 协调博弈的更优响应等效。

证明：由于 G 为序数位势博弈，$u_i(\boldsymbol{a}_i, \boldsymbol{a}_{-i}) > u_i(\boldsymbol{b}_i, \boldsymbol{a}_{-i}) \Leftrightarrow V(\boldsymbol{a}_i, \boldsymbol{a}_{-i}) > V(\boldsymbol{b}_i, \boldsymbol{a}_{-i})$；由于 $v_i = V$，$u_i(\boldsymbol{a}_i, \boldsymbol{a}_{-i}) > u_i(\boldsymbol{b}_i, \boldsymbol{a}_{-i}) \Leftrightarrow v_i(\boldsymbol{a}_i, \boldsymbol{a}_{-i}) > v_i(\boldsymbol{b}_i, \boldsymbol{a}_{-i})$，故 $G \approx G'$。

由定理 2.12 可导出下列推论。

推论 2.1 序数位势博弈是对精确位势博弈的更优响应等效。

推论 2.2 G 为序数位势博弈，当且仅当存在博弈 $G' = \langle \mathbb{N}, A, \{C + D_i\} \rangle$，其中，$C: A \to \mathbb{R}$，$D_i: A_{-i} \to \mathbb{R}$，有 $G \approx G'$。

这意味着，可以用不同技术识别一个博弈是否为序数位势博弈，尤其是证明存在另一个博弈是精确位势博弈，并且是对原始博弈的更优响应等效。

定理 2.13 序数位势博弈识别

标准博弈 $G = \langle \mathbb{N}, A, \{u_i\} \rangle$ 为序数位势博弈，当且仅当它是对精确位势博弈的更优响应等效。

证明：由推论 2.2，G 为序数位势博弈，当且仅当存在博弈 $G' = \langle \mathbb{N}, A, \{C + D_i\} \rangle$，其中，$C: A \to \mathbb{R}$，$D_i: A_{-i} \to \mathbb{R}$，有 $G \approx G'$。由定理 2.14（见 2.4.3），G' 为精确位势博弈。所以 G 为序数位势博弈，当且仅当 G 是对精确位势博弈的更优响应等效。

2.4.3 通用精确位势博弈的形式

下面证明协调 – 虚拟博弈、加权协调 – 虚拟博弈、协调博弈、虚拟博弈、自激励博弈、双边对称相互作用博弈（Bilateral Symmetric Interaction, BSI）、多边对称相互作用博弈（Multilateral Symmetric Interaction, MSI）为精确位势博弈。有一些不太重要且更复杂的精确位势博弈可以通过精确位势博弈的线性组合来形成。

1. 协调 – 虚拟博弈

如果博弈中的所有参与者有一个目标函数，其可以表征为

$$u_i(\boldsymbol{a}) = C(\boldsymbol{a}) + D_i(\boldsymbol{a}_{-i}) \qquad (2-39)$$

式中：$C: A \to \mathbb{R}$ 及 $D_i: A_{-i} \to \mathbb{R}$，则该博弈称为协调 – 虚拟博弈。该博弈的位势函数可以写为 $V(\boldsymbol{a}) = C(\boldsymbol{a})$。

$C(\boldsymbol{a})$ 定义协调函数，其中所有参与者对于某个特殊的行动组合 $\boldsymbol{a}$ 取得相同的收益。$D_i(\boldsymbol{a}_{-i})$ 定义虚拟函数：一个函数，其中参与者 i 的结果并不依赖于 i 的行动，仅是其他参与者行动的函数。注意，协调 – 虚拟博弈中每个参与者都有自己的

虚拟函数。

可以很容易证明 $C(\boldsymbol{a})$ 为该博弈的精确位势,注意到

$$u_i(\boldsymbol{a}_i,\boldsymbol{a}_{-i}) - u_i(\boldsymbol{b}_i,\boldsymbol{a}_{-i}) = C(\boldsymbol{a}_i,\boldsymbol{a}_{-i}) - C(\boldsymbol{b}_i,\boldsymbol{a}_{-i}),\forall i,j \in \mathbb{N},\forall \boldsymbol{a} \in A$$

事实上,所有精确位势博弈均可表示为协调 - 虚拟博弈。

定理 2.14　精确位势博弈、协调博弈及虚拟博弈

G 为精确位势博弈,当且仅当存在函数 $C:A\rightarrow\mathbb{R}$ 及 $D_i:A_{-i}\rightarrow\mathbb{R}$,有

$$u_i(\boldsymbol{a}) = C(\boldsymbol{a}) + D_i(\boldsymbol{a}_{-i}),\forall i \in \mathbb{N},\boldsymbol{a} \in A$$

例 2.9　协调 - 虚拟博弈。

考虑两个参与者的标准博弈 G,矩阵表示方式如图 2 - 11 所示。

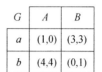

G	A	B
a	(1,0)	(3,3)
b	(4,4)	(0,1)

图 2 - 11　宽松的协调博弈

该博弈可以等效地表述为具有如图 2 - 12 所示协调函数 $C(\cdot)$ 及虚拟函数 $D(\cdot)$ 的协调 - 虚拟博弈。

$C(\cdot)$	A	B
a	0	3
b	3	0

(a)

$D(\cdot)$	A	B
a	(1,0)	(0,0)
b	(1,1)	(0,1)

(b)

图 2 - 12　协调函数 $C(.)$ 及虚拟函数 $D(.)$

(a) 协调函数;(b) 虚拟函数。

2. 加权协调 - 虚拟博弈

类似地,可以引入加权位势博弈,其中所有参与者的效用函数均可表示为

$$u_i(\boldsymbol{a}) = \alpha_i C(\boldsymbol{a}) + D_i(\boldsymbol{a}_{-i}) \tag{2-40}$$

式中:$C:A\rightarrow\mathbb{R}$,$D_i:A_{-i}\rightarrow\mathbb{R}$ 及 $\alpha_i \in \mathbb{R}$。可以通过定义 2.15 证明这是加权位势博弈。利用式(2 - 40)可以建立类似于定理 2.14 的定理,陈述为定理 2.15。

定理 2.15　加权位势博弈的存在性

G 为加权位势博弈,当且仅当存在函数,$C:A\rightarrow\mathbb{R}$,$D_i:A_{-i}\rightarrow\mathbb{R}$ 及加权因子 $\alpha_i \in \mathbb{R}$,有 $u_i(\boldsymbol{a}) = \alpha_i C(\boldsymbol{a}) + D_i(\boldsymbol{a}_{-i})$,$\forall i \in \mathbb{N}$,$\boldsymbol{a} \in A$。

3. 协调博弈

若所有参与者的效用函数为

$$u_i(\boldsymbol{a}) = C(\boldsymbol{a}) \tag{2-41}$$

式中 $C:A\rightarrow\mathbb{R}$。则该博弈称为协调博弈。

它是协调 - 虚拟博弈当 $d_i = 0$($\forall i \in \mathbb{N}$)时的情况,这是一个具有位势函数 C 的精确位势博弈。当 $u_i(\boldsymbol{a}) = \alpha_i C(\boldsymbol{a})$($\alpha_i \in \mathbb{R}$)时,可以构造一个加权协调位势博弈,类似地可证明其为加权位势博弈。

4. 虚拟博弈

虚拟博弈是协调–虚拟博弈当 $C(\boldsymbol{a}) = 0(\forall \boldsymbol{a} \in A)$ 时的特例。注意到,任一虚拟博弈的位势函数是任意常数函数,即 $V(\boldsymbol{a}) = c(\forall \boldsymbol{a} \in A), c \in \mathbb{R}$。

5. 自激励博弈

若所有参与者具有的效用函数为

$$u_i(\boldsymbol{a}) = S_i(a_i) \qquad (2-42)$$

式中: $S_i : A_i \to \mathbb{R}$。则该博弈称为自激励博弈。

自激励博弈没有相互作用,因此该术语在技术上是不精确的。一个自激励的位势函数可由表达式 $V(\boldsymbol{a}) = \sum_{i \in \mathbb{N}} S_i(a_i)$ 给出。然而自激励博弈的概念对于分析加性的位势博弈是有用的。

6. 双边对称相互作用博弈

若每个参与者的效用函数为

$$u_i(\boldsymbol{a}) = \sum_{j \in \mathbb{N} \setminus i} w_{ij}(a_i, a_j) - S_i(a_i) \qquad (2-43)$$

式中: $w_{ij} : A_i \times A_j \to \mathbb{R}$ 及 $S_i : A_i \to \mathbb{R}$,对于每个 $(a_i, a_j) \in A_i \times A_j$,有 $w_{ij}(a_i, a_j) = w_{ji}(a_j, a_i)$。则该博弈称为双边对称相互作用(BSI)博弈。

BSI 博弈精确的位势函数为

$$V(\boldsymbol{a}) = \sum_{i \in \mathbb{N}} \sum_{j=1}^{i-1} w_{ij}(a_i, a_j) - \sum_{i \in \mathbb{N}} S_i(a_i) \qquad (2-44)$$

可用相对直观的方法表示这是一个精确位势博弈,即

$$u_i(a_i, \boldsymbol{a}_{-i}) - u_i(b_i, \boldsymbol{a}_{-i})$$
$$= \sum_{j \in \mathbb{N}} w_{ij}(a_i, a_j) - \sum_{j \in \mathbb{N}} w_{ij}(b_i, a_j) - S_i(a_i) + S_i(b_i)$$

和

$$V(a_i, \boldsymbol{a}_{-i}) - V(b_i, \boldsymbol{a}_{-i})$$
$$= \sum_{j \in \mathbb{N}} w_{ij}(a_i, a_j) - \sum_{j \in \mathbb{N}} w_{ij}(b_i, a_j) - S_i(a_i) + S_i(b_i)$$

7. 多边对称相互作用博弈

给定博弈,所有参与者的效用函数为

$$u_i(\boldsymbol{a}) = \sum_{|S \subseteq \mathbb{N}, i \in S} w_{S,i}(a_S) + D_i(\boldsymbol{a}_{-i}) \qquad (2-45)$$

式中: $D_i : A_{-i} \to \mathbb{R}, i \in S, S$ 是 $\mathbb{N}$ 的一个特殊子集; $a_S \in \underset{i \in S}{\times} A_i$; $w_{S,i} : A_S \to \mathbb{R}$; $A_S = \times_{k \in S} A_k$ 为安排给 A_S 中每一个可能行动矢量的实值函数。假设 $w_{S,i}(a_S) = w_{S,j}(a_S), \forall i, j \in S$,则该博弈称为多边对称相互作用(MSI)博弈。

MSI 博弈的精确位势函数为

$$V(\boldsymbol{a}) = \sum_{S \subseteq \mathbb{N}} w_S(a_S) \qquad (2-46)$$

式(2-46)可以应用定义2.14证明是对于 MSI 博弈来说是精确位势博弈。注意到 $\forall i \in \mathbb{N}$,$\forall a \in A$,有

$$V(a_i, a_{-i}) - V(b_i, a_{-i}) = \sum_{\{S \subseteq \mathbb{N}, i \in S\}} w_{S,i}(a_i, a_{-i}) - \sum_{\{S \subseteq \mathbb{N}, i \in S\}} w_{S,i}(b_i, a_{-i})$$

$$u_i(a_i, a_{-i}) - u_i(b_i, a_{-i}) = \sum_{\{S \subseteq \mathbb{N}, i \in S\}} w_{S,i}(a_i, a_{-i}) - \sum_{\{S \subseteq \mathbb{N}, i \in S\}} w_{S,i}(b_i, a_{-i})$$

下面是先前讨论的博弈与 MSI 博弈之间的关系:

(1)当仅有一个子集 S,$v_S \neq 0$,$S = \mathbb{N}$ 及 $D_i(a) = 0$,$\forall i \in \mathbb{N}$ 时,协调博弈为 MSI 博弈。

(2)当 $w_S = 0$, $\forall S \subseteq \mathbb{N}$ 时,虚拟博弈为 MSI 博弈。

(3)协调-虚拟博弈是前两个条件的一个组合。

(4)当 $v_S \neq 0$,对那些 S,有 $|S| = 1$ 时,自激励博弈为 MSI 博弈。

仅当联合条件 $v_S \neq 0$,$|S| = 1$ 或 $|S| = 2$ 成立时,BSI 博弈为 MSI 博弈。

定理 2.16 MSI 博弈与精确位势博弈等效

当且仅当 G 为 MSI 博弈时,G 为精确位势博弈。

博弈形式、效用函数及精确位势函数见表2-4。

表2-4 博弈形式、效用函数及精确位势函数

博弈形式	效用函数	精确位势函数
协调博弈	$u_i(a) = C(a)$	$V(a) = C(a)$
虚拟博弈	$u_i(a) = D_i(a_{-i})$	$V(a) = c, c \in \mathbb{R}$
协调—虚拟博弈	$u_i(a) = C(a) + D_i(a_{-i})$	$V(a) = C(a)$
自激励博弈	$u_i(a) = S_i(a_i)$	$V(a) = \sum_{i \in \mathbb{N}} S_i(a_i)$
双边对称相互作用博弈	$u_i(a) = \sum_{j \in \mathbb{N} \setminus i} w_{ij}(a_i, a_j) - S_i(a_i)$ $w_{ij}(a_i, a_j) = w_{ji}(a_j, a_i)$	$V(a) = \sum_{i \in \mathbb{N}} \sum_{j=1}^{i-1} w_{ij}(a_i, a_j) - \sum_{i \in \mathbb{N}} S_i(a_i)$
多边对称相互作用博弈	$u_i(a) = \sum_{\{S \subseteq \mathbb{N}, i \in S\}} w_{S,i}(a_S) + D_i(a_{-i})$ $w_{S,i}(a_S) = w_{S,j}(a_S) \forall i, j \in S$	$V(a) = \sum_{S \subseteq \mathbb{N}} w_S(a_S)$

例 2.10 双边对称相互作用干扰避免博弈。

考虑一个频率复用方案的网络,忽略交叉簇之间的干扰。每个簇在簇首有功率控制,使得所有无线电在接收簇首时功率恒定。每个无线电与簇首之间的通信也通过调整其波形,使得在接收机端干扰最小化。

可以建模为一个具有标准阶段博弈的近视重复博弈,簇内每个无线电是参与者,参与者的行动是它的可用波形,效用函数为

$$u_j(a) = -\sum_{k \in \mathbb{N} \setminus j} \rho(a_j, a_k) \tag{2-47}$$

式中:$\rho(a_j, a_k)$ 波形 a_j 和波形 a_k 之间统计相关,假设 $\rho(a_j, a_k) = \rho(a_k, a_j)$。由表 2-4 可以看到,式(2-47)满足 BSI 博弈的条件,其中 $S_j(\boldsymbol{a}) = 0, \forall j \in \mathbb{N}$。由表 2-4 可知,该博弈的精确位势函数为

$$V(\boldsymbol{a}) = \sum_{i \in \mathbb{N}} \sum_{j=1}^{i-1} \rho(a_i, a_j) \qquad (2-48)$$

2.4.4 位势博弈的特殊性质

位势博弈的有些性质非常有价值,虽然它们并不直接与稳态、最优、收敛或噪声相关。下面讨论这些性质。

1. FIP 及位势博弈

介绍位势博弈时,并没有证明所有位势博弈都具有 FIP。事实上,有限标准博弈具有 FIP,当且仅当该博弈有广义序数位势函数。

定理 2.17 FIP 及广义序数位势博弈

所有有限广义序数位势博弈均具有 FIP。

证明:假设 $G = \langle \mathbb{N}, A, \{u_i\} \rangle$ 为具有位势函数 V 的广义序数位势博弈,现在考虑在 A 中的改善路径 $\gamma = (\boldsymbol{a}^0, \boldsymbol{a}^1, \cdots)$。则 $u_i(\boldsymbol{a}^{k+1}) > u_i(\boldsymbol{a}^k)$,其中,$i$ 为在步骤 $k+1$ 时唯一改变策略的参与者。由于 G 是广义序数位势博弈,则有 $u_i(\boldsymbol{a}^{k+1}) > u_i(\boldsymbol{a}^k) \Rightarrow V(\boldsymbol{a}^{k+1}) > V(\boldsymbol{a}^k)$。因此,$V(\boldsymbol{a}^0) < V(\boldsymbol{a}^1) < \cdots$,即 $V(\gamma)$ 形成一个单调递增序列。由于 A 是有限的且 $V(\gamma)$ 是单调的,所以 γ 必是有限的。

在相反方向建立关系,需要引入几个基本的结果和术语。定义:$\sigma(\boldsymbol{a})$ 为终止于 $\boldsymbol{a}$ 中的改善路径集合;$L(\sigma(\boldsymbol{a}))$ 为终止于 $\boldsymbol{a}$ 中最长改善路径的长度。考虑

$$V(\boldsymbol{a}) = L(\sigma(\boldsymbol{a})) \qquad (2-49)$$

作为任一具有 FIP 的博弈的候选广义序数位势函数,并有定理 2.18。

定理 2.18 广义序数位势博弈及 FIP

所有具有 FIP 的博弈都是广义序数位势博弈。

证明:式(2-49)可以被证明为任一博弈的广义序数位势函数具有 FIP。考虑任一 $u_i(\boldsymbol{b}_i, \boldsymbol{a}_{-i}) > u_i(\boldsymbol{a}_i, \boldsymbol{a}_{-i})$,则存在从 $u_i(\boldsymbol{a}_i, \boldsymbol{a}_{-i})$ 到 $u_i(\boldsymbol{b}_i, \boldsymbol{a}_{-i})$ 的改善路径。由式(2-49)可得 $V(\boldsymbol{b}_i, \boldsymbol{a}_{-i}) \geqslant V(\boldsymbol{a}_i, \boldsymbol{a}_{-i}) + 1$,则 $u_i(\boldsymbol{b}_i, \boldsymbol{a}_{-i}) > u_i(\boldsymbol{a}_i, \boldsymbol{a}_{-i}) \Rightarrow V(\boldsymbol{b}_i, \boldsymbol{a}_{-i}) > V(\boldsymbol{a}_i, \boldsymbol{a}_{-i})$,于是满足定义 2.17 的条件。

结合定理 2.17 和定理 2.18 产生定理 2.19。

定理 2.19 广义序数位势博弈等效及 FIP

有限标准博弈具有 FIP,当且仅当它有广义序数位势。

这是一个非常有意义的结果,它提供了一个机制决定博弈是否具有 FIP,特别

是,利用 2.4.2 节中的技术识别一个博弈是精确位势博弈还是序数位势博弈。

2. 近似有限改善性质

下面通过一个例子来说明。

例 2.11　Zeno 博弈

在 Zeno 博弈中,有两个参与者 $\{1,2\}$。参与者 1 选择走距离 d_1,其控制范围为 $[0,1]$。参与者 2 选择走距离 d_2,控制范围为 $[0,1]$。选择较短距离的参与者,必须付给另一个参与者一定数量的货币,货币多少由距离差决定,即 $u_1(\boldsymbol{d})=d_2-d_1,u_2(\boldsymbol{d})=d_1-d_2$。

现在考虑行动序列 $\{d^k\}$。对于 d^0,参与者 2 总是选择 $d_2=1$,而参与者 1 选择 $d_1=0$。$\{d^k\}$ 中所有其他元素,参与者 1 选择的距离等于它当前的距离加上剩余距离的 $1/2$。这个过程产生行动序列 $d^k\in\left(\dfrac{2^k-1}{2^k},1\right)$,其中,$k$ 为 $0\sim\infty$。注意,$\{d^k\}$ 包含一个改善路径,参与者 1 通过 $1-\dfrac{2^k-1}{2^k}(k\geq1)$ 改善收益。然而,它的改善路径对所有 k 连续改善,使得此路径为无限改善路径。该博弈的精确位势 $V(\boldsymbol{d})=d_1+d_2$。

很明显,并不是每个位势博弈都具有 FIP。可是,这样一个无限改善路径凭经验似乎违反直觉。当跨过一个具有无限改善路径的房间时,所有人都知道 Zeno 悖论是虚假的悖论。这是因为,我们不能跨出无限小的一步,其实也不期望这样做。确实,对于如何采取小的步幅都存在限制,该概念在 ε – 改善路径中具有重要作用。

定义 2.25　ε – 改善路径

给定 $\varepsilon>0$,ε – 改善路径是这样的路径:对所有 $k\geq1$,$u_i(\boldsymbol{a}^k)>u_i(\boldsymbol{a}^{k-1})+\varepsilon$,其中,$i$ 为在步骤 k 唯一发生改变的参与者。

一般不能保证一个无限的凸博弈具有有限改善路径,但当所有 ε – 改善路径有限时它将得到保证,看来这是合理的。

定义 2.26　近似有限改善性质(Approximate Finite Improvement Property,AFIP)

如果对每个 $\varepsilon>0$,存在一个 $L(\varepsilon)\in\mathbb{N}$,使得 G 中所有 ε – 改善路径小于或等于 L,则标准博弈 G 具有近似有限改善性质。

事实上,AFIP 描述了为改善背离者收益而自私背离的所有序列,其最小量必须是有限的。当然,FIP 暗含着 AFIP。

定理 2.20　FIP 及 AFIP

所有具有 FIP 的博弈也具有 AFIP。

证明:根据定义,所有 ε – 改善路径也是改善路径。如果所有改善路径是有限的,所有 ε – 改善路径就必须是有限的。

对于具有 AFIP 的博弈,显而易见的条件是有限的行动空间。该条件不是必要的,但正如考虑的具有 FIP 无限博弈的例子,其行动集扩展到 ∞。更进一步,当有限证明是有用的,行动空间不再有限时,不能稳定地建立有限的广义序数位势博弈或序数位势博弈具有 AFIP。然而,可以证明有限位势函数的加权位势博弈具有 AFIP。

定理 2.21 加权位势博弈及 AFIP

每个具有有限位势的加权位势博弈具有 AFIP。

证明:考虑有限的加权位势博弈 $G = \langle \mathbb{N}, A, \{u_i\} \rangle$,具有有限的位势函数 V 及加权系数 $\{\alpha_i\}, \alpha_{max} = \max_{i \in \mathbb{N}} \{\alpha_i\}$,则给定 $\varepsilon > 0$ 及 G 中任意的 ε – 改善路径 $\gamma, V(\gamma)$ 形成有限的、单调递增的序列,其最小的步幅为 $\varepsilon / \alpha_{max}$。因此,$V(\gamma)$ 一定有限,γ 必定有限。

在定理 2.22 中,也可为有限广义 ε – 序数位势博弈建立类似的结果。

定理 2.22 广义 ε – 位势博弈及 AFIP

每个具有有限位势的广义 ε – 位势博弈具有 AFIP。

证明:考虑广义 ε – 序数位势博弈 $G = \langle \mathbb{N}, A, \{u_i\} \rangle$,具有有限的位势函数 V,$|V(a)| \leq B < \infty$。给定 $\varepsilon_1 > 0$,对于每个 ε_1 – 改善路径,G 中的 $\gamma = \{a^0, a^1, \cdots, a^n, \cdots\}$,有 $\varepsilon_2 > 0$,使得 $V(a^0) + \varepsilon_2 < V(a^1), V(a^1) + \varepsilon_2 < V(a^2), \cdots, V(a^k) + \varepsilon_2 < V(a^{k+1}), \cdots$ 及 $V(a^0) + k\varepsilon_2 < V(a^k)$。假设 γ 是无限的,则对于 $k = [2B/\varepsilon_2], V(a^0) + 2B < V(a^k)$;但由于 $|V(a)| \leq B < \infty$,所以 $V(a^0) + 2B \geq V(a^k)$,因此 γ 不可能比 $k = [2B/\varepsilon_2]$ 长,即 γ 不可能是无限的。故每个具有有限位势的广义 ε – 位势博弈具有 AFIP。

具有 AFIP 的博弈是广义 ε – 序数位势博弈,下面给出识别广义 ε – 序数位势函数的方法:给定 $\varepsilon > 0, \sigma_\varepsilon(a)$ 为终止于 a 的 ε – 改善路径集合,$L(\sigma_\varepsilon(a))$ 为终止于 a 的最长 ε – 改善路径的长度,则下列函数是具有 AFIP 任意博弈的广义 ε – 位势函数:

$$V(a) = L(\sigma_\varepsilon(a)) \tag{2-50}$$

可以证明,式(2 – 50)为任意具有 AFIP 博弈的广义 ε – 序数位势函数。假设 $u_i(b_i, a_{-i}) > u_i(a_i, a_{-i}) + \varepsilon$,则存在一个 ε – 改善路径从 $u_i(a_i, a_{-i})$ 到 $u_i(b_i, a_{-i})$,所以 $V(b_i, a_{-i}) \geq V(a_i, a_{-i}) + 1$。$u_i(b_i, a_{-i}) > u_i(a_i, a_{-i}) + \varepsilon$ 意味着 $V(b_i, a_{-i}) > V(a_i, a_{-i})$ 及满足定义 2.18。由该结果引出下列定理。

定理 2.23 AFIP 及广义 ε – 位势博弈

一个博弈具有 AFIP 仅当它为广义 ε – 位势博弈。

3. 改善路径暗含着等效性质

前面引入一系列等效关系,可以为 NE、FIP、AFIP 建立一系列有用的解析结果。

定理 2.24 最优响应等效及 NE

如果 $G \underset{max}{\approx} G'$,$G$ 中存在 NE,则它同时也是 G' 中的 NE。

证明:假设 a^* 是 G 中的 NE,$G = \langle \mathbb{N}, A, \{u_i\} \rangle$ 及 $G' = \langle \mathbb{N}, A, \{v_i\} \rangle$,则 $a^* \in$ $\underset{a_i \in A_i}{\operatorname{argmax}} \, u_i(a_i, a_{-i})$, $\forall i \in \mathbb{N}$,由于 $\underset{a_i \in A_i}{\operatorname{argmax}} \, u_i(a_i, a_{-i}) = \underset{a_i \in A_i}{\operatorname{argmax}} \, v_i(a_i, a_{-i})$,$a^* \in$ $\underset{a_i \in A_i}{\operatorname{argmax}} \, v_i(a_i, a_{-i})$,$\forall i \in \mathbb{N}$,因此 a^* 也是 G' 的 NE。类似地,相反方向逻辑也成立。

由于每一个博弈的更优响应等效均暗含最优响应等效,因此类似的结果对于更优响应等效博弈也成立。

推论 2.3　更优响应等效及 NE

如果 $G \approx G'$,G 中存在 NE,则它同时也是 G' 的 NE。

如果通过分析博弈 G 来证明有困难,可代之以分析任一其他博弈 G',其中 $G' \underset{\max}{\approx} G$ 或 $G' \approx G$,以此来解 G 的纳什均衡。

定理 2.25　更优响应等效及 FIP

给定 $G = \langle \mathbb{N}, A, \{u_i\} \rangle$ 及 $G' = \langle \mathbb{N}, A, \{v_i\} \rangle$,$G \approx G'$ 及 G 是有限的,如果 G 具有 FIP,则 G' 也具有 FIP。

证明:由于 G 具有广义序数位势 V,因此对所有 $a \in A$,有

$$u_i(a_i, a_{-i}) > u_i(b_i, a_{-i}) \Leftrightarrow v_i(a_i, a_{-i}) > v_i(b_i, a_{-i})$$

及

$$u_i(b_i, a_{-i}) - u_i(a_i, a_{-i}) > 0 \Rightarrow V(b_i, a_{-i}) - V(a_i, a_{-i}) > 0$$

则

$$v_i(b_i, a_{-i}) - v_i(a_i, a_{-i}) > 0 \Rightarrow V(b_i, a_{-i}) - V(a_i, a_{-i}) > 0$$

及 G' 是一个广义序数位势博弈,由定理 2.18 可知,G' 必定具有 FIP。

可以为更优响应等效与序数位势博弈建立类似关系。

定理 2.26　序数位势博弈及更优响应等效

如果 G 为序数位势博弈,及 $G \approx G'$,则 G' 也为序数位势博弈。

可以用 ε – 更优响应等效建立 AFIP。

定理 2.27　AFIP 等效

如果 $G \underset{\varepsilon}{\approx} G'$,$G$ 具有 AFIP,则 G' 也具有 AFIP。

4. 位势博弈的连续性质

博弈位势函数的连续性对于无限位势博弈建立稳定状态、收敛性及稳定性是至关重要的。除直接计算每个位势函数的连续性外,还可从位势函数的性质推断位势函数的连续性。

在讨论位势博弈连续性之前,需要引入与函数之和相关的一般性的结果。函数 $f : A \to \mathbb{R}$ 被说成是在 $a \in A$ 处连续的,其中 A 是测度空间,如果对于每一个 $\varepsilon > 0$,有一个 $\delta > 0$,当 $\| a' - a \| < \delta$,意味着 $\| f(a' - a) \| < \varepsilon$。

定理 2.28　函数之和连续性

给定 $h = f + g : A \to \mathbb{R}$,其中 g 是连续的,h 是连续的,当且仅当 f 是连续的。

证明:⇒(充分性)。由于 f、g 是连续的,对于所有 $a \in A$,给定 $\eta > 0$,存在 δ_f、δ_g,有

$$\|a,a'\| < \delta_f \Rightarrow \|f(a),f(a')\| < \eta$$

及

$$\|a,a'\| < \delta_g \Rightarrow \|g(a),g(a')\| < \eta$$

如果设定 $\eta = \varepsilon/2$,而 $\delta_h = \min(\delta_f,\delta_g)$,则意味着

$$\|a,a'\| < \delta_h \Rightarrow \|h(a),h(a')\| < \varepsilon$$

⇐(必要性)。假设在 $a \in A$ 处 f 是不连续的及 h 是连续的。由于 h 是连续的,对于每个 $\varepsilon > 0$,存在某个 $\delta_h > 0$,有

$$\|a,a'\| < \delta_h \Rightarrow \|h(a),h(a')\| < \varepsilon$$

或

$$\|a,a'\| < \delta_h \Rightarrow \|f+g(a),f+g(a')\| < \varepsilon$$

但这意味着

$$\|a,a'\| < \delta_h \Rightarrow \|f(a),f(a')\| < \varepsilon$$

由于

$$\|f+g(a),f+g(a')\| \geq \|f(a),f(a')\|$$

因此,对于每个 $\varepsilon > 0$,$\delta_f = \delta_h$,将提供一个有效的 δ_f,有

$$\|a,a'\| < \delta_f \Rightarrow \|f(a),f(a')\| < \varepsilon$$

这与假设 f 在 a 处不连续矛盾。

定理 2.29 加权位势函数的连续性

给定加权位势博弈 $G = \langle \mathbb{N},A,\{u_i\} \rangle$,具有加权 $\{\alpha_i\}$ 及位势函数 $u_i : A \to \mathbb{R}$,其中 A 是紧支的测度空间。如果 $u_i : A \to \mathbb{R}$ 在 a 中是连续的,及 $D_i(a_{-i})$ 在 a 中是连续的,$\forall i \in \mathbb{N}$,则 V 是对所有 $i \in \mathbb{N}$ 在 a 中一致连续的。

证明:回顾定理 2.15,G 为加权位势博弈,当且仅当存在函数 $C : A \to \mathbb{R}$,$D_i : A_{-i} \to \mathbb{R}$ 及加权系数 $\alpha_i \in \mathbb{R}$,使得 $u_i(a) = \alpha_1 C(a) + D_i(a_{-i})$,$\forall i \in \mathbb{N}$,$a \in A$。由定理 2.28,$D_i$ 及 u_i 的连续性意味着 C 是连续的。由于任意加权位势博弈的位势函数必为 $V(a) = \alpha_v C(a) + k$ 的形式,对于线性变换,连续性得以保留,所以 $V(a)$ 也是连续的。由于 V 是连续的,V 在 a 中也是一致连续的。

5. 精确位势博弈的净改善性质

给定一个有限标准博弈,其效函数为 $\{u_i\}$,有限的路径 $\gamma = \{a^0,a^1,\cdots,a^m\}$,定义此路径的净改善 $I(\gamma,\{u_i\})$ 为

$$I(\gamma,\{u_i\}) = \sum_{k=1}^{m} \left[u_{i_k}(a^k) - u_{i_k}(a^{k-1}) \right] \tag{2-51}$$

式中:i_k 为第 k 步的唯一改变者。

例 2.12　计算净改善

如图 2 – 13 所示,路径 $\gamma = \{(a,A),(a,B),(b,B),$ $(b,A),(a,A)\}$。净改善 $I(\gamma,\{u_i\}) = 2 + 1 - 1 - 2 = 0$。

事实上,该例中,$I(\gamma,u) = 0$ 并非巧合。在例 2.6 中已经证明该博弈是精确位势博弈。对所有精确位势博弈,对有限闭周期存在一个特殊性质,定理 2.30 给出具体说明。

G	A	B
a	(3,3)	(0,5)
b	(5,0)	(1,1)

图 2 – 13　精确位势博弈 G

定理 2.30　精确位势博弈及一个周期的净改善[6]

用 G 表示一个有限标准博弈,则下列声明是等效的:

(1) G 为精确位势博弈;

(2) 对每个有限的闭周期 γ,$I(\gamma,u) = 0$;

(3) 对每个有限简单闭周期 γ,$I(\gamma,u) = 0$;

(4) 对每一个长度为 4 的有限简单闭周期,$I(\gamma,u) = 0$。

定理 2.30 为下列识别精确位势博弈的算法提供了理论基础。

由定理 2.14 及定理 2.30 可以建立下列算法,通过找到协调及虚拟博弈的连续性证明是精确位势博弈。当应用于有限精确位势博弈时,协调 – 虚拟算法产生博弈的协调及虚拟函数。如果协调 – 虚拟博弈算法应用于非有限精确位势博弈,则算法将由于对同一个行动组合给出不同值或由于连续不确定而导致失败。

算法 2.1　协调 – 虚拟算法

(1) 协调函数识别:

① 取开始的行动组 a^*,假设 $C(a^*) = 0$。

② 定义集合 A^* 作为所有从 a^* 单方面背离而获益的集合,$a^* \in A$。

③ 对所有的 $a^* \in A$,指定 $C(a) = C(a^*) + u_i(a) - u_i(a^*)$,其中,$i$ 为从 a^* 到 a 唯一的背离者。

④ 取任一个 $a \in A^*$,定义 $a^* = a$。

⑤ 重复步骤②~④,直到对所有 $a \in A$,$C(a)$ 都被定义。

如果在任意一步发现两个不同 $C(a)$ 的值,则算法失败,博弈不是精确位势博弈。

(2) 虚拟函数识别:

假设成功识别协调函数,则虚拟函数 $d_i(a) = u_i(a) - C(a)$。

2.4.5　位势博弈的稳定状态

下面讨论位势博弈的一些纳什均衡性质。

定理 2.31　纳什均衡存在性及有限位势博弈

所有有限位势博弈至少具有一个纳什均衡。

证明:正如定理 2.19 所述,所有有限的位势博弈具有 FIP,而所有具有 FIP 的博弈至少有一个 NE。

定理 2.31 保证在有限位势博弈中纳什均衡的存在性,但对识别纳什均衡没有帮助。定理 2.32 可为识别有限和无限位势博弈的纳什均衡提供强有力的支持。

定理 2.32 位势函数最大及纳什均衡

给定位势博弈 $G = \langle \mathbb{N}, A, \{u_i\} \rangle$,具有位势函数 V,V 的全局最大者便为纳什均衡。

证明:假设 $a^* = \max\limits_{a \in A} V(a)$ 不是 NE,则在协调参与者 i 中,存在某个 $a' \in A, a'$ 不同于 a,有 $u_i(a') > u_i(a^*)$,这意味着 $V(a') > V(a^*)$,即 a^* 并非 V 的全局最大。因此 a^* 必须是 NE。

位势函数 V 的全局最大仅是博弈中所有 NE 集合的子集,有幸的是,仅具 V 中孤立最大值的 NE 对大多数自私过程来说是稳定的。

定理 2.33 纳什均衡及连续位势函数

所有具有紧支行动空间及连续位势函数的位势博弈至少具有一个 NE。

证明:所有紧支行动空间上的连续函数是一致连续的且具有全局最大,所以如果位势函数是连续的及行动空间是紧支的,则位势函数必定有最大值,由定理 2.32,该全局最大是一个 NE。

注意,所有 NE 也是 ε-NE。定理 2.33 也为 ε-NE 存在性提供了一个充分条件。因此,对于位势博弈,很容易应用条件确定 NE 的存在性并识别有限及无限位势博弈的 NE 及 ε-NE。

位势博弈广泛应用在无线电网络中,典型的是解决相关的物理层议题。这方面的例子将在后续相关章节中讨论。

2.5 超模博弈

为了更好地描述超模博弈,下面先阐述相关的概念。

对于一个偏序集 X,如果对于所有 $a, b \in X$,都有 $a \wedge b \in X$ 且 $a \vee b \in X$ 成立,其中 $a \vee b = \sup\{a, b\}$,$a \wedge b = \inf\{a, b\}$,则称这个偏序集为一个格。

函数 $f: X \to \mathbb{R}$,其中,X 为一个格,若对于所有 $a, b \in X$ 都存在 $f(a) + f(b) \leqslant f(a \wedge b) + f(a \vee b)$,则称这个函数是超模的。

定义 2.27 超模博弈[8]

如果博弈过程的策略空间构成一个格,并且效用函数是超模的,则称这个博弈过程为超模博弈。

如果策略空间为紧支集合,且所有参与者的效用函数满足

$$\frac{\partial^2 u_i(\boldsymbol{a})}{\partial a_i \, \partial a_j} \geqslant 0, \ \forall i, j \in \mathbb{N}, i \neq j \tag{2-52}$$

则认为该博弈过程为超模博弈。

根据 Topkis 的不动点定理[9]，所有超模博弈至少存在一个 NE，超模博弈过程中所有的纳什均衡点会构成一个格；如果已知任意两个 NE 及 a^*、b^*，则其他的 NE 可通过 $a^* \wedge b^*$ 及 $a^* \vee b^*$ 得到。

超模博弈具有弱 FIP，即从任意一个初始策略矢量开始，存在着一条到达纳什均衡点的有限改善路径，使得博弈收敛到纳什均衡。特别地，当决策规则为最优响应变化时，系统会收敛到一个不动点，而一个遵循最优响应的不动点也就是纳什均衡点。

文献[10]证明了基于链路增益代价函数的功率控制博弈算法为超模博弈。实际上，基于 D. Goodman 提出的非合作功率控制框架及代价函数为线性个体代价函数的效用函数模型，都可以视为超模博弈[11]。另外，基于 Yates 功率控制框架的功率控制算法本质上也是超模博弈[12]。

2.6　演 化 博 弈

在传统的博弈分析中，一般假设参与者具有理性，即在博弈过程中总是选择最优策略而追求自身利益的最大化。但有些情况下，相互作用的参与者并非都是"纯粹的理性"，而是凭着某种本能或"集体的大体意识"。这种本能或"大体意识"来源于反复作用的历史记忆和对历史学习的积淀，如生物进化过程、具体的作用过程，并非总是朝着对个体最有利的方向进化，总体趋势是朝着生物有利的方向演进，最终趋于纳什均衡。这种趋利理性原则被生物种群的动态性和稳定性取代。又如，在无线网络环境中，网络攻击者或入侵者并不一定考虑自身的收益而保持攻击的理性，网络攻击者往往是有限的理性或不计代价的。有限理性是指人们在某一问题有满意解时，不会再去寻找最优解[13]。

面对非理性的博弈环境，起源于生物进化论与达尔文"物竞天择"思想的演化理论和传统的博弈理论相结合产生了演化博弈论[14]，在演化博弈中，参与者的选择行为是根据前人的经验、学习与模仿他人行为、受遗传因素等决定。因而演化博弈把具有主观选择行为的参与者扩展为包括动物、植物在内的有机体等。

由于来源于生物进化理论，演化博弈有两个前提假设：

（1）假设群体中的参与者是完全相同的，因此演化博弈主要考虑对称博弈。如果遇到不对称问题，通常先转化为对称问题。

（2）假设每个参与者只能机械地选择某种策略（而无法改变自己的策略）。如果某种策略获得成功，则采用这种策略的参与者越来越多；反之，采用这种策略的参与者越来越少。

在演化博弈中，最重要的概念为演化稳定策略（Evolutionarily Stable Strategies，

ESS）。ESS 主要是指占种群绝大多数的个体所选择的策略,而小部分的突变者群体不可能侵入到这个群体。或者说,在自然选择压力下,突变者要么改变策略而选择演化稳定策略,要么退出系统而在进化过程中消失。

定义 2.28 演化稳定策略[13]

在两人博弈的情况下,存在策略 $\sigma, \sigma' \neq \sigma, \varepsilon(\sigma') \in (0,1)$,使得

$$u(\sigma, \varepsilon\sigma' + (1-\varepsilon)\sigma) > u(\sigma', \varepsilon\sigma' + (1-\varepsilon)\sigma)$$

则 σ 称为演化稳定策略。

由定义 2.28 可知,博弈双方会采用这种最优的演化稳定策略,因此有如下两条性质:

(1) 演化稳定策略必然是纳什均衡。

(2) 只有严格的(唯一的)纳什均衡才能由演化稳定策略得出。

在囚徒困境博弈中,纳什均衡为(坦白,坦白),前面分析了这个博弈结果并非全局最优。从理论上说,这种个体的理性确实能取得个体的利益最优,但这并不一定是实际上的利益最大化,参与者在损害他人利益的同时也损害自己的利益。如果博弈双方没有这种自私的理性而采取另一种思路,即:为他人着想(称为合作),那么情况又会如何呢?

假设在演化囚徒博弈中,囚徒采用抵赖(D)行为的概率 $\varepsilon \in (0,1)$,则采用坦白(C)行为的概率为 $(1-\varepsilon)$,那么甲采用抵赖行为和坦白行为的代价期望分别为

$$\mathrm{EV}(D) = 5 \times (1-\varepsilon) + 1 \times \varepsilon = 5 - 4\varepsilon$$

$$\mathrm{EV}(C) = 3(1-\varepsilon) + 0 \times \varepsilon = 3 - \varepsilon$$

显然,$\mathrm{EV}(D) - \mathrm{EV}(C) = 2 - 3\varepsilon$。当 $\varepsilon > 2/3$ 时,$\mathrm{EV}(D) < \mathrm{EV}(C)$。也就是说,若对方采用较大的概率进行抵赖,则己方采用抵赖的行为获益最大(判刑最少)。因此,在演化博弈囚徒困境中,作为囚徒群体中本来有一部分采用抵赖行为而另一部分采用坦白行为。但是,随着博弈进行,采用抵赖行为的囚徒会越来越多,而采用坦白行为的囚徒会越来越少,直至消失,因而抵赖行为成为该演化博弈的一个演化稳定策略。

演化博弈在分析无线网络的安全性方面有诸多应用。

参考文献

[1] Neel J O D. Analysis and design of cognitive radio networks and distributed radio resource management algorithms[D]. Blacksburg: Virginia Polytechnic Institute and State University, 2006.

[2] Gibbons R. 博弈论基础[M]. 高峰,译. 北京:中国社会科学出版社,1999.

[3] Abreu D, Pearce D, Stacchetti E. Toward a theory of discounted repeated games with imperfect monitoring[J]. Econometrica: Journal of the Econometric Society, 1990, 58(5): 1041 – 1063.

[4] Friedman J W, Mezzetti C. Learning in games by random sampling[J]. Journal of Economic Theory, 2001, 98

（1）：55 – 84.

[5] Fudenberg D, Tirole J. Game theory[M]. Cambridge：MIT Press, 1991.

[6] Monderer D, Shapley L S. Potential games[J]. Games and Economic Behavior, 1996, 14(1)：124 – 143.

[7] Voorneveld M, Norde H. A characterization of ordinal potential games[J]. Games and Economic Behavior, 1997, 19(2)：235 – 242.

[8] Topkis D M. Supermodularity and complementarity[M]. Princeton：Princeton University Press, 1998.

[9] 汪丁丁. 互补性、概念格、塔尔斯基不动点定理[J]. 经济研究, 2001 (11)：84 – 93.

[10] 苏志广. 认知无线电网络中基于博弈论的功率控制算法研究[D]. 重庆：重庆通信学院, 2008.

[11] Saraydar C U, Mandayam N B, Goodman D J. Pareto efficiency of pricing – based power control in wireless data networks[C]. IEEE Wireless Communications and Networking Conference, 1999：231 – 235.

[12] Altman E, Altman Z. S – modular games and power control in wireless networks[J]. IEEE Transactions on Automatic Control, 2003, 48(5)：839 – 842.

[13] 许力, 陈志德, 黄川. 博弈理论在无线网络中的应用[M]. 北京：科学出版社, 2012.

[14] Weibull J W. Evolutionary game theory[M]. Cambridge：MIT Press, 1997.

第3章　无线网络中博弈论应用议题

在技术的推动和需求牵引之下,无线网络发展迅速,功能越来越强大,越来越普及。与此同时,新技术、新算法、新的网络形式不断出现,在方便实用的同时也提出了许多挑战。例如,网络规模的扩大、新网络形式的运用,对网络设计、管理及效能分析需要有新理论和方法,无线频谱资源的稀缺,迫切需要提升资源的利用效率等。无线网络的基本问题可以归结为竞争、合作和安全问题。节点(用户)间通过竞争获得自身利益的最大化,而通过合作取得整体利益的最大化。安全问题涉及攻防,通过进攻损害对方利益,通过防御消除或减弱进攻的有效性。这些问题都可以进行博弈建模。

本章对博弈论在无线网络中的应用议题作概要介绍,以便给读者一个整体的印象,相关的专门议题放到后面各章进行具体分析。

3.1　ad hoc 网络博弈建模

无线 ad hoc 网络基本特性表现为分布式、动态、自组织结构。网络中的每个节点能够基于当前的环境依照预定的算法及协议独立调整和运行。由于 ad hoc 网络的分布式和动态特性,评估 ad hoc 网络性能的解析模型是很稀缺的。博弈论为有效建模 ad hoc 网络中相互独立节点之间相互作用,提供一个有效合适的工具。很多文献对于应用博弈论分析无线 ad hoc 网络中的问题进行了讨论,文献[1]对此类问题进行了系统的归纳,现介绍如下。

3.1.1　ad hoc 网络应用博弈论的好处及挑战

在博弈中,参与者是独立的决策者,其收益取决于其他参与者的行动。ad hoc 网络的节点平等,特征相同。这种类似性导致在传统的博弈论部件与 ad hoc 网络中的元素之间有很强的映射关系。表3-1列出了 ad hoc 网络元素与博弈论部件的映射。

表3-1　ad hoc 网络元素与博弈论部件的映射

博弈论部件	ad hoc 网络元素
博弈参与者	网络中节点
策略	与性能相关的行动(决策是否转发数据包,设置功率水平,选择波形/调制方案等)
效用函数	性能测量(吞吐量,延迟,目标信噪比)

博弈论可以在物理层(分布式功率控制及波形自适应)、链路层(媒体接入控制)、网络层(包转发)应用建模 ad hoc 网络。在传输层以上也有相应的应用,但研究得不多。由于 ad hoc 网络工作需要合作,一个非常有兴趣的问题是鼓励合作,防止节点的自私行为。自私通常对整个网络性能是有害的,例如:一个节点增加其功率,而不顾它对邻居节点引起的干扰(物理层);一个节点在发生碰撞的情况下,立即重发一个帧,而不采取退避步骤(媒体接入层);节点拒绝为邻居节点转发数据包(网络层)。下面主要介绍物理层、媒体接入层和网络层的博弈模型。

博弈论作为分析 ad hoc 网络分布式算法和协议是有益的,尤其体现在以下三个方面:

(1) 分布式系统分析:当网络节点执行独立的调整时,博弈论可分析系统收敛到的稳态工作点,及该工作点的存在性和唯一性。因此,它为严密分析分布式协议提供了强有力的工具。

(2) 跨层优化:在 ad hoc 网络博弈中,节点通常在一个特殊层上决策,但是伴随着优化某些其他层性能的目标。采取行动空间的合适规划,博弈论为跨层优化提供观察方法。

(3) 激励方案设计:机制设计是博弈论的一个领域,该激励机制可使由独立、自私的参与者组成的系统朝着预期的结果演进。

采用博弈论分析 ad hoc 网络性能也存在挑战,主要体现在以下三个方面。

(1) 理性假设:博弈论是建立在假设参与者的行动是理性的前提基础上,这种情况下每个参与者在博弈中通过施加约束选择条件试图优化其目标函数。尽管 ad hoc 网络节点可以以理性方式编程行动,但理性行为的稳态结果并不是全局期望所必需的。实际上,博弈论的主要贡献是它正式证明单个理性、目标最大化的行为并不必然导致全局最优状态。

在某些实际的场景,完美理性的假设很难做到。在文献[2]中考虑了扩展 NE 概念,以便精确地为稍微偏离期望最优行为的节点建模。这种弱化理性的形式称为"近理性"。

(2) 现实的场景需要复杂模型:ad hoc 网络动态特性导致节点观察到的行动不完美或有噪声。这种不完美需要建模为相当复杂的不完美信息博弈,及/或不完美监控博弈。另外,无线信道模型及不同层协议间相互作用的建模涉及复杂的、实时的、非线性数学分析。

(3) 效用函数的选择:如何评估节点不同的性能及在其意愿之间如何取折中,是很困难的。由于每个节点的可用行动与更高层的测量(如吞吐量)之间的映射缺乏解析模型,问题变得更恶化。

3.1.2　ad hoc 网络中不同层的博弈论应用

传统的网络协议是分层设计的,不同层所关心的重点不同,因此不同层应用博弈分析所关注的重点、建立的博弈模型、效用函数的选取是不一样的,下面分别讨论。

1. 物理层

物理层采用的可能调整是分布式功率控制及选择合适的信号波形。从物理层的观点,感兴趣节点的性能通常是信号 – 干扰 – 噪声比(SINR)的函数。当网络中的节点通过调整信号对观察到的 SINR 变化进行响应时,就产生了物理层相互作用决策过程。信号的调整发生在发射功率水平及信号的波形(调制、频率及带宽)之上。这种调整的精确结构受各种因素的影响,这些因素并不都直接由物理层可控,包括环境路径损耗及节点的处理能力。ad hoc 网络中物理层调整的博弈论模型使用的参数见表 3 – 2 所列。

表 3 – 2   ad hoc 网络中物理层调整的博弈论模型

符号	意　义	符号	意　义
$\mathbb{N}$	网络中进行决策的节点集合{1,2,…,n}	P	所有 P_j 笛卡儿积形成的空间 $P = P_1 \times P_2 \times \cdots \times P_n$
h_{ij}	从 i 到 j 的链路增益,注意它可能是波形选择的函数	$\boldsymbol{p}$	P 中的一个功率组合(矢量) $\boldsymbol{p} = (p_1, p_2, \cdots, p_n)$
$\boldsymbol{H}$	网络链路增益矩阵 $$\boldsymbol{H} = \begin{bmatrix} 1 & h_{12} & h_{13} & \cdots & h_{1n} \\ h_{21} & 1 & h_{23} & \cdots & h_{2n} \\ h_{31} & h_{32} & 1 & \cdots & h_{3n} \\ \vdots & \vdots & \vdots & \ddots & \vdots \\ h_{n1} & h_{n2} & h_{n3} & \cdots & 1 \end{bmatrix}$$	Ω_j	节点 j 已知的波形集合
		ω_j	节点 j 从 Ω_j 中选择的一个波形
		Ω	由 Ω_j 笛卡儿积形成的波形空间 $\Omega = \times_{j \in \mathbb{N}} \Omega_j$
P_j	节点 j 可用的功率集合	$\boldsymbol{\omega}$	Ω 中一个波形组合(矢量) $\boldsymbol{\omega} = (\omega_1, \omega_2, \cdots, \omega_n)$
p_j	节点 j 从 P_j 中选择的一个功率	$u_j(\boldsymbol{p}, \boldsymbol{\omega}, \boldsymbol{H})$	节点 j 的效用

表 3 – 2 中,相互作用的物理层调整的阶段博弈可建模为

$$G = \langle \mathbb{N}, \{P_j \times \Omega_j\}, \{u_j(\boldsymbol{p}, \boldsymbol{\omega}, \boldsymbol{H})\} \rangle \tag{3 – 1}$$

对于一般物理层调整博弈,每个节点 j,基于当前的观察与决策过程选择功率水平 p_j 及波形 ω_j。分布式功率控制系统允许每个无线电选择 p_j,但是限制 Ω_j 在一个独特的集合上;分布式波形调整系统(自适应干扰避免)限制选择 p_j,但是允许由物理层选择 ω_j。

1)功率控制

功率控制尽管与蜂窝网络紧密相关,但是,在 ad hoc 网络中由于当节点限制其功率水平时可取得重要的性能增益,因而也需功率控制[3]。功率控制博弈将在第 5 章进行专门讨论,这里先介绍几个分布式功率控制方案。

　　文献[4]描述了在 802.11 网络中使用分布式功率控制的算法。允许使用 10 个不同水平的功率,非合作情况下需要 RTS-CTS-DATA-ACK 帧的信令交换。每个节点与它的邻居节点通信,在取得可接收的性能条件下,选择一个最小信号功率进行发射。在这种场景下,每个节点可建模为试图取得目标 SINR。文献[5]进一步考虑了多个连接的接收场景。

　　类似的算法由文献[6]提出,一个附加的信道用作功率控制。文献[7]引入"噪声容限信道"(类似于功率控制信道),但是允许每个节点播报噪声容限,即不损失当前接收的信号所能承受附加的噪声干扰。文献[8,9]通过引进波束形成技术,进一步精细化 ad hoc 网络功率控制问题。

　　以文献[4]中建议的标准博弈的功率控制算法模型为例,需要注意的是,对于其他类似的分布式算法模型,每个博弈有不同的效用函数。采用表 3-2 所列的参数。假设在节点集合 $\mathbb{N}$ 中每个节点 i,对感兴趣的节点 v_i 保持单条链路。由于每个节点试图保持目标 SINR,合适的效用函数表示为

$$u_i(\boldsymbol{p}) = -\left[\hat{\gamma}_i - \frac{h_{iv_i}p_i}{\sigma_{v_i} + \sum_{j \in \mathbb{N}, j \neq i} h_{jv_i}p_j}\right]^2 \qquad (3-2)$$

式中:σ_{v_i} 为在 v_i 处的噪声;$\hat{\gamma}_i$ 为参与者 i 的目标 SINR。

　　该算法的博弈模型表示为 $G = \langle \mathbb{N}, P, \{u_i\} \rangle$。

　　可以通过 Glicksberg-Fan 不动点定理[10,11]证明 G 至少具有一个 NE。假设目标 SINR 是可行的,则功率矢量对应于 G 的唯一 NE 通过解线性方程得到:

$$\boldsymbol{Z}\bar{\boldsymbol{p}} = \bar{\boldsymbol{\gamma}} \qquad (3-3)$$

式中

$$\boldsymbol{Z} = \begin{bmatrix} h_{1v_1} & -\bar{\gamma}_1 h_{1v_2} & \cdots & -\bar{\gamma}_1 h_{1v_n} \\ -\bar{\gamma}_2 h_{2v_1} & h_{2v_2} & \cdots & -\bar{\gamma}_2 h_{2v_n} \\ \vdots & \vdots & & \vdots \\ -\bar{\gamma}_n h_{nv_1} & -\bar{\gamma}_n h_{nv_2} & \cdots & h_{nv_n} \end{bmatrix} \qquad (3-4)$$

$$\bar{\boldsymbol{\gamma}} = [\hat{\gamma}_1\sigma_{v_1}, \hat{\gamma}_2\sigma_{v_2}, \cdots, \hat{\gamma}_n\sigma_{v_n}]^{\mathrm{T}}$$

$$\bar{\boldsymbol{p}} = [p_1, p_2, \cdots, p_n]^{\mathrm{T}}$$

　　ad hoc 网络的功率控制算法,除文献[12,13]外,大多数功率控制博弈的考虑是基于无线网络的基础设施。当选择一个网络的分布式算法时,必须考虑稳态性能、收敛性、复杂度、稳定性及其他层行为的相互作用等。

　　2)波形自适应

　　ad hoc 网络中波形自适应包括由节点选择波形以降低接收端的干扰。接收端的干扰是用户波形和网络中其他用户波形的相关函数。通常,发送节点没有或很少有关于接收机干扰环境的信息。因此,为最小化调整开销,分布式波形自适应算

法需要在接收机和发射机之间有少量的反馈。博弈论对这些场景能提供有用的分析。

过去对于干扰避免的研究工作集中在单个接收系统。文献[14]提出了一个单基站的同步 CDMA 系统上行链路分布式干扰避免算法。在这个算法中,每个节点顺序调整特征序列,改善在基站的 SINR。特征序列表示脉冲编码的扩频码,其码片在复平面中取任意值。迭代算法收敛到最大化系统总容量的一个序列集合[15]。更进一步,这种方法可推广于节点使用信号空间方法调整调制/解调方法。其他的扩展包括在异步 CDMA 系统[16]、多径信道[17]、多载波系统[18]中的序列自适应。

博弈论的使用提供了贪婪特征调整机制的更好分析,帮助人们推导收敛条件。已经证明具有在任意组合测量(如均方误差或 SINR)及接收机类型(如相关接收机或 MSINR 接收机),具有两个参与者的单个接收机系统中,博弈分析收敛到纳什均衡解[19]。文献[20]提出了分析同步 CDMA 系统中功率控制及特征序列自适应博弈论架构,网络中每个用户的效用函数性质确保功率控制和波形自适应博弈的纳什均衡存在。

在单中心接收机场景中,贪婪波形自适应博弈中纳什均衡收敛性是存在的。可是,网络中具有多个分布式的接收机,应用相同的贪婪干扰避免技术并不能导致一个稳态的 NE[21,22],由于在不同的接收机用户之间的多个干扰不对称(例如,一个用户会对相邻用户比较远的用户产生更为严重的干扰),这将致使用户以冲突的方式调整其序列。这证明贪婪干扰方案不能直接扩展到 ad hoc 网络。在这样的场景中,可用位势博弈理论构建收敛的波形自适应博弈,参见文献[23]。

位势博弈[24]是标准的博弈,任意参与者由于单方面背离,其所产生的效用函数的任意变化相应地反映在一个全局函数中,该函数称为位势函数。位势函数的存在性使得此类博弈很容易分析,并且提供一个架构,在该架构中用户可以通过试图最大化自己的效用函数来最大化全局效用函数。因此,它将导出简单的博弈公式,其中,最大化用户的效用函数,同时提高全局网络的性能。有许多不同类型的位势博弈,如精确位势博弈及序数位势博弈等应用于此类分析。

精确位势博弈的收敛性质:博弈中的参与者通过采用最优响应策略确保收敛到 NE。这就保证了依照下列描述的结构所构造的位势博弈总是收敛的。采用表 3−2 中的表示方法,与某个用户相联系的效用函数为

$$u_i(\omega_i, \omega_{-i}) = f_1(\omega_i) - \sum_{j=1, j \neq i}^{N} f_2(I(\omega_j, \omega_i), p_j, p_i, h_{ji}) -$$

$$\sum_{j=1, j \neq i}^{N} \gamma_{ij} f_3(I(\omega_j, \omega_i), p_i, p_j, h_{ij}) \quad (3-5)$$

式中:f_1 为与实际选择一个特征序列相联系的收益;f_2 为用户 i 在其接收机处测到

的由系统中其他用户存在而带来的干扰;I 为特征序列 ω_i、ω_j 的函数(如序列之间的相关);f_3 为用户 i 在其他接收机处产生的干扰。

在这种结构中,一个用户的发射功率假定是固定的及波形调整过程是独立的。

用 $\overline{\omega}_i$ 表示由用户 i 选择的新特征序列,如果位势函数 $\mathrm{Pot}(\boldsymbol{\omega})$ 具有关系

$$u_i(\omega_i,\boldsymbol{\omega}_{-i}) - u_i(\overline{\omega}_i,\boldsymbol{\omega}_{-i}) = \mathrm{Pot}(\omega_i,\boldsymbol{\omega}_{-i}) - \mathrm{Pot}(\overline{\omega}_i,\boldsymbol{\omega}_{-i}), \forall i$$

则由定义 2. 14 知该博弈为精确位势博弈。

如果 $f_2(\cdot) = f_3(\cdot)$,则候选位势函数:

$$\mathrm{Pot}(\boldsymbol{\omega}) = \sum_{i=1}^{n} \left(f_1(\omega_i) - \sum_{j=1,j\neq i}^{n} f_2(I(\omega_i,\omega_j),p_i,p_j,h_{ji}) \right)$$

如果

$$u_i(\omega_i,\boldsymbol{\omega}_{-i}) \geq u_i(\overline{\omega}_i,\boldsymbol{\omega}_{-i}) \Leftrightarrow \mathrm{Pot}(\omega_i,\boldsymbol{\omega}_{-i}) \geq \mathrm{Pot}(\overline{\omega}_i,\boldsymbol{\omega}_{-i}), \forall i$$

成立,博弈即为序数位势博弈。序数位势博弈的效用函数为

$$u_i(\omega_i,\boldsymbol{\omega}_{-i}) = f_1(\omega_i) - \sum_{j=1,j\neq i}^{n} f_{2i}(I(\omega_j,\omega_i),p_j,p_i) -$$

$$\sum_{j=1,j\neq i}^{n} f_{3i}(I(\omega_i,\omega_j),p_i,p_j) \tag{3-6}$$

式中:f_{2i} 为由于系统中其他用户存在,用户 i 在其接机处测到的干扰;f_{3i} 为用户 i 在其他用户接收机处产生的干扰,不同的用户 f_{3i} 不同。

序数位势博弈的条件是:$f_{2i}(\cdot) = f_{3i}(\cdot)$ 及 $f_{2i}(\cdot)$ 是 $f_{\mathrm{pot}}(\cdot)$ 的序数(单调递增)变换,位势函数为

$$\mathrm{Pot}(\boldsymbol{\omega}) = \sum_{i=1}^{n} \left(f_1(\omega_i) - \sum_{j=1,j\neq i}^{n} f_{\mathrm{pot}}(I(\omega_i,\omega_j),p_i,p_j) \right)$$

该序数位势博弈公式可用于构造每个用户试图最大化不同效用函数的收敛调整博弈,只要效用函数相互间是序数可传递的。

文献[21]针对无中心接收机的网络提出了一个分布序列调整算法。用户的效用函数用一个新的干扰测量来定义,该干扰测量是某个用户在系统所有接收机上产生的干扰的加权和。可以证明,随着任一用户效用函数的增加,将导致全局函数(类似于位势函数)即系统中所有用户效用函数之和的增加,并证明系统的纳什均衡存在。

在分布式干扰避免算法实现中,反馈也是一个重要议题。特征序列(有中心的接收机模型)或特征相关矩阵(多个非合作的接收机)需要向每个用户提供反馈。这将在网络管理上造成网络开销的负担。文献[25]建议把每个用户的波形限制到波形正交信号空间的子空间中,这样可缓解负担。相应的,博弈的性质,如

位势博弈的更优响应收敛可用于设计减少反馈的方案[26]。

通过恰当选择波形减少干扰的更复杂的系统有许多,但都需要考虑收敛及稳定议题。用博弈论分析干扰避免的相关议题将在第 6 章介绍。

2. 媒体接入层

多用户竞争接入公共媒体的接入控制问题,也可用博弈建模。在这些媒体接入控制博弈中,自私用户通过不公平共享接入信道寻求效用函数的最大化。

最早将博弈论应用到媒体接入控制问题的研究者之一是 Zander,其研究成果呈现在文献[27,28]中,但他所考虑的博弈是合作的,并没有考虑自私节点之间的竞争。MacKenzie 及 Wicker 指出,时隙 Aloha 媒体接入控制协议本身就是用户竞争信道的博弈[29-31]。在他们的工作中,当用户发送成功时便收到一个单位的收益,且试图最大化整个时间收益的贴现之和。采用具有有限到达率的无限用户模型:如果发送无成本,则用户试图通过发送占满信道,导致极低的吞吐量;如果发送付出成本(如电池的能量),则可以计算出由系统支持的最大化吞吐量。他们得出结论:对于最佳成本参数,非合作用户的时隙 Aloha 系统吞吐量可以达到与合作用户一样高的吞吐量,该工作可扩展到 CSMA 及 CSMA/CD[32]。

这里简短介绍时隙 Aloha 的分析,更多细节参见文献[31]。在一个给定的时隙,每个用户有发送或等待两个可能的行动。如果只有一个用户在一个时隙选择发送,则发送成功;如果多个用户在一个时隙中选择发送,则发送失败。假设成功发送的收益为 1,而发送成本为 c(不管成功与否),其中 $0 < c < 1$。一个用户等待时的收益为 0;一个发送用户的收益为 $1 - c$(发送成功)或 $-c$(发送失败)。假设每个用户有贴现因子 $0 < \delta < 1$ 用于将来收益的贴现,则等待 10 个时隙然后成功发送的当前值为 $(1-c)\delta^{10}$,用户的目标是期望收益贴现值最大。

该博弈中的策略是从积压用户数(假设已知)到发送概率之间的映射,即策略是函数 $p: \mathbf{Z}^+ \to [0,1]$。给定实际的泊松分组到达率 λ,当前积压数为 n,策略 q 被所有用户使用,用户可以计算对于实际策略 p 所期望的收益。为使策略 p 成为均衡策略,必须是这种情况:如果所有其他用户也采用 p,则策略 p 最大化期望用户的收益。该假设对所有参与者是无区别的。用 Glicksberg-Fan 不动点定理可证明该均衡必定存在。为了应用该定理,必须满足以下条件:有限的参与者集合;紧支及凸的行动空间;对每个参与者的效用函数是连续的、拟凹的。

容易看到,如果存在至少 2 个积压的用户($n \geq 2$),则既不是"总发送"也不是"总等待",将是均衡策略 p。换句话说,对于 $n \geq 2, 0 < p(n) < 1$,尽管对一个给定的场景以混合策略博弈,仍必须是这样一种情况:期望的收益必须等于支撑混合策略的所有纯策略收益。因此,对于 $n \geq 2$,发送得到的收益必须等于等待所得到的收益。显然,如果积压值很大,均衡策略的期望收益将接近于 0。忽略某些数学的细节(参见文献[31]),结果是当发送时(发送成功的概率)期望收益等于发送成

本。即在极限情况下,当 $n\to\infty$,对于均衡策略 $\boldsymbol{p}$ 必有

$$(1 - p(n))^{n-1} \to c$$

换句话,对于大的 n,必有

$$p(n) \to \frac{-\ln c}{n}$$

由此可得结果,时隙 Aloha 系统吞吐量 $np(n)(1 - p(n))^{n-1}$,当 $n\to\infty$ 时趋于 $-c\ln c$。趋势分析可以证明时隙 Aloha 系统,当 $\lambda < -c\ln c$ 时系统是稳定的。如果 $c = e^{-1}$,则系统将稳定在到达率 e^{-1}。换句话说,对于合适的 c 值,具有自私用户的时隙 Aloha 系统吞吐量与用户合作工作达到的最大化系统吞吐量是相同的。

MacKenzie 及 Wicker 的工作主要缺陷是假设积压的用户数已知。文献[33]考虑另外一个模型,在此模型中,积压的用户数是未知的,但系统中总的用户数是已知的,且用户的发送概率是静态的而非动态的。他们也证明:如果发送是有成本的,则非合作均衡吞吐量将与合作用户得到的吞吐量一致。

在另外一个模型中[34],考虑异质用户,试图通过响应观察到的行动调整发送概率以得到目标吞吐量。一旦用户的目标固定,其方法用于证明调整过程收敛到一个均衡发送概率的矢量。该文献还研究了用户能够得到吞吐量的有关问题。更进一步,文献[35]中假设用户吞吐量目标取决于其效用函数及愿意的支付,描述了一个价格策略以控制用户的行为(以便在可用的范围内获取他们的目标。)

文献[36]考虑到,在大多数合作用户的网络中引入非合作节点时出现的问题。特别引入 MAC 协议,称为具有外部冲突检测的随机标记(Random Token with Extraneous Collision Detection, RT/ECD),它与 IEEE802.11 分布式协调功能的 CS-MA/CA 协议非常类似。同时,提出 RT/ECD 的一个变体,表示为 RT/ECD – 1s,它使存在非合作节点的情况下,合作节点保持更高的共享带宽。文献[37]提出一个博弈论模型解决在 CSMA/CA 中节点调整随机中断计时器,用以提高其吞吐量的自私节点行为的问题。Cagalj 等人推导出该网络的最优帕累托工作点,且应用重复博弈方法将帕雷托最优点转化成纳什均衡。

3. 网络层

网络层功能包括建立和调整路由并沿这些路由转发数据分组。例如,网络中存在自私节点,网络变化时不同路由技术的收敛性,以及在路由上不同节点行为影响的议题,都可以使用博弈论来分析。

1) 非合作 ad hoc 网络特性的传统路由建模

博弈论应用到 ad hoc 路由的相关研究[38],集中于分析三种 ad hoc 路由技术的效率,即链路状态路由、距离矢量路由及多播路由。分析的目标是对在 ad hoc 中

使用的这些技术的性能做出比较,评估项主要有:

(1)稳健性:在网络频繁变化的情况下,路由器是否对网络有正确的观察并做出正确的路由决策。

(2)收敛性:当节点移动时,路由器能正确观察网络拓扑所花费的时间。

(3)网络开销:达到收敛时在路由器之间交换的数据量。

路由被建模为两个参与者——路由器集合和网络本身的零和博弈。在零和博弈中,一个参与者的效用函数(最小化参与者)是其他参与者(最大化参与者)的负数。当任意一个参与者的最小-最大收益等于其最大-最小收益时,该博弈具有均衡。在零和博弈中,最大-最小收益定义为:在假设最小化参与者的目标是使最大化参与者收益最小的情况下,最大化参与者得到的最大收益。换句话说,最大-最小收益代表在最大化参与者得到的最低收益中的最大值。这称为安全收益或保险收益。

在路由博弈中,每个用户的收益包含两个成本部分:一个是网络开销量;另一个根据所考虑的性能尺度有所不同,例如,为评估稳健性,如果博弈结束时,所有路由器对网络的拓扑有正确的观察,则路由器的成本为0;如果任一个路由器没有对网络拓扑有正确的观察,则路由器的成本为1。路由器的目标是最小化其成本函数。为改变网络上行到下行或相反的链路状态,路由器的行动包括发送由路由技术指示的路由控制信息及路由调整信息。博弈求解是确定成本函数的最小-最大收益,它用于依据需要取得收敛时路由控制业务量及对网络改变时路由协议的稳健性。通过比较分析得到的主要结论是:反向路径转发达到收敛时需要较少的控制业务,这与传统链路状态路由是不同的。

另一个相关于路由的议题是研究自私节点对转发操作的影响。

2)转发分组的自私行为

在 ad hoc 网络中,建立多跳路由需要依靠节点为其他节点转发分组。可是,一个自私节点,为了节省有限的能量资源,可能决定关闭其接口而不参与转发过程。如果所有的节点都以这种方式更改其行为,采取自私行动,将导致网络瘫痪。文献[39-44]为转发分组中的自私性分析建立博弈论模型。在通常的能量约束假设下,单阶段博弈的均衡解是没有节点合作转发数据分组。ad hoc 网络中节点参与的模型参数见表 3-3 所列。考虑策略 $s = \{s_1, s_2, \cdots, s_N\}$ 及 $\sigma = \{k \in \mathbb{N} \mid s_k = 1\}$,任意节点 $k \in \sigma$ 的效用为

$$u_k(s) = (|\sigma| - 1) - s_k = |\sigma| - 2$$

考虑节点 k 单方面背离,采取不参与的策略。节点 k 的效用 $u_k(s_k, s_{-k}) = |\sigma| - 1$。由于 $u_k(s_k, s_{-k}) > u_k(s)$,策略 s 仅在 $\sigma = \varphi$ 时成为纳什均衡,其中,φ 为空集。

表 3 – 3　ad hoc 网络中节点参与的博弈模型

符号	意　义
$\mathbb{N}$	ad hoc 网络中的节点集合：$\mathbb{N} = \{1, 2, \cdots, N\}$
S_k	节点 k 的行动集合：$S_k = \{0, 1\}$
s_k	节点 k 的行动：$s_k = 0$ 不参与，$s_k = 1$ 参与
S	联合行动集合：$S = \times_{k \in \mathbb{N}} S_k$
s	$s = \{s_1, s_2, \cdots, s_N\}$，$s \subset S$
$\alpha_k(s)$	其他节点参与的情况下节点 k 的收益
$\beta_k(s)$	节点 k 参与时的收益（或成本），对于能量受限节点它为负值
$u_k(s)$	节点的效用：$u_k(s) = \alpha_k(s) + \beta_k(s)$

在实际的场景中，需要节点参与时，ad hoc 网络涉及多个节点/参与者之间的相互作用。考虑这样的相互作用，将基本的博弈扩展为重复博弈模型。用不同的重复博弈机制如以牙还牙[45]及慷慨的以牙还牙博弈[40-43]来确定期望 NE 条件，其中的所有节点都将为其他节点转发数据分组，达到高的全网整体收益。以牙还牙机制提供一个本能的刺激方案，其中一个节点为其他节点提供服务是基于其历史行为，因此，一个节点倾向于全局收益模式以便在后续的阶段获得收益。

文献[46]在推导节点向其他节点提供服务的博弈中将冷酷触发策略作为纳什均衡的条件，拓展了节点害怕在后续博弈中遭惩罚的概念。在重复博弈中，冷酷触发策略是这样：开始采取合作，若有节点不合作，该节点就终止合作。该策略均衡能够维持取决于网络中节点数量以及确信节点会考虑博弈中的重复性。网络中节点数越多，取得期望均衡的概率越高。博弈重复很低时，也类似。这些博弈与文献[41,44]介绍的不同，节点决策并不基于外部激励方案，如信誉。

其他与网络层或管理层面相关的功能，如服务发现及基于策略的网络管理也能以博弈论的方式处理。但文献很少，文献[47]研究了传感器网络的管理问题。

4. 传输层

在传输层，建立的博弈论模型用于分析在存在自私节点的网络中拥塞控制算法的鲁棒性。大量的研究集中于有线网络[48-50]，为分析 ad hoc 网络拥塞控制而建立博弈模型并不多。

研究集中于完全独立节点，文献[50]中的博弈论公式包括以增加其吞吐量为目标的节点单独改变其拥塞窗口的能力，即加性增加及乘性减小参数；结合路由器实现的缓冲器管理策略的这些行动影响研究用于拥塞控制，如 TCP-Reno、TCP-Tahoe 及 TCP-SACK。然而，在无线 ad hoc 网络应用这些结论时，须考虑无线媒质对 TCP 的冲击。例如，由于移动及由无线媒质损害引起的丢包导致链路失败，可能随时触发拥塞窗口的改变。因此，建立 TCP 拥塞控制博弈，节点在决策设置拥塞控制参数时有必要考虑这些影响。这将导致模型参数的变化,并影响博弈的结果。

3.1.3 激励机制

ad hoc 网络工作的基础是,每个节点不仅可发送或接收自己的数据分组,还必须为其他节点转发需要转发的数据分组。若一个网络中存在自私用户,即只享受网络中其他节点为其转发服务,而它本身拒绝为其他节点转发数据(如基于节约能量考虑),就会导致次优的均衡状态。也就是说,节点相互作用的结果达到的均衡,从网络的角度而言,是不期望的(非帕累托最优),甚至会导致网络不能正常工作。因此,需要设计某些激励机制,用此激励机制来引导节点朝着有益方向(朝着期望的均衡)行动。基于激励节点的技术,激励机制从广义上分为基于信任交换和基于信誉的机制两类。

1. 基于信任交换

激励节点朝着全局有效(网络的整体收益最大)的方向行动的一个激励方案是采用支付和回报[51-55]。在这些方案中,节点为网络提供服务可获得某种回报,而当节点需要网络服务时必须支付。当支付不足时,网络拒绝为其提供服务。文献[51]实现支付和回报方案的办法是引入"虚拟货币"概念。下面介绍这种方案。

在每个节点采用一个虚拟货币计数器来计本节点所拥有的虚拟货币。当节点为其他节点转发数据分组时虚拟货币计数器值增加,而它本身需向网络发送数据分组时虚拟货币计数器值减少。当其虚拟货币计数器值不足以支撑向网络发送数据时,则不能向网络发送数据。这样,一个节点为了能够得到网络的服务,必须向网络提供服务,以便挣得更多的虚拟货币。这样的机制一个关键点是,必须在每个节点设置一个防篡改的安全硬件模块,防止节点随意篡改虚拟货币计数器的值。

虚拟货币机制基于下面两个规则(它由安全模块强迫执行):

(1) 当一个节点需要发送自己的一个数据分组时,必须估计到达目的节点时所经过的中间节点数 n:如果虚拟货币计数器的值大于或等于 n,则节点可以发送数据分组,虚拟货币计数器值减 n;相反,若虚拟货币计数器的值小于 n,则它不能发送,虚拟货币计数器的值不必修改。

(2) 当节点为其他节点转发一个数据分组时,虚拟货币计数器值增加 1。

也就是说:每个节点为其他节点服务一次(一次一个分组),则获得一个单位虚拟货币;而当它需要服务时,给每个为它转发一个分组的节点支付一个单位的虚拟货币。这种机制的单节点模型如图 3-1 所示。

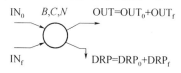

图 3-1 单节点模型

一个节点有两个到达分组流、两个输出分组流。到达分组流由 IN_0 和 IN_f 组成。到达分组流 IN_0 表示自己产生的数据分组,称为自己的分组;到达分组流 IN_f 表示接收要转发的流数据分组。将该节点作为目的节点所接收的流没有体现在此模型中。每一个到达分组流(自己的和转发的)要么发送出去,要么终止。输出分组流 OUT 表示该节点发送的数据分组,由 OUT_0 和 OUT_f 组成。OUT_0 表示自己发送的数据分组,OUT_f 表示转发的数据分组。输出流 DRP 表示终止的数据分组,由 DRP_0 和 DRP_f 组成。DRP_0 表示终止自己的数据分组,DRP_f 表示终止转发的数据分组。

当前节点的状态由变量 b、c 表示,b 为节点剩余电池量,c 为它的虚拟货币计数器的值。更准确地说,可以把 b 解释为使用它剩余能量可以发送的分组数量。b、c 的起始值分别表示为 B、C。为使模型简单,假设节点发送一个自己的分组,c 下降一个整数 $N > 1$,N 表示发送的数据到达目的节点所经历的中间节点数的估计。由于必须保持 c 为正数,节点发送它自己的分组,当且仅当 $c \geq N$ 成立。当节点发送一个接收到的转发分组时,c 加 1。另外,节点每发送一个数据分组(自己的或转发的),b 减 1。当 b 到达 0(电池失效)时,节点停止工作。假设虚拟货币计数器起始值 C 不足以完全消耗仅发送自己分组的电池能量($C/N < B$)。

1) 静态分析

out_0、out_f 分别表示节点整个生命周期发送自己和转发的数据分组数量。节点的自私性可表示为在下列条件下最大化 out_0:

$$out_0, out_f \geq 0 \tag{3-7}$$

$$Nout_0 - out_f \leq C \tag{3-8}$$

$$out_0 + out_f = B \tag{3-9}$$

条件式(3-7)是不重要的。条件式(3-8)表示节点耗费的虚拟货币数量 $Nout_0$ 不能超过节点挣的虚拟货币 out_f 加上虚拟货币计数器起始值 C。条件式(3-9)表示节点的起始能量必须由发送自己的数据分组和发送转发的数据分组共享。

最大化 out_0 结果如图 3-2 所示。可以看出,最大化的 $out_0 = \dfrac{B+C}{N+1}$。同时还可看出,为了达到此最大值,$out_f = \dfrac{NB-C}{N+1}$。因此,节点为了获得最大化自己的收益,必须为其他节点转发数据分组,从而使其他节点也受益。如果没有虚拟货币计数器,以及没有强迫机制,即在节点没有足够的虚拟货币时,不允许节点发送自己的数据分组,则条件式(3-8)可省去,最大化的 out_0 将为 B。这就意味着,节点将最大化自己的收益而终止所有接收的转发分组。

实际上,当其运行完虚拟货币时,节点总能到达 $out_0 = \dfrac{B+C}{N+1}$。它可简单地缓

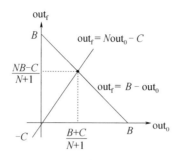

图 3 - 2　最大化 out_0 结果

冲自己的数据分组,直到转发足够的分组而挣得足够的虚拟货币来发送它们。然而,该项工作仅当缓冲区足够大且对分组没有时延限制才能进行。

在实际应用时,一个发送分组如果在缓冲区中停留太多的时间可能就无用了,这意味着节点必须丢弃某些自己的分组。虽然它仍然可到达 $\text{out}_0 = \dfrac{B + C}{N + 1}$,然而,重要的是究竟有多少自己的分组同时必须被丢弃。

为研究这种情况,以下面的方式拓展模型:假设节点以恒定的速率 r_0 产生自己的数据分组,接收需转发的数据分组恒定平均速率为 r_f。t_{end} 为电池耗完的时间,它并不恒定,取决于节点行为。更进一步,假设节点没有自己数据分组的缓冲区,自己的数据一旦不能及时发送(由于虚拟计数器值太低)便立即被丢弃。

节点的自私性表示为:遵循条件

$$\text{out}_0 + \text{out}_f \geqslant 0 \qquad (3 - 10)$$

$$\text{out}_0 \leqslant r_0 t_{\text{end}} \qquad (3 - 11)$$

$$\text{out}_f \leqslant r_f t_{\text{end}} \qquad (3 - 12)$$

$$N\text{out}_0 - \text{out}_f \leqslant C \qquad (3 - 13)$$

$$\text{out}_0 + \text{out}_f = B \qquad (3 - 14)$$

最大化 out_0,同时最大化 $z_0 = \dfrac{\text{out}_0}{r_0 t_{\text{end}}}$(意味着最小化丢弃自己的分组数)。

从条件式(3 - 14)使用 $\text{out}_f = B - \text{out}_0$,可以减少未知数,得到下列一组条件:

$$\text{out}_0 \geqslant 0 \qquad (3 - 15)$$

$$\text{out}_0 \leqslant B \qquad (3 - 16)$$

$$t_{\text{end}} \geqslant \frac{\text{out}_f}{r_f} \qquad (3 - 17)$$

$$t_{\text{end}} \geqslant - \frac{\text{out}_0}{r_f} + \frac{B}{r_f} \qquad (3 - 18)$$

$$\text{out}_0 \leqslant \frac{B + C}{N + 1} \qquad (3 - 19)$$

条件式(3 – 15)～式(3 – 19)确定可用的范围,在这些条件下最大化 out_0 和 z_0,如图 3 – 3 所示。由于最大的 $out_0 = \dfrac{B+C}{N+1}$,注意到 $\dfrac{B+C}{N+1} < B$(假设 $C/N < B$)。不同 z_0 值由所有通过 $(0,0)$ 的不同斜率的直线表示。为了找到最大的 z_0,不得不找最小斜率的线与可用区域相交。

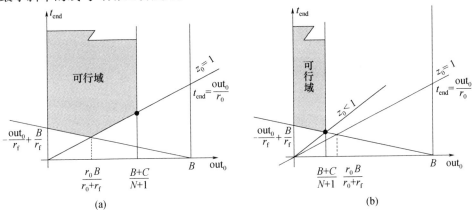

图 3 – 3　最大化 out_0 和 z_0

(a) $\dfrac{B+C}{N+1} \geqslant \dfrac{r_0}{r_0 + r_f} B$; (b) $\dfrac{B+C}{N+1} < \dfrac{r_0}{r_0 + r_f} B$。

依据速率比值 r_f/r_0,区分下列两种情况。

(1) 如图 3 – 3(a)所示,如果 $\dfrac{r_f}{r_0} \geqslant \dfrac{NB-C}{B+C}$,即 $\dfrac{B+C}{N+1} \geqslant \dfrac{r_0}{r_0 + r_f} B$,则 z_0 的最大值为 1。由条件式(3 – 17)可知,这是能取得的最好结果。这意味着,节点没有丢弃任何自己的数据分组。

(2) 如图 3 – 3(b)所示,如果 $\dfrac{r_f}{r_0} < \dfrac{NB-C}{B+C}$,即 $\dfrac{B+C}{N+1} < \dfrac{r_0}{r_0 + r_f} B$,则 z_0 的最大值为 $\dfrac{r_f}{r_0} \dfrac{B+C}{NB-C} < 1$,这意味着,节点必须丢弃自己的数据分组。

上述两种情况可以直观解释为:情况(1),需转发的数据分组以一个足够高的速率到达,超过发送自己分组的费用;情况(2),转发分组的到达率太低,节点在转发所有接收分组的情况下仍不能挣得足够的虚拟货币来发送所有自己的分组。

2) 动态分析

上述分析表示了节点取得怎样的最大收益,但没有说明节点如何达到这个理论的最优值。节点在可能的情况下(有足够的虚拟货币)总愿意发送自己的数据分组,但节点如何决定是转发还是丢弃接收到的要转发的数据分组? 为了深入地研究这个问题,考虑下列四个转发规则(f 表示到目前为止转发的分组数量):

规则 1:if $f < \dfrac{NB-C}{N+1}$,then 转发

else 丢弃

规则 2:if $f < \dfrac{NB - C}{N + 1}$ then

        if $c \leqslant C$,then 转发

        else 以概率 C/c 转发,或以概率 $1 - C/c$ 丢弃

    else 丢弃

规则 3:if $f < \dfrac{NB - C}{N + 1}$ then

        if $c < C$ then   转发

        else 丢弃

    else 丢弃

规则 4:if $f < \dfrac{NB - C}{N + 1}$ then

        if $c \leqslant C$ then 以概率 $1 - c/C$ 转发,或以概率 c/C 丢弃

        else 丢弃

    else 丢弃

在四种规则中,若达到阈值 $f = \dfrac{NB - C}{N + 1}$ 则分组将被丢弃。原因是:在这种情况下,由于节点具有足够的虚拟货币来支持仅通过发送自己的数据分组耗干电池,而没必要转发更多的数据分组。这四种规则差别在于阈值未到达之前所发生的行为:在规则 1,分组总是被转发;在其他的规则中,转发决定基于当前虚拟货币计数器的值 c。在规则 2,如果 $c \leqslant C$,则转发是确定的;如果 $c > C$,则当 c 增加时转发概率下降。在规则 3,如果 $c \leqslant C$,则转发是确定的;如果 $c > C$,则待转发的数据分组总是被丢弃。在规则 4,如果 $c \leqslant C$,当 c 增加时转发概率下降;如果 $c > C$,则待转发的数据分组总是被丢弃。很明显,必定合作的规则是规则 1,规则 2、3 及 4 很少合作。

实现这种机制的一个关键部分是如何构建防篡改的安全模块,以防止节点根据需要任意修改虚拟货币计数器的值。文献[52 - 55]建立了激励 – 兼容、防欺诈机制,应用机制设计的原理是强迫节点在 ad hoc 网络中选路时合作。文献[56]专注于多播路由。另外,从网络的观点看,不同定价方案(文献[57,58])的设计目的是使网络达到期望的均衡。

2. 基于信誉的机制

另一个创建激励的技术是以信誉的形式,每个节点通过为其他节点服务获得信誉。每个节点通过与其他节点合作为自己建立一个正的信誉,其他情况加标签为"不良行为"。节点孤立于网络一段时间,则获得坏的信誉。从文献中可以发现几个信誉机制。在文献[59]中,设网络中的节点集合 $\mathbb{N} = \{1, 2, \cdots, N\}$,$r_{ij}$ 为由节点 i 分配给节点 j 的声誉值指标,$\{i, j \in \mathbb{N}, d(i, j) = 1\}$,其中,$d(i, j)$ 为节点 i 和节

点 j 之间的跳数距离。一个节点基于邻居节点成功为其转发一个数据分组而为该邻居分配一个信誉指标。对于每个成功传送分组,沿着路径的每个节点为它转发该分组的一跳邻居增加信誉指标。相反,分组传送失败,导致惩罚这样的邻居节点以减少他们的信誉指标。换句话说,当节点向一个它的邻居传送数据分组,它要坚信该邻居能够可靠地将数据分组正确地传向最终目的地。成功或失败的指示从目的节点反馈信息中得到(使用 TCP 通知)。用于计算信誉指标的函数是设计决策的基础,它受节点行为、节点位置以及其他因素的影响。

为了阻止自私行为并鼓励节点建立其信誉,每个节点均依据该分组先前的信誉值决定是否转发或丢失数据分组;一个节点的信誉一旦落入预设的阈值之下,该节点要求转发的所有数据分组或原始数据分组都将被邻居丢弃,成为孤立节点。

假设信誉阈值是全局的,即所有节点使用相同的值。相应地,也可依据节点的偏好局部定义。关于局部定义阈值方面的问题,还有待进一步研究。

每个节点保持一张查找表,存储通过它的数据分组信息,含序列号、源及目的 IP、端口号以及下一跳的地址。每接收一个数据分组,节点 i 都会检查是否需要转发(由存储在分组中的信息指示)。如果转发,节点 i 将首先检查它转发原始分组的邻居节点信誉值,然后节点 i 将先前 k 跳所形成的当前信誉值与信誉阈值 r_{thresh} 进行比较:如果 $r_{ik} < r_{thresh}$,则数据分组被丢弃;否则,节点 i 在查找表存储相关信息后转发该分组。查找表中过期的分组将删去。

直到从节点 k 接收到一个回执,节点 i 才验证节点 k 是否转发了相应的分组。如果是,节点 i 增加 r_{ik},作为节点 k 成功地传送分组信息到目的节点的回报。因此,当这些节点与目的节点之间的路由对称时,算法仅调整邻居节点信誉目录。

算法增加或减少的一个节点信誉指标是重要的设计参数,函数的斜率越陡峭,方案管理者发现自私节点的速度越快。但过度进攻性方案会造成大量的误报,节点的误报将导致分组丢失,其原因可能是诸如信道条件、移动性或中间节点缓冲区溢出等,而非自私节点的行为。针对不同的场景,应具有不同的信誉函数。

另一个重要的设计议题是信誉阈值。

每个节点保留一张关于邻居节点信誉值的表。一旦遇到一个新邻居 k,节点 i 就会为该邻居创建一项,其信誉初值 $r_{ik} = r_0$。节点将根据邻居节点对数据分组的传送情况来调整信誉值。成功地传送数据分组,则增加邻居节点的信誉值,直到达最大值 r_{max};失败地传送数据分组,则减小其邻居节点的信誉值。邻居节点的信誉值若小于 r_{min},就标记为自私节点并列入黑名单。注意到,$r_{max} > r_0 > r_{thresh}$。选择 $\Delta_{max} = r_{max} - r_0$ 及 $\Delta_{thresh} = r_0 - r_{thresh}$,会影响分组丢弃事件的灵敏度,因而影响算法的性能。更积极的模式是选择较小的 Δ_{max} 和 Δ_{thresh},增加对数据分组丢弃事件的敏感性,但这可能会较快地孤立自私节点并造成较大的误报,即节点由于丢包事件(如拥塞和碰撞)错误地识别自私节点,而非真正的自私。更保守的工作模式为选择较大的 Δ_{max} 和 Δ_{thresh},这样会较慢地孤立自私节点并引起较小的误报。寻找 Δ_{max} 和 Δ_{thresh} 值需要依据网络密度、平均网络半径、业务负载、期望的自私节点数等因素。

不涉及任何逻辑目标(信誉、虚拟货币)从而产生最优均衡的其他机制也是存在的。这包括慷慨的以牙还牙(GTFT)机制,它用于解决不良行为节点路由和转发的问题。文献[45]使用 GTFT 技术作为节点策略以重复博弈的形式转发数据分组,且得到了全局最优纳什均衡条件。

3.2 无线传感网络中主动防御机制博弈分析

无线传感器网络安全问题是一个重大的问题,也是一个并没有很好解决的问题。目前,无线传感器网络的安全威胁主要包括假冒的节点和恶意的数据、拒绝服务、路由攻击等方式,安全防御主要采用被动式防御机制。被动式防御机制只有在系统受到攻击时才做出相应的反应。这样的被动防御机制可能在未做出反应之前,网络就被攻击而陷于瘫痪了,因此有必要研究主动防御机制。文献[60]介绍了基于演化博弈的无线传感器网络主动防御机制。

3.2.1 无线传感器网络中攻防的博弈模型

无线传感器中的博弈模型一般由参与者、策略空间和支付函数三个要素组成。

博弈参与者分为两类:一类是具有防御能力的节点,记为 Defender;另一类是由攻击者组成的节点群,记为 Attacker。博弈参与者的集合为{Defender, Attacker}。

对于 Defender 来说,策略空间 S_D = {部署安全措施,不部署安全措施};对于 Attacker 来说,策略空间 S_A = {攻击,不攻击}。

对于 Defender 来说,支付函数为 U_D;对于 Attacker 来说,支付函数为 U_A。

对攻防双方的收益参数进行如下定义:

(1) R_D(Reward of Defender):防御方在一次博弈中所获得的收益,可以是成功转发数据包所获得的收益。转发数据包越重要,收益就越大;反之,则越小。

(2) C_D(Cost of Defender):防御部署安全措施所需要的成本,可为能量、带宽等资源。假定 $R_D > C_D$。

(3) R_A(Reward of Attacker):攻击方进行博弈活动所获得的收益,可为获得的路由信息、文件等资源。

(4) C_A(Cost of Attacker):攻击方进行攻击活动所需的成本,可为攻击时消耗的硬件和软件资源,被发现时受到相关的法律制裁等。

(5) L(Lost):防御方在受到攻击时的损失。

(6) P(Probability):在防御方部署有安全措施的情况下,攻击方成功的概率。

3.2.2　基于演化博弈的主动防御

假设在防御方的参与者中,部署安全措施的参与者与总参与者的比例为 X,则不部署安全措施的参与者比例为 $1-X$。相应地,在攻击方参与者中,采用攻击的比例为 Y,则不参与攻击的比例为 $1-Y$。X、Y 随时间而变,是不断学习、调整的过程。

1. 防御方的复制动态过程

(1) 防御方群体中采用部署安全措施策略的期望收益为

$$E(U_D) = Y(R_D - C_D - PL) + (1-Y)(R_D - C_D) = R_D - PLY - C_D$$

(2) 防御方群体中采用不部署安全措施策略的期望收益为

$$E(U_{ND}) = -YL + (1-Y)R_D = R_D - YL - R_D Y$$

(3) 防御方群体的平均期望收益为

$$E(D) = XE(U_D) + (1-X)E(U_{ND}) =$$
$$X(R_D - PLY - C_D) + (1-X)(R_D - YL - YR_D)$$

若 $\mathrm{d}X/\mathrm{d}t$ 表示采用部署安全措施策略的参与者比例随时间的变化率,则防御方的复制动态方程为

$$\frac{\mathrm{d}X}{\mathrm{d}t} = X[E(U_D) - E(D)] = X(1-X)(YR_D + YL - YPL - C_D)$$

$$(3-20)$$

2. 攻击方的复制动态过程

(1) 攻击群体中采用攻击策略的期望收益为

$$E(U_A) = X(-C_A) + (1-X)(R_A - C_A) = R_A - C_A - XR_A$$

(2) 攻击群体中采用不攻击策略的期望收益

$$E(U_{NA}) = 0$$

(3) 攻击方群体的平均期望收益为

$$E(A) = YE(U_A) + (1-Y)E(U_{NA}) = Y(R_A - C_A - R_A X)$$

若 $\mathrm{d}Y/\mathrm{d}t$ 表示采用攻击策略的参与者比例随时间的变化率,则攻击方的复制动态方程为

$$\frac{\mathrm{d}Y}{\mathrm{d}t} = Y[E(U_A) - E(A)] = Y(1-Y)(R_A - C_A - R_A X) \quad (3-21)$$

3. 演化博弈的稳定性分析

根据演化博弈理论,由式(3-20)、式(3-21)构成了防御方和攻击方的动态复制系统,那么对于任意的起始点 $(X(0), Y(0) \in [0,1] \times [0,1])$ 有 $(X(t), Y(t) \in [0,1] \times [0,1])$。因此,在防御方和攻击方动态复制系统的解曲线上任意一点

(X,Y)都对应着演化博弈的一个混合策略$(X\oplus(1-X),Y\oplus(1-Y))$。

显然,该动态复制系统有局部均衡点$E_1(0,0)$、$E_2(1,0)$、$E_3(0,1)$、$E_4(1,1)$。特别地,当$0<\dfrac{R_A-C_A}{R_A}<1,0<\dfrac{C_D}{R_D+L-PL}<1$时,$E_5=\left(\dfrac{R_A-C_A}{R_A},\dfrac{C_D}{R_D+L-PL}\right)$也是该动态复制系统的一个局部均衡点。这些均衡点分别对应防御方与攻击方演化博弈均衡。而防御方与攻击方均衡的稳定性取决于在攻防博弈中策略选择的收益的大小比较,在达到演化稳定策略时的群体中个体仍然在不断地变化,即内部不断地变化而总体不变的过程。

1)防御方的演化稳定性分析

根据方程(3-20),令$\dfrac{\mathrm{d}X}{\mathrm{d}t}=0$,可得

$$X=0,X=1,Y=\frac{C_D}{R_D}$$

根据演化稳定策略原理,在复制动态的稳定状态中,成为演化稳定策略均衡必须能够经受微小偏离的扰动,最终恢复演化稳定均衡状态。即如果一些参与者由于某些偶然的错误使得自己的策略偏离了ESS,复制动态仍然会使得选择ESS策略的比例恢复ESS水平。从数学角度分析这一现象,即根据微分方程的"稳定性原理":当扰动使得X的值高于ESS时,$\dfrac{\mathrm{d}X}{\mathrm{d}t}<0$;当扰动使得$X$的值低于ESS时,$\dfrac{\mathrm{d}X}{\mathrm{d}t}>0$。如果用复制方程的相位图来表示,演化博弈复制动态的演化稳定策略ESS就是复制动态曲线与水平坐标轴相交且相交点处切线斜率为负的点。

根据Y的取值不同,ESS也不同,可以分为如下三种情况:

(1)当$Y>\dfrac{C_D}{R_D+L-PL}$时,只有$X=1$是防御演化博弈的演化稳定策略,即所有的防御方最后都选择部署安全措施策略。

(2)当$Y=\dfrac{C_D}{R_D+L-PL}$时,防御方不存在演化博弈稳定策略。

(3)当$Y<\dfrac{C_D}{R_D+L-PL}$时,只有$X=0$是防御方演化博弈的演化稳定策略,即所有防御方都选择不部署安全措施策略。

2)攻击方的演化稳定性分析

根据方程(3-21),令$\dfrac{\mathrm{d}Y}{\mathrm{d}t}=0$,可得

$$Y=0,Y=1,X=\frac{R_A-C_A}{R_A}$$

类似于防御方的分析,根据X的取值不同,ESS也不同,可以分为如下三种情况:

（1）当 $X > \dfrac{R_A - C_A}{R_A}$ 时，只有 $Y = 0$ 是攻击方演化博弈的演化稳定策略，即所有的攻击方最后都选择不攻击策略。

（2）当 $X = \dfrac{R_A - C_A}{R_A}$ 时，攻击方不存在演化博弈稳定策略。

（3）当 $X < \dfrac{R_A - C_A}{R_A}$ 时，只有 $Y = 1$ 是攻击方演化博弈的演化稳定策略，即所有攻击方最后都选择攻击策略。

3）攻防双方的稳定性分析

从无线传感器网络的整体系统角度来分析，最佳的情况是攻击者不采取攻击策略，而节点自身则采取不部署安全措施策略，即系统收敛到状态 $(0,0)$。这样就可以有效地节省能量、存储空间等资源，达到系统收益最大化。

定理 3.1　$(0,0)$ 是系统（3 - 20）和系统（3 - 21）唯一的演化稳定策略的充要条件为 $R_A - C_A = 0$。

证明：存在性。

由式（3 - 20）和式（3 - 21）可得到相应的雅可比矩阵为

$$J = \begin{bmatrix} (1 - 2X)(YR_D + YL - YPL - C_D) & X(1 - X)(R_D + L - PL) \\ - Y(1 - Y)R_A & (1 - 2Y)(R_A - C_A - XR_A) \end{bmatrix}$$

欲使 $(0,0)$ 是系统（3 - 20）和系统（3 - 21）的演化稳定策略的充要条件为 $\det J > 0$，$\operatorname{tr} J < 0$。将 $(0,0)$ 代入雅可比矩阵，可得

$$J = \begin{bmatrix} - C_D & 0 \\ 0 & R_A - C_A \end{bmatrix}$$

则矩阵 J 的行列式为 $\det J = (- C_D)(R_A - C_A) > 0$。

矩阵 J 的迹为

$$\operatorname{tr} J = (- C_D) + (R_A - C_A) < 0$$

所以 $(R_A - C_A) < 0$。

唯一性。

又因为当 $(R_A - C_A) < 0$ 时，$(1,1)$、$(1,0)$ 为鞍点，$(0,1)$ 为不稳定的点，所以 $(0,0)$ 是系统唯一的演化稳定策略。证毕。

要使得 $(R_A - C_A) < 0$，就意味着提高攻击者的攻击成本 C_A，或者降低攻击者攻击成功的收益 R_A，使得攻击者的收益小于攻击成本。防御方可以根据不同的攻击情况合理地调整防御策略，这样就可以有效地降低开销，使自身在整个无线传感器系统中生存的时间更长。

3.3 基于博弈论的跨层优化设计

传统的通信协议是分层设计的,使网络协议得到简单、规范化的设计。然而,随着无线通信系统智能性的提高,尤其是认知无线电概念的提出,许多功能的实现需要多层联动。在无线环境中,链路层、网络层、传输层和物理层之间可以通过跨层协作来进行无线资源的整体管理,改善网络性能。近年来,跨层协作设计已经广泛应用于蜂窝通信、WLAN、ad hoc 网络及认知无线电网络。

基于博弈论优化的跨层建模可以用一个三元组 $G = \{\boldsymbol{P}, A, \{U_i\}\}$ 来定义。其中:$\boldsymbol{P}$ 为博弈的参与者,分别代表协议的不同层(物理层、数据链路层、网络层、传输层和应用层);A 是博弈的策略集合,如物理层调整不同功率发射参数、数据链路层调整链路状况等;U_i 为参与者 i 的效用函数,如传输层通过调整拥塞窗口大小,可以获得更高的数据传输速率。该博弈模型最终可以表示为

$$\boldsymbol{P} = \left[P^1, P^2, P^3, P^4, P^5 \right] \qquad (3-22)$$

式中:P^1 为物理层;P^2 为数据链路层;P^3 为网络层;P^4 为传输层;P^5 为应用层。

在具体的博弈跨层优化中,如果相应的层没有参与跨层优化,由对应的参与者集合 P^i 表示为空。

效用函数方程表示为

$$U_i = f_i(\boldsymbol{P}), i = 1, 2, \cdots, I \qquad (3-23)$$

根据逼近程度或易于处理的系统,通过求线性函数、一阶导数 $\frac{\partial f_k}{\partial p_i^j}$ 或 $\frac{\partial^2 f_k}{\partial p_i^j \partial p_l^m}$,分析计算效用函数 $f_i(\boldsymbol{P})$。其中,p_i^j 为优化协议栈 j 层的第 i 个参数,p_l^m 为优化协议栈 l 层的第 m 个参数。

在无线网络中,节点通过跨层优化以最小的开销(如消耗功率最小)提供更优的服务性能(吞吐量最大化,时延较小,数据传输速率较快,丢包率较小以及减小网络拥塞)。当然,将所有层统一考虑进行优化设计,从博弈分析的角度,模型过于复杂,目前的研究局限于将某两层进行统一优化考虑,从而进行博弈建模。文献[60]对于跨层优化设计的博弈模型进行了系统的整理。

3.3.1 跨 TCP 和 MAC 层优化的博弈建模

文献[61]提出了基于博弈论优化的跨 TCP 层和 MAC 层建模。图 3-4 为 TCP 层和 MAC 层博弈的博弈树表示。图中:n 为拥塞窗口的大小;$q(\cdot)$(转移状态函数)为拥塞窗口增加概率;u(一个占位符)为参与者的收益函数。

表 3-4 列出了 TCP 层和 MCA 层博弈模型描述。表中:SS(Slow Start)表示

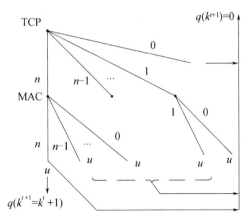

图 3 - 4　TCP 层和 MAC 层博弈的博弈树表示

TCP 层采用慢启动策略,CA(Congestion Avoidance)表示 TCP 层采用拥塞避免策略;$a_i(k^t)$表示参与者 i 在状态 k^t 时的行为,其中 $i \in P$;$\boldsymbol{a}^t = [a_{TCP}(k^t), a_{MAC}(k^t)]$表示参与者的 TCP 层和 MAC 层在状态 k^t 时的行为;$A_i(k^t)(i \in P)$ 表示参与者 i 在状态 k^t 时可能采用的行为集合。

　　由于 TCP 和 MAC 层之间分层,缺少协调,使得 TCP 层尽可能去增加拥塞窗口 $cwnd(max_{cwnd} \leqslant rwnd)$的大小,因此会增加对 MAC 层的服务请求,使得 MAC 层尽可能多地传送数据帧。如果 MAC 层在一个 RTT 时间内不能成功发送 TCP 层请求的数据,TCP 层便会出现超时,使得 cwnd 减小,减少注入网络中的数据;反之,TCP 层不断增加 cwnd,在等同大小的 cwnd 和 rwnd 窗口,TCP 层总是传送更多的数据段。

表 3 - 4　TCP 和 MAC 层博弈模型描述

参与者集合	$P = \{TCP, MAC\}$
状态集合	$k^t \in K = \{0, 1, \cdots, k_{th} - 1\} \cup \{k_{th}, k_{th} + 1, \cdots, k_M\} = SS \cup CA$
行为集合	$A_{TCP}(k^t) = \begin{cases} \{2^{k^t}, 2^{k^t} - 1, \cdots, 0\}, & k^t \in SS \\ \{a_{th} - k_{th} + k^t, a_{th} - k_{th} + k^t - 1, \cdots, 0\} & k^t \in CA \end{cases}$ $A_{MAC}(k^t) = \{a_{TCP}(k^t), a_{TCP}(k^t) - 1, \cdots, 0\}, a_{TCP}(k^t) \in A_{TCP}(k^t)$
转移函数	用 (n, n) 表示 $(\sup\{A_{TCP}(k^t)\}, \sup\{A_{MAC}(k^t)\})$ $\begin{cases} q(k^{t+1} = k^t + 1 \mid k^t \neq k_M, \boldsymbol{a}^t = (n, n)) = p(k^t) \\ q(k^{t+1} = k_M \mid k^t = k_M, \boldsymbol{a}^t = (n, n)) = p(k^t) \\ q(k^{t+1} = 0 \mid k^t = k, \boldsymbol{a}^t = (n, n)) = 1 - p(k^t) \\ q(k^{t+1} = 0 \mid k^t = k, \boldsymbol{a}^t \neq (n, n)) = 1 \end{cases}$

（续）

参与者集合	$P = \{\text{TCP}, \text{MAC}\}$
效用函数	$\begin{cases} u(n,n) > u(n,n-1) > \cdots > u(n,0) \\ u(n-1,n-1) > u(n-1,n-2) > \cdots > u(n-1,0) \\ \cdots \\ u(1,1) > \cdots > u(1,0) \end{cases}$ 其中 $: u = \{u_{\text{TCP}}(k^t), u_{\text{MAC}}(k^t)\}$ $\begin{cases} u_{\text{TCP}}(m,m) \in \mathbb{R}^+ > u_{\text{TCP}}(n,n) \in \mathbb{R}^+, m > n \\ u_{\text{MAC}}(m,m) = u_{\text{MAC}}(n,n) \in \mathbb{R}^+, \forall (m,n) \end{cases}$

因此，根据博弈的定义，真正传输的数据段的数量取决于 MAC 层传输的数据帧的多少。

若在一个给定的博弈阶段 k，MAC 层传输的帧大小表示为 $a_{\text{MAC}}(k)$；相应的在往返时间内 TCP 层传输并得到确认的数据包表示为 $a_{\text{TCP}}(k) \times D_1$（$D_1$ 为一个数据包被发送并得到确认所需要的时间）；用 S 表示数据包的长度。此时，通过节点总的吞吐量为

$$T_{\text{H}}(k) = a_{\text{MAC}}(k) \times S \times 8/(a_{\text{TCP}}(k) \times D_1) \tag{3-24}$$

当博弈达到均衡时，在一个往返时间内，MAC 层恰好能转发 TCP 请求的全部数据包（$a_{\text{TCP}}(k) = a_{\text{MAC}}(k)$），于是节点的总的吞吐量可简化为 $T_{\text{H}}^* = S \times 8/D_1$，达到均衡时，总的吞吐量只与数据报长度 S 有关。

3.3.2　跨 TCP 层和物理层优化的博弈建模

文献[62]提出了在直接序列码分多址（DS-CDMA）网络中，基于博弈论的联合功率控制和速率控制的跨层优化建模。在该非合作博弈论模型中，每个用户为了获得最大的效用来满足自己应用层的服务质量（QoS）需求，总是选择最佳发射功率和传输速率。

在联合功率和速率控制非合作博弈（PRCG）模型中，博弈具体表示形式为

$$G = \, < \mathbb{N}, \{A_k\}, \{u_k\} > \tag{3-25}$$

式中：$\mathbb{N}$ 为参与者集合，$\mathbb{N} = \{1, 2, \cdots, K\}$；$A_k$ 为参与者 k 的策略（最大发射功率 $P_{\max}$ 和系统传输带宽 B）集合，$A_k = [0, P_{\max}] \times [0, B]$；$u_k$ 为参与者 k 的效用函数 $u_k = R_k \dfrac{f(\gamma_k)}{p_k}$，其中，$\gamma_k$ 为平均信源速率。

当系统达到均衡时，PRCG 存在纳什均衡 (p_k^*, R_k^*)，p_k^* 和 R_k^* 具体表示为

$$R_k^* = \left(\frac{M}{D_k}\right) \frac{1 + D_k \lambda_k + \sqrt{1 + D_k^2 \lambda_k^2 + 2(1-f^*) D_k \lambda_k}}{2f^*} \tag{3-26}$$

$$p_k^* = \frac{\sigma^2}{h_k} \left[\frac{\dfrac{1}{1 + \dfrac{B}{R_k^* \gamma_k^*}}}{1 - \displaystyle\sum_{k=1}^{K} \dfrac{1}{1 + \dfrac{B}{R_k^* \gamma_k^*}}} \right] \tag{3-27}$$

式中：D_k 为平均时延上限（包括排队时延和传输时延）；λ_k 为传入数据流量并服从泊松分布。

博弈参与者 k 的 QoS 由数对 (γ_k, D_k) 表示。

此时，参与者 k 的效用函数为

$$u_k^* = \frac{Bf(\gamma^*)h_k}{\sigma^2 \gamma^*} \left[\frac{1 - \displaystyle\sum_{k=1}^{K} \dfrac{1}{1 + \dfrac{B}{R_k^* \gamma_k^*}}}{1 - \dfrac{1}{1 + \dfrac{B}{R_k^* \gamma_k^*}}} \right] \tag{3-28}$$

对于用户来说，若想要获得更高的传输速率，就需要更大的发射功率。这样做，不仅会减少用户本身的效用函数，并且对网络中其他用户造成更多干扰，使得其他用户也增加发射功率，从而造成整个网络效用减少。由式（3-28）可知，当传输速率 $R_k = R_k^*$ 为最小时，纳什均衡可以实现参与者 k 的收益最大，即 $u_k = u_k^*$ 最大。

3.3.3　跨应用层和 MAC 层优化的博弈建模

文献[63]提出，在无线网络中基于视频流的分布式跨层设计，联合考虑 MAC 层的带宽分配和应用层的速率自适应。

博弈模型为

$$G = \langle \mathbb{N}, Y, \{u_j\}_{j \in \mathbb{N}} \rangle$$

式中：$\mathbb{N}$ 为用户集合；Y 为用户的策略空间集合，$Y = \{b, c\}$，其中，b 为用户的带宽分配（b 的取值区间为 $[0, B_{\max}]$，离散取值，$B_{\max}$ 为无线网络总带宽），c 为用户的视频码流编码速率；u_j 为用户 j 的视频吞吐量，即博弈参与者 j 的效用函数，具体表示式为

$$u_j = c_j^* b_j (1 - p_j^e) \tag{3-29}$$

其中：c_j^* 为用户 j 的归一化编码速率，$c_j^* = c_j/c_0$（c_0 为平均编码速率）；b_j 为用户 j 的带宽；p_j^e 为用户 j 的误码率。

为了使效用函数最大，用户总是不断地调整带宽和视频码流速率。此时，博弈达到均衡状态，网络总的视频吞吐量 $P = \displaystyle\sum_j c_j^* b_j (1 - p_j^e)$。

3.3.4 跨 MAC 层和物理层优化的博弈建模

文献[64]提出了在太阳能供电的无线传感器网络中,基于物理层和数据链路层功率分配的跨层优化建模。节点之间通过非合作博弈管理发射功率和竞争窗口。假设分布的节点仅为单个汇聚节点传输数据包,当大量数据包到达汇聚节点时,节点之间便会发生冲突。

假设太阳能供电系统的 WSN 网络中有 N 个节点,$P_{H,i}^k$ 为节点 i 在 k 时刻所获得的能量,$e_{R,i}^k$ 为节点 i 在 k 时刻残留的能量,z_i^k 为节点 i 在 k 时刻的发射功率,CW_i^k 为节点 i 在 k 时刻的竞争窗口大小,整个网络使用基于残留能量和获得能量的竞争窗口尺寸控制算法实现节点功率分配。博弈模型见表 3 – 5。

表 3 – 5 博弈模型

参与者2 参与者1	发 送	等 待
发送	$T_i^k (\bar{T}_{-i}^{k-1})^{N-1}$	$T_i^k (1 - \bar{T}_{-i}^{k-1})^{N-1}$
等待	$(1 - T_i^k)(\bar{T}_{-i}^{k-1})^{N-1}$	$(1 - T_i^k)(1 - \bar{T}_{-i}^{k-1})^{N-1}$

参与者 1 为某个节点 i,而参与者 2 为网络中除 i 外的 $n - 1$ 个节点。

从表 3 – 5 中可以看出,博弈的每个参与者有发送和等待两种行动。如果节点 i 是参与者 1,则剩余的节点构成参与者 2。节点 i 在 k 时刻的传输概率为 T_i^k,剩余节点在 k 时刻的传输概率为 $\bar{T}_{-i}^{k-1}$。T_i^k 可通过竞争窗口表示为

$$T_i^k = \frac{2}{1 + CW_i^k} \tag{3 – 30}$$

则博弈的效用函数表示为

$$U(\gamma_i, \bar{\gamma}_{-i}) = \frac{1}{T_{d,i}^k(z_i^k)} \tag{3 – 31}$$

式中:$T_{d,i}^k(z_i^k)$ 为节点传输功率 z_i^k 的时延函数。

通过引入价格机制协调节点之间的功耗与吞吐量和时延的均衡,当博弈达到均衡状态时,参与者 i 的效用函数为

$$u_i^{k*} = \begin{cases} 0, & \lambda = 0, \mu = 0 \\ \dfrac{2^{R_{th}} - 1}{\sigma_i^k}, & \lambda = \dfrac{\alpha \times \Delta t(2^{R_{th}}) \ln 2}{\left(E_c - \Delta t \dfrac{2^{R_{th}} - 1}{\sigma_i^k}\right)^2 P_{nc}} T_A > 0, \mu = 0 \\ \bar{P}, & \lambda = 0, \mu = \dfrac{\alpha \times \Delta t}{(E_c - \Delta t \times \bar{P})^2 P_{nc}} T_A > 0 \end{cases} \tag{3 – 32}$$

式中:λ、μ 为非负拉格朗日算子;R_{th} 为节点数据传输速率;P_{nc} 为节点成功传输概

率；E_c 为能源常数，$E_c = e_{R,i}^k + \Delta t \times P_{H,i}^k$；$\sigma_i^k$ 为节点 i 在 k 时刻的信道增益；$\bar{P}$ 为节点平均功耗；T_A 为节点传输时延。

3.3.5　跨网络层和 MAC 层优化的博弈建模

无线 Mesh 网络中，路由节点共享一些资源，造成节点之间的竞争，产生了自私路由问题；由于 Mesh 路由节点之间存在干扰，严重影响整个网络的吞吐量，通过多接口多信道可以有效地减少干扰。因此，在分析无线 Mesh 网络时，通常将路由问题和信道分配问题联合考虑。文献[65]提出，在非合作无线 Mesh 网络中，联合路由和信道分配博弈的跨层建模。Mesh 路由器节点为了同时获得最小开销和最佳服务性能，会慎重选择路由，并沿着已经选择好的路径合理地调整信道分配，从而最大限度地提高整个网络的性能。

在无线 Mesh 网络跨层博弈中，Service Requestor 节点采用最小跳数作为路由选择判据，并采用迭代算法调整相应链路信道，直到信道间干扰最小，网络达到均衡状态为止。博弈在均衡状态下的收益包括最优路由带来的收益和最优信道分配带来的收益。

最优路由带来的收益为

$$\theta_R(n) = \frac{C_A(u)}{C_A(v)} = \frac{h_A(u)}{h_A(v)} = \frac{n-10}{3} \qquad (3-33)$$

最优信道分配带来的收益为

$$\theta_C(n) = \frac{C_i(\boldsymbol{P}_i^w)}{C_i(\boldsymbol{P}_i^o)} = \frac{\max \mathrm{IE}_{e \in P_i^{w(e)}}}{\max \mathrm{IE}_{e \in P_i^{o(e)}}} = \frac{n-1}{1} \qquad (3-34)$$

式中：$C_A(u)$、$C_A(v)$ 分别为信息经过链路 u、v 的成本；$h_A(u)$、$h_A(v)$ 分别为信息经过链路 u、v 所需的跳数；$C_i(\boldsymbol{P}_i^w)$ 为最坏信道分配所需要的成本；$C_i(\boldsymbol{P}_i^o)$ 为最优信道分配(信道之间干扰最小)所需的成本。

因此，总的收益函数 $\theta(n^2)$ 为

$$\frac{\kappa(\boldsymbol{P}^w)}{\kappa(\boldsymbol{P}^o)} = \frac{\sum_i C_i(\boldsymbol{P}_i^w)}{\sum_i C_i(\boldsymbol{P}_i^o)}$$

$$\leqslant \max \frac{C_i(\boldsymbol{P}_i^w)}{C_i(\boldsymbol{P}_i^o)} = \max \frac{h_i(\boldsymbol{P}_i^w) \times \max \mathrm{IE}_{e \in P_i^{w(e)}}}{h_i(\boldsymbol{P}_i^o) \times \max \mathrm{IE}_{e \in P_i^{o(e)}}}$$

$$\leqslant \max \frac{h_i(\boldsymbol{P}_i^w)}{h_i(\boldsymbol{P}_i^o)} \times \max \frac{\max \mathrm{IE}_{e \in P_i^{w(e)}}}{\max \mathrm{IE}_{e \in P_i^{o(e)}}} = \theta_R(n) \times \theta_C(n) = \theta(n^2) \quad (3-35)$$

当每个 Service Requestor 选择最优路由和信道分配时，整个网络达到均衡状态。此时，整个网络吞吐量有所提高，时延较小，收益达到最大。

3.3.6 跨 TCP 层和网络层优化的博弈建模

路由和拥塞控制是数据包交换通信网络的基本组成部分,路由主要负责建立高效的信源 - 信宿链路,拥塞控制主要是为保持网络畅通而进行速率控制。文献[66]提出基于马尔可夫博弈的多径路由和网络拥塞控制跨层优化建模,联合考虑了基于排队时延的速率控制和基于总时延的马尔可夫多径路由。

在网络中,每个信源节点 s_k 对应一个信宿节点 d_k,并且存在一个连续递减的速率函数 $f_k(q^k)$(当 $q^k \to \infty$ 时,$f_k(q^k) \to 0$);同时,每条链路 $a \in A$ 对应一个连续递增时延函数 s_a。当网络中有信息流传输时,信源节点 s_k 根据时延函数 s_a 的增加(或减少),相应地调整链路速率函数 $x_k = f_k(q^k)$,从而调整网络拥塞。其中,q^k 为信息流总的排队时延,$q^k = \tau_k(\lambda) - \tau_k^0 \circ$;$T_k(\lambda)$ 为端到端时延;$\tau_k^0 = \tau_k(\lambda^0)$ 为单向值。

当网络达到马尔可夫流量均衡时,TCP 层和路由层博弈达到稳定状态,此时网络效用达到最大。网络效用函数为

$$U_k = \sum_{a \in A} \int_0^{p_a} \varphi_a^{-1}(y)\mathrm{d}y - \sum_{k \in K} F_k(q^k) \tag{3-36}$$

式中:$K = \{k \in A \mid x_k \geqslant 0\}$;$p_a$ 为 $a \in A$ 这条链路的排队时延,即

$$q^k = \sum_{a \in K} p_a = \sum_{a \in K} \varphi_a(\omega_a) \tag{3-37}$$

式中:ω_a 为链路 a 上的总流量,$\omega_a = \sum_{a \in K} x_k$;$F_k(\cdot)$ 是 $f_k(\cdot)$ 的原函数。

3.3.7 跨网络层和物理层优化的博弈建模

文献[67]提出,在多跳无线组播网络中,为实现网络吞吐量最大,联合多播路由和功率控制跨层优化建模,将吞吐量最大化问题分解为在网络层的数据路由和在物理层的发射功率控制两个子问题,并用拉格朗日二元变量协调网络层和物理层之间耦合。在解决问题时使用原始对偶算法,先将每个子问题在单层内独立解决,如在网络层使用多播路由的网络编码技术,在物理层使用基于博弈论的干扰管理。在功率控制博弈中,每条链路作为博弈的一个参与者,每条链路的收益不仅包括该链路的数据传输速率,还包括对其他链路的干扰。链路参与者 l 对应的收益函数为

$$Q_l = \lambda_l \log_2\left[1 + \frac{G_u p_l}{\sum_{j \neq l} G_{lj} p_j + \sigma_l^2}\right] - m_l p_l - \mu_n p_l \tag{3-38}$$

式中:p_l 为链路 l 的策略;m_l 为链路 l 对其他链路总干扰的二元变量;μ_n 为链路 l 上节点 n 的传输功率;$\dfrac{G_u p_l}{\sum\limits_{j \neq l} G_{lj} p_j + \sigma_l^2}$ 为在链路 l 的信干噪声比,其中 G_u 为链路增益,σ_l 为环境噪声。

3.4　无线网络中博弈论其他应用议题

无线通信技术及网络技术的发展日新月异：从技术角度，未来智能终端、对环境有良好感知的认知无线电技术等将会大量应用；从网络角度，除蜂窝系统进入4G 时代外，宽带无线系统及无中心、分布式的无线网络形态成为应用趋势。无线网络中的博弈应用也正在向无线网络的各个角落渗透。下面简单介绍博弈论在无线网络中的一些其他应用[68]。

3.4.1　分布式决策的信息作用

无线网络的发展趋势朝着无中心的网络方向发展，在无中心网络中，每个节点在不同的时刻扮演着不同的角色，而无须依赖一个基站或接入点来决定传输中需要使用多少能量，或者使用哪个频段来传输等问题。实例包括传感器网络、移动ad hoc 网络及用于分布计算的网络。这些网络是自组织的且支持多跳通信。

这些特征需要分布式考虑网络状况和信道状况。单个节点需要依赖于其他节点的动作和网络拥塞情况来进行接入控制。对于有效的分布式决策需要多少信息才是足够的？自私行为、小团体目标和公益行为、网络级操作的性能区别在文献[69]中称作无政府的代价，博弈论将帮助人们评估这个代价。

通常，假设每个参与者知道其他参与者的效用函数，在重复博弈的情况下由其他参与者之前数轮的行动决定。但在许多热门网络问题中显然是不成立的。一些博弈论公式可帮助人们解决这种不确定性。

之前已经讨论了博弈的扩展形式。如果每一个信息集合是单一的，博弈就是完美信息的；否则，博弈是非完美信息的。这可以用来模型化不知道其他节点的类型或其他节点的行动的情况。在非完美信息博弈中，纳什均衡的定义修正为以反映参与者类型的不确定性，这就是贝叶斯均衡的概念。这类公式可以用于研究 ad hoc 网络中由恶意节点引起的破坏。

其他用来处理参与者行动不确定性的模型公式称为不完美监控博弈。在具有完美监控的重复博弈中，在每个阶段结束时每个参与者直接观察其他参与者的行动。然而，在对手行动不能直接监控的情况下，作完美监控的假设是一个挑战。例如，ad hoc 网络上一个节点参与博弈，节点可能拒绝为其他节点转发数据包以节省有限的资源。在这种情况下，此节点不方便监控邻居节点的行动。

为解决完美监控的限制问题，可以研究具有不完美监控的重复博弈[70]。这里，参与者不监控他人的行动，而是在每一个阶段博弈结束时观察一个随机的公众信号。这个公众信号与博弈中所有参与者行动相关，但不能展示这些行动的确定信息是什么。具体来说，公众信号的分布函数依赖于其他参与者的行动组合。典型情况是,假设所有可能的联合行动对公众信号分布的支持是恒定的。在节点参与博弈的例子中,可能的信号是每个节点感知到的网络的实际吞吐量。不完美监控博弈的分析涉及寻找作为博弈解的完全公众均衡策略。

近年来,博弈论已开始研究私人监控博弈。在这样的博弈中,每个参与者对其他参与者之前阶段的行动有明显的个体评估。对此类博弈的结果分析仍然处于初级阶段。

3.4.2　认知无线电及学习

认知无线电是通过快速改变无线信道,较好地使用无线电频谱最有前途的方法。设想将此概念扩展至认知网络,基于全网络考虑每一个节点动态地适应以期网络整体达到更好的性能。

在这种情景下,期望网络了解环境,动态适应环境,并能够从过去的决策结果中学习。可以看到,无线电已完成前两项功能,甚至简单的无绳电话也能够检测信道的使用,相应地选择一个合适的信道。将来的无线电期望具有更高级的自适应及学习能力以解决更复杂的问题,如机会式使用无线电频谱。

关于无线电如何学习和它们会以多快的速度收敛至有效解的研究变得很热门。人工智能方面的研究人员已经将博弈论应用于理解多代理系统中的策略式和合作式交互。博弈论已用于分析认知网络性能[71],该领域的研究工作方兴未艾。

3.4.3　突现行为

突现行为定义为群体表现出来的,不能归咎于单个个体的行为。成群而行的鸟类和蚂蚁构筑的蚁山就是这样的例子。突现行为没有中心控制且通常表现为群体受益。例如,城市自组织的道路、住宅区、商业中心等复杂系统,其结果是群体受益。

观察蚂蚁及其他群体的昆虫的突现行为,它告诉人们:简单决策导致整体的效率,及局部的信息导致整体的智慧。

转到无线网络领域,了解个体节点的简单策略是否导致全局最优解,以及节点是否能从邻居处了解到足够的信息为整个网络做出有效的决定是很重要的。

由于使用大规模非集中式无线网络进行试验是非常困难的,因此需要一种分析方法来解决这种网络中的突现行为。博弈论是理解此类问题具有前景的方法。

3.4.4　机制设计

机制设计包括如何设计激励机制使得人们能自觉参与并产生系统层面想要的结果。

　　通过对博弈论的学习得知,用户的自私行为会导致低效的均衡。因此,建立激励机制来得到更多所需的均衡显得十分重要。这种机制可以是明确的(如定价机制或虚拟货币机制),也可以是含蓄的(如收益函数的选择)。

　　博弈论在无线网络方面的应用与经济问题上的传统应用存在显著区别:一是对于后者来说,严格的理性假设并不一定总是成立;二是在网络中通常编程使某些节点最大化其目标函数,编程完毕这些节点会在没有人为干预的情况下作决定(假设它们是完全理性的)。

　　在更传统的经济和社会问题中,很难预测博弈参与者遵循何种收益函数(也许博弈者不知道遵循何种收益函数)。在网络问题中,可用收益函数给节点编程。这样,问题就简化为选取合适的收益函数,以达到目的。

　　到目前为止,第 1~3 章从总体上介绍了博弈论基础、博弈模型及无线网络中的博弈应用议题。由于许多通信、网络的行为可利用博弈论进行建模和分析,本章的无线网络中的博弈应用议题,仅就研究的热点内容进行介绍,属于概要性的。本章文献[1,60,68]及第 2 章文献[1],对第 1~3 章的内容构成关键支撑。第 4~6 章将对无线网络中的基于博弈论的功率控制、资源分配及干扰避免等问题进行系统介绍。

参考文献

[1] Srivastava V, Neel J, MacKenzie A B, et al. Using game theory to analyze wireless ad hoc networks[J]. IEEE Communications Surveys and Tutorials, 2005, 7(1-4): 46-56.

[2] Christin N, Grossklags N, Chuang J. Near rationality and competitive equilibria in networked systems[C]. Proceedings of the ACM SIGCOMM Workshop on Practice and Theory of Incentives in Networked Systems, 2004: 213-219.

[3] Monks J P, Ebert J P, Wolisz A, et al. A study of the energy saving and capacity improvement potential of power control in multi-hop wireless networks[C]. 26th Annual IEEE Conference on Local Computer Networks, 2001: 550-559.

[4] Agarwal S, Katz R H, Krishnamurthy S V, et al. Distributed power control in ad-hoc wireless networks[C]. 12th IEEE International Symposium on Personal, Indoor and Mobile Radio Communications, 2001: F-59-F-66.

[5] Yates R D. A framework for uplink power control in cellular radio systems[J]. IEEE Journal on Selected Areas in Communications, 1995, 13(7): 1341-1347.

[6] Lin X H, Kwok Y K, Lau V K N. Power control for IEEE 802.11 ad hoc networks: issues and a new algorithm [C]. International Conference on Parallel Processing, 2003: 249-256.

[7] Monks J P, Bharghavan V, Hwu W M W. Transmission power control for multiple access wireless packet networks[C]. 25th Annual IEEE Conference on Local Computer Networks, 2000: 12-21.

[8] Krunz M, Muqattash A. A power control scheme for MANETs with improved throughput and energy consumption [C]. The 5th International Symposium on Wireless Personal Multimedia Communications, 2002: 771-775.

[9] Huang Z, Shen C C, Srisathapornphat C. et al. Topology control for ad hoc networks with directional antennas [C]. Eleventh International Conference on Computer Communications and Networks, 2002: 16 – 21.

[10] Glicksberg I L. A further generalization of the kakutani fixed point theorem, with application to nash equilibrium points[J]. Proceedings of the American Mathematical Society, 1952, 3(1): 170 – 174.

[11] Fan K. Fixed point and minimax theorems in locally convex topological linear spaces[J]. Proceedings of the National Academy of Sciences of the United States of America, 1952, 38(2): 121 – 126.

[12] Neel J, Reed J, Gilles R. The role of game theory in the analysis of software radio networks[C]. SDR Forum Technical Conference, 2002: 1 – 6.

[13] Neel J, Menon R, MacKenzie A, et al. Using game theory to aid the design of physical layer cognitive radio algorithms[C]. Conference on Economics, Technology and Policy of Unlicensed Spectrum, 2005: 16 – 17.

[14] Ulukus S, Yates R D. Iterative construction of optimum signature sequence sets in synchronous CDMA systems [J]. IEEE Transactions on Information Theory, 2001, 47(5): 1989 – 1998.

[15] Rose C, Ulukus S, Yates R D. Wireless systems and interference avoidance[J]. IEEE Transactions on Wireless Communication, 2002, 1(3): 415 – 427.

[16] Ulukus S, Yates R D. Signature sequence optimization in asynchronous CDMA systems[C]. IEEE International Conference on Communications, 2001: 545 – 549.

[17] Concha J I, Ulukus S. Optimization of CDMA signature sequences in multipath channels[C]. IEEE VTS 53rd Vehicular Technology Conference, 2001: 1978 – 1982.

[18] Popescu D C, Rose C. Interference avoidance applied to multiaccess dispersive channels[C]. Conference Record of the Thirty – Fifth Asilomar Conference on Signals, Systems and Computers, 2001: 1200 – 1204.

[19] Hicks J E, MacKenzie A B, Neel J A, et al. A game theory perspective on interference avoidance[C]. IEEE Global Telecommunications Conference, 2004: 257 – 261.

[20] Sung C W, Shum K W, Leung K K. Multi – objective power control and signature sequence adaptation for synchronous CDMA systems – a game – theoretic viewpoint[C]. IEEE International Symposium on Information Theory, 2003: 335.

[21] Sung C W, Leung K K. On the stability of distributed sequence adaptation for cellular asynchronous DS – CDMA systems[J]. IEEE Transactions on Information Theory, 2003, 49(7): 1828 – 1831.

[22] Leung K K, Lok T M, Sung C W. Sequence adaptation for cellular systems[C]. The 57th IEEE Semiannual on Vehicular Technology Conference, 2003: 2066 – 2070.

[23] Menon R, MacKenzie A B, Buehrer R M. et al. Wsn 15 – 4: A game – theoretic framework for interference avoidance in ad hoc networks[C]. IEEE Global Telecommunications Conference, 2005: 1 – 6.

[24] Monderer D, Shapley L S. Potential games[J]. Games and Economic Behavior, 1996, 14(1): 124 – 143.

[25] Santipach W, Honig M L. Signature optimization for CDMA with limited feedback[J]. IEEE Transactions on Information Theory, 2005, 51(10): 3475 – 3492.

[26] Menon R, MacKenzie A, Buehrer R, et al. Game theory and interference avoidance in decentralized networks [C]. SDR Forum Technical Conference, 2004: 13 – 18.

[27] Zander J. Jamming games in slotted Aloha packet radio networks[C]. IEEE Military Communications Conference, 1990: 830 – 834.

[28] Zander J. Jamming in slotted ALOHA multihop packet radio networks[J]. IEEE Transactions on Communication, 1991, 39(10): 1525 – 1531.

[29] MacKenzie A B, Wicker S B. Selfish users in Aloha: a game – theoretic approach[C]. IEEE VTS 54th Vehicular Technology Conference, 2001: 1354 – 1357.

[30] MacKenzie A B, Wicker S B. Game theory and the design of self – configuring, adaptive wireless networks [J]. IEEE Communications Magazine, 2001, 39(11): 126 – 131.

[31] MacKenzie A B, Wicker S B. Stability of multipacket slotted Aloha with selfish users and perfect information [C]. Twenty – Second Annual Joint Conference of the IEEE Computer and Communications, 2003: 1583 – 1590.

[32] MacKenzie A B. Game theoretic analysis of power control and medium access control[D]. Ann Arbor: Cornell University, 2003.

[33] Altman E, Azouzi R · E, Jimenez T. Slotted aloha as a stochastic game with partial information[C]. WiOpt' 03: Modeling and Optimization in Mobile, Ad Hoc and Wireless Networks, 2003: 1 – 9.

[34] Jin Y, Kesidis G. Equilibria of a noncooperative game for heterogeneous users of an ALOHA network[J] IEEE Communication Letters, 2002, 6(7): 282 – 284.

[35] Jin Y, Kesidis G. A pricing strategy for an ALOHA network of heterogeneous users with inelastic bandwidth requirements[C]. Conference on Information Sciences and Systems, 2002: 1 – 4.

[36] Konorski J. Multiple access in ad – hoc wireless LANs with noncooperative stations[C]. The Second International IFIP – TC6 Networking Conference, 2002: 1141 – 1146.

[37] Cagalj M, Ganeriwal S, Aad I, et al. On selfish behavior in CSMA/CA networks[C]. 24th Annual Joint Conference of the IEEE Computer and Communications Societies, 2005: 2513 – 2524.

[38] Zaikiuddin I, Hawkins T, Moffat N. Towards a game theoretic understanding of ad – hoc routing[J]. Electronic Notes in Theoretical Computer Science, 2005, 119(1): 67 – 92.

[39] Urpi A, Bonuccelli M, Giordano S. Modelling cooperation in mobile ad hoc networks: a formal description of selfishness[C]. WiOpt 03: Modeling and Optimization in Mobile, Ad Hoc and Wireless Networks, 2003: 19 – 28.

[40] Felegyhazi M, Hubaux J P, Buttyan L. Nash equilibria of packet forwarding strategies in wireless ad hoc networks[J]. IEEE Transactions on Mobile Computing, 2006, 5(5): 463 – 476.

[41] Michiardi P, Molva R. Analysis of coalition formation and cooperation strategies in mobile ad hoc networks [J]. Ad Hoc Networks, 2005, 3(2): 193 – 219.

[42] Srinivasan V, Nuggehalli P, Chiasserini C F, et al. Cooperation in wireless ad hoc networks[C]. Twenty – Second Annual Joint Conference of the IEEE Computer and Communications (INFOCOM 2003), 2003: 808 – 817.

[43] Félegyházi M, Buttyán L, Hubaux J P. Equilibrium analysis of packet forwarding strategies in wireless ad hoc networks – the static case[C]. Personal Wireless Communications, 2003: 776 – 789.

[44] Altman E, Kherani A A, Michiardi P, et al. Non – cooperative forwarding in ad – hoc networks[C]. 4th International IFIP – TC6 Networking Conference, 2005: 486 – 498.

[45] Axelrod R M. The evolution of cooperation[M]. New York: Basic Books, 1984.

[46] DaSilva L A, Srivastava V. Node participation in peer – to – peer and ad hoc networks: A game theoretic formulation[C]. Workshop on Games and Emergent Behavior in Distributed Computing Environments, 2004: 1 – 8.

[47] Johansson R, Xiong N, Christensen H I. A game theoretic model for management of mobile sensors[C]. Proceedings of the 6th International Conference on Information Fusion, 2003: 583 – 590.

[48] Shenker S J. Making greed work in networks: a game – theoretic analysis of switch service disciplines[J]. IEEE/ACM Transactions on Networking, 1995, 3(6): 819 – 831.

[49] Garg R, Kamra A, Khurana V. A game – theoretic approach towards congestion control in communication net-

works[J]. ACM SIGCOMM Computer Communication Review, 2002, 32(3): 47 – 61.

[50] Akella A, Seshan S, Karp R, et al. Selfish behavior and stability of the Internet: a game – theoretic analysis of TCP[J]. ACM SIGCOMM Computer Communication Review, 2002, 32(4): 117 – 130.

[51] Buttyán L, Hubaux J P. Stimulating cooperation in self – organizing mobile ad hoc networks[J]. Mobile Networks and Applications, 2003, 8(5): 579 – 592.

[52] Zhong S, Chen J, Yang Y R. Sprite: A simple, cheat – proof, credit – based system for mobile ad – hoc networks[C]. Twenty – Second Annual Joint Conference of the IEEE Computer and Communications, 2003: 1987 – 1997.

[53] Crowcroft J, Gibbens R, Kelly F, et al. Modelling incentives for collaboration in mobile ad hoc networks[J]. Performance Evaluation, 2004, 57(4): 427 – 439.

[54] Eidenbenz S, Resta G, Santi P. Commit: A sender – centric truthful and energy – efficient routing protocol for ad hoc networks with selfish nodes[C]. Proceedings of the 19th IEEE International Parallel and Distributed Processing Symposium, 2005: 239 – 248.

[55] Anderegg L, Eidenbenz S. Ad hoc – VCG: a truthful and cost – efficient routing protocol for mobile ad hoc networks with selfish agents[C]. Proceedings of the 9th Annual International Conference on Mobile Computing and Networking, 2003: 245 – 259.

[56] Wang W Z, Li X Y, Wang Y. Truthful multicast routing in selfish wireless networks[C]. Proceedings of the 10th Annual International Conference on Mobile Computing and Networking, 2004: 245 – 259.

[57] Qiu Y, Marbach P. Bandwidth allocation in ad hoc networks: A price – based approach[C]. Twenty – Second Annual Joint Conference of the IEEE Computer and Communications, 2003: 797 – 807.

[58] Xue Y, Li B, Nahrstedt K. Price – based resource allocation in wireless ad hoc networks[C]. 2003 Proceedings of the 11th International Workshop, 2003: 79 – 96.

[59] Refaei M T, Srivastava V, DaSilva L, et al. A reputation – based mechanism for isolating selfish nodes in ad hoc networks[C]. The Second Annual International Conference on Mobile and Ubiquitous Systems, Networking and Services, 2005: 3 – 11.

[60] 许力, 陈志德, 黄川. 博弈理论在无线网络中的应用[M]. 北京: 科学出版社, 2012.

[61] Facchini C, Granelli F. Game theory as a tool for modeling cross – layer interactions[C]. IEEE International Conference on Communications, 2009: 1 – 5.

[62] Meshkati F, Poor H V, Schwartz S C, et al. Energy – efficient resource allocation in wireless networks with quality – of – service constraints[C]. International Wireless Communications and Mobile Computing conference. Vancouver, 2006: 3406 – 3414

[63] Lu Z, Wen X M, Ju Y, et al. Distributed cross – layer design for video applications based on potential games [J]. Journal of Information & Computational Science, 2011, 12(8): 2411 – 2421.

[64] Kim H, Lee H, Lee S. A cross – layer optimization for energy – efficient MAC protocol with delay and rate constraints[C]. IEEE International Conference on Acoustics, Speech and Signal Processing, 2011: 2336 – 2339.

[65] Xiao J, Xiong N, Yang L T, et al. A joint selfish routing and channel assignment game in wireless mesh networks[J]. Computer Communications, 2008, 31(7): 1447 – 1459.

[66] Cominetti R, Guzmán C. Network congestion control with Markovian multipath routing[C]. 5th International Conference on Network Games, Control and Optimization, 2011: 1 – 8.

[67] Yuan J, Li Z P, Yu W, et al. A cross – layer optimization framework for multihop multicast in wireless mesh networks[J]. IEEE Journal on Selected Areas in Communications, 2006, 24(11): 2092 – 2103.

[68] MacKenzie A B, DaSilva L A. Game theory for wireless engineers[J]. Synthesis Lectures on Communications, 2006, 1(1): 1 - 86.

[69] Papadimitriou C. Algorithms, games, and the internet[C]. Proceedings of the thirty - third annual ACM symposium on Theory of computing, 2001: 749 - 753.

[70] Abreu D, Pearce D, Stacchetti E. Toward a theory of discounted repeated games with imperfect monitoring [J]. Econometrica: Journal of the Econometric Society, 1990, 58(5): 1041 - 1063.

[71] Neel J, Buehrer R M, Reed B H, et al. Game theoretic analysis of a network of cognitive radios[C]. The 45th Midwest Symposium on Circuits and Systems, 2002: Ⅲ -409 - Ⅲ -412.

第4章 无线网络中基于博弈论的功率控制

博弈论在无线网络中的应用涉及多个方面,无论物理层、MAC 层、网络层,还是传输层、应用层,均可运用博弈论的模型和方法分析相关的问题[1]。目前,大量应用主要集中于物理层、MAC 层和网络层。在物理层中,功率控制和波形自适应是研究的重点。

在无线网络,尤其是无线 ad hoc 网络中,通信节点或终端是能量受限系统,良好的功率控制对节约能量、延长节点工作时间是非常有益的。另外,由于无线网络系统是在开放的电磁环境中,通信设备之间通常存在相互干扰,进行有效的功率控制可以减少设备间的相互干扰,提高通信容量。对于以直扩为基础的 CDMA 系统,由于存在"远近效应",有效的功率控制是系统正常工作、减少设备间多址干扰、增强系统容量的必要措施。在现行的无线通信系统中,尤其是 CDMA 系统中,功率控制问题已得到有效解决和成功运用。不同场景下的功率控制过程与博弈过程契合程度非常高,所以功率控制过程可以建模为一个博弈过程。本章讨论典型应用场景下的基于博弈论的功率控制问题。

4.1 蜂窝网络中的功率控制

文献[2]比较详细地研究了 CDMA 系统反向链路的功率控制问题,关键点是如何构建效用函数。在 CDMA 系统中,可以将用户的效用函数模型化为 SINR 的增函数及发射功率的减函数。通过增加发射功率,用户可以增加 SINR,如果一个用户增加发射功率对其他用户没有影响,此为一个局部优化的问题,每个用户自行决定增加的发射功率。可是,CDMA 系统中节点(用户)是相互干扰的,一个用户增加功率会对其他用户产生影响,致使其 SINR 降低,因而受影响的用户也试图通过增加功率来保持期望的 SINR。这样的结果是,系统中用户均以最大功率发射,导致系统干扰严重。在这样的博弈中,因为用户之间的决策是相互依赖和相互影响的,期望的收益需要折中考虑。

4.1.1 效用函数的选择

构建系统中用户的效用函数是功率控制博弈的关键,一般来说用户的效用函数涉及信干比(SIR)和发射功率两个主要因素。发射功率不仅关乎信干比,而且与电池寿命有关。考虑有 N 个用户的 CDMA 无线系统,用户信息传输速度为

$R(\text{b/s})$，带宽为 $W(\text{Hz})$。如果 h_{jk} 为从移动台 j 到基站 k 的路径增益，σ_k^2 为基站 k 接收机处背景噪声，则在基站 k 处接收用户 j 信号的 SIR 可写为

$$\text{SIR}_{jk} = \gamma_{jk} = \frac{W}{R} \frac{h_{jk}p_j}{\sum\limits_{\forall i \neq j} h_{ik}p_i + \sigma_k^2} \qquad (4-1)$$

式中：W/R 为扩频系统的处理增益；p_j 为用户 j 的发射功率。

效用函数具有以下期望的性质[3,4]：

（1）效用函数（u_j）对于固定发射功率来说，是用户 SIR（γ_j）的单调增函数，即

$$\frac{\partial u_j(p_j,\gamma_j)}{\partial \gamma_j} > 0, \quad \forall \gamma_j, p_j > 0 \qquad (4-2)$$

（2）效用函数对于大的 SIR 值服从逐渐减弱的边际效用定理，即

$$\lim_{\gamma_j \to \infty} \frac{\partial u_j(p_j,\gamma_j)}{\partial \gamma_j} = 0, \ p_j > 0 \qquad (4-3)$$

进一步假设效用函数是 SIR 的非负函数，当 $\gamma_j = 0$ 时，假设效用函数为 0。

（3）效用函数是发射功率的单调减函数（固定 SIR），即

$$\frac{\partial u_j(p_j,\gamma_j)}{\partial p_j} < 0, \quad \forall \gamma_j, p_j > 0 \qquad (4-4)$$

（4）在极限情况下，功率趋于 0，效用函数的值也趋于 0，即

$$\lim_{p_j \to 0} u_j = 0 \qquad (4-5)$$

（5）在极限情况下，发射功率趋于无穷，效用函数的值趋于 0，即

$$\lim_{p_j \to \infty} u_j = 0 \qquad (4-6)$$

上述性质将帮助人们建立有意义的效用函数。

对于数据通信，以数据包的形式发送信息。假设在接收的信号中检测所有的错误，出错的数据必须重发，则取得的吞吐量表示为[4]

$$T = Rf(\gamma) \qquad (4-7)$$

式中：$f(\gamma)$ 为传输协议的效率测量函数。

注意：协议的效率必须取决于信道上的 SIR，其值从 0 到 1 变化，即 $f(\gamma) \in [0, 1]$。更高的 SIR 意味着更低的 BER，因此协议的效率将更高。更进一步，假设用户 j 的电池能量容量为 E，定义效用函数 $u_j(p_j,\gamma_j)$，为一个用户在其电池寿命中能够从网络中正确传输的总的比特数。因此，效用函数为

$$u_j(p_j,\gamma_j) = \frac{E}{p_j} Rf(\gamma) \ (\text{bit}) \qquad (4-8)$$

考虑简单的高斯信道的情况,所有用户共享相同的频率带宽。高斯信道的比特差错率 P_e 是 SIR 的函数(对于频移键控来说),即

$$P_e = Q(\sqrt{\gamma}) \approx 0.5 \times e^{-0.5\gamma} \tag{4-9}$$

假设发送的信息分组长度为 L。更进一步,假设当且仅当分组中所有比特都正确接收时,分组才是有用的。用 P_c 表示正确接收分组的概率。使用 P_c 作为效率函数 $f(\gamma)$ 是非常诱人的,但也存在一些缺点,因为对应的效用函数为

$$u_j(p_j, \gamma_j) = \frac{ER}{p_j}(1 - 0.5 \times e^{-0.5\gamma_j})^L \tag{4-10}$$

效用函数的这种选择将导致某些退化的解。由于 SIR $= 0$ 时,效率函数 $f(\gamma)$ 并非为 0,而取值为 $(1-0.5)^L = 0.5^L$。得到固定的 $f(\gamma)$ 值,但零功率。因此,效用函数并不满足性质(4),理论上在零功率处用户可以得到无限的效用。为克服这种情况,即希望当功率减为 0 时,效用函数接近于 0,于是采用效率函数

$$f(\gamma) = (1 - e^{-0.5\gamma})^L \tag{4-11}$$

这样,效用函数成为

$$u_j(p_j, \gamma_j) = \frac{ER}{p_j}(1 - e^{-0.5\gamma_j})^L \tag{4-12}$$

以方程(4-12)作为功率函数的效用函数如图 4-1 所示。

若用户发射功率太低,则该用户的信号被基站接收时,将会因 SINR 太低而伤害用户的性能;如果用户发射功率太高,将耗费宝贵的电池功率,同时对于基站接收其他用户信号产生干扰,这反映在 $p_i \to \infty$ 时,效用也下降。

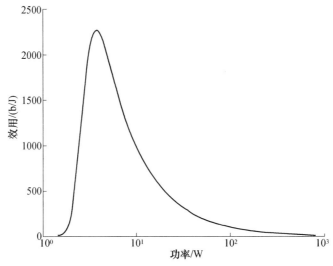

图 4-1   用户效用与发射功率的关系曲线

4.1.2　基于效用函数的功率控制

为最大化其效用函数,每个用户都以自私的方式调整功率,这是典型的非合作功率控制博弈的情形。非合作功率控制博弈可表示为

$$\max_{p_i} u_i(p_1, p_2, \cdots, p_i, \cdots, p_N), p_i \in S_i, \forall i = 1, 2, \cdots, N \qquad (4-13)$$

式中:S_i(用户 i 的策略空间)为用户 i 可用功率值的集合,假设每个用户 i 的策略空间 S_i 是其功率 p_i 的连续函数。联合策略空间 $S = S_1 \times S_2 \times \cdots \times S_N$ 为各个用户策略空间的笛卡儿积。限制每个用户的策略空间 $S_i = [0, \infty)$,$\forall i = 1, 2, \cdots, N$。

方程(4-13)意味着,每个用户最大化效用函数时假设其他用户的功率由外界给定。当所有用户满足给定的效用时,迭代将收敛于一个均衡点。均衡的必要条件可表示为

$$\frac{\mathrm{d}u_j}{\mathrm{d}p_j} = 0, j = 1, 2, \cdots, N \qquad (4-14)$$

等效为

$$f(\gamma^*) = \gamma^* \times f'(\gamma^*) \qquad (4-15)$$

观察最终的方程(4-15),得到事实:一阶条件对每个用户是相同的,仅是用户 SIR 的函数。每个用户的效用在某个 SIR 的值 γ^* 达到一个极端点(均衡)。上面提出的非合作均衡问题变为求一个功率矢量 $\boldsymbol{p}^* = [p_1^*, p_2^*, \cdots, p_N^*]$,满足

$$\gamma_k^* = J, \forall k = 1, 2, \cdots, N \qquad (4-16)$$

式中:J 为常数。

值得注意的是:可能有多个 SIR 或没有 SIR 满足一阶均衡条件方程(4-15),这个问题将在后面讨论。现在,假设仅有一个 γ^* 满足方程(4-15)。

从方程(4-1)可以看到,方程(4-16)的系统将转换为有 N 个未知数的线性齐次方程,其中 N 是共享信道的用户数。N 个线性齐次方程为

$$\frac{W}{R} \frac{h_{ii}p_i^*}{\sum_{j=1, j \neq i}^{N} h_{ji}p_j^* + \sigma_i^2} = J, \forall i = 1, 2, \cdots, N \qquad (4-17)$$

方程(4-16)的目标结合信噪比定义,则方程(4-17)矩阵的形式为

$$\boldsymbol{p}^* \left[\boldsymbol{I} - \gamma^* \frac{R}{W} \boldsymbol{F} \right] = \boldsymbol{u} \qquad (4-18)$$

式中:$\boldsymbol{I}$ 为 $N \times N$ 阶单位阵;$\boldsymbol{F}$ 为非负的矩阵,即

$$F_{ji} = \begin{cases} 0, & i = j \\ h_{ji}/h_{ii}, & i \neq j \end{cases} \qquad (4-19)$$

$\boldsymbol{u}$ 为具有下列元素的矢量,即

$$u_i = \frac{\gamma^* R \sigma_i^2}{W h_{ii}} \qquad (4-20)$$

定理 4.1 如果矩阵 F 的佩龙-弗罗宾尼斯定理(Perron-Frobenius)特征值满足

$$e_F < \frac{W}{R} \frac{1}{\gamma^*} \qquad (4-21)$$

则存在功率矢量 p^* 是可用的(方程(4-18)的解)。式中:e_F 为 Perron-Frobenius 特征值,定义为矩阵 F 中最大的特征值。

4.1.3　纳什均衡的存在性及非合作均衡性质

第 2 章已给出纳什均衡的定义,对于非合作功率控制博弈,数学上可以将 NE 表示为功率矢量 p^*,满足

$$u_i(\boldsymbol{p}^*) \geqslant u_i(p'_i, \boldsymbol{p}_{-i}), \forall p'_i \in S_i, i \in 1,2,\cdots,N$$

式中,$\boldsymbol{p}_{-i}$ 为包含除第 i 个用户外的所有用户功率矢量。

定理 4.2 对于方程(4-13)的非合作功率控制博弈存在一个唯一纳什均衡。

上述定理的证明用到方程(4-12)的效用函数是拟凹的事实及使用 Debreu 定理[5]。

对于非合作功率控制博弈,基站的接收功率呈现某些性质:

命题 4.1 在非合作均衡中,可以证明所有用户(属于同一蜂窝,用 y 表示)的接收功率在基站处都是相同的,或者

$$h_{iy} p_i^* = h_{jy} p_j^*, \ \forall i,j \in y \qquad (4-22)$$

前面已给出均衡的帕累托有效定义,这里针对非合作的功率控制博弈给出均衡的帕累托有效的定义。

定义 4.1 功率矢量 p^* 是帕累托有效的,当且仅当不存在矢量 p' 使得至少一个用户取得更高的效用,而其他用户保持效用不变或有所提高。换句话说,不存在功率矢量 p',使得 $u'_j > u_j^*$ 及 $u'_i \geqslant u_i^*$ ($\forall i=1,2,\cdots,N, i \neq j$,其中,$N$ 为蜂窝中的用户数)。

功率矢量 p^* 是帕累托有效的,对于任一其他的功率分配 p',如果一个用户改善效用,则至少存在一个其他用户效用降低,即对任意 $u'_j > u_j^*$,存在至少一个用户 i 有 $u'_i < u_i^*$。更进一步,如果没有这样的帕累托改善,则 p^* 是帕累托有效的。

定理 4.3 可以证明由方程(4-13)定义的博弈,其非合作均衡是帕累托无效的。

上述定理可从下列事实来证明,在均衡点存在一个值 α,如果所有用户在均衡点对其他用户的功率减少固定量 $\alpha < 1$,则所有用户将得到更高的效用。

解决帕累托效率的问题有两种思路:一种是引入代价函数的概念,让用户使用信道付出一定的代价,这一部分将在 4.4 节中详细讨论;另一种是改变博弈的形

式,通过某种机制来达到帕累托有效,最典型的是执法博弈和重复博弈。

4.1.4　执法博弈

如果基站作为执法者,将有可能得到纳什均衡的帕累托改善。在这种情况下,基站的功率控制功能仅体现在"强迫"用户工作点的选择上。数字仿真结果证明,执法博弈得到的结果是帕累托改善的。

关于这一点有很多种设计方法,下面仅考虑一种典型的例子。假设系统是期望公正的,即所有用户都具有相同的接收功率(有相同的信号干扰比),希望寻求一个接收功率水平,优化整个系统测量的某种性能。

考虑在所有用户选择其功率水平,基站有相同接收功率的情况下,单个用户选择的接收功率 $p_i = \tilde{p}_i h_i$。此时,如果 N 为当前蜂窝中的用户数,则用户 j 的信噪比为

$$\gamma_j = \frac{W}{R} \frac{\tilde{p}_j}{(N-1)\tilde{p}_j + \sigma^2} \tag{4-23}$$

用户 j 的效用函数为

$$u_j(\tilde{p}_j) = \frac{ERh_j}{\tilde{p}_j}\left(1 - \exp\left(\frac{-W}{2R}\frac{\tilde{p}_j}{(N-1)\tilde{p}_j + \sigma^2}\right)\right)^L \tag{4-24}$$

给定所有用户具有相同的接收功率且 $L>1$,可以证明 $u_j(\tilde{p}_j)$ 在 $\tilde{p}_j \in (0,\infty)$ 有一个局部最大值,且局部最大值是该域全局最大值。更进一步,该最大值是在所有用户接收功率相同情况下取得的,而不管其路径增益。显然,h_j 出现在 $u_j(\tilde{p}_j)$ 中只是乘性因子。因此,相同的 $\tilde{p}_j$ 将最大化 $u_j(\tilde{p}_j)$ 而不管 h_j 取何值。换句话说,所有用户期望相同的工作点,在此情况下所有用户将接收相同功率。最大化效用 $\tilde{p}_j$ 表示为 $\tilde{p}^*$。

相信所有用户接收功率为 $\tilde{p}^*$ 时,其发射功率是帕累托有效的。

为 $\tilde{p}^*$ 找到一个闭式表达式很难,而用数字化的方法确定 $\tilde{p}^*$ 值相对容易。此外,$\tilde{p}^*$ 值仅取决于系统参数(扩频因子、W/R 及分组长度 L)、蜂窝中的用户数量 N 及 AWGN 的水平 σ^2。由于这些参数在基站很容易得到,因此,基站可计算期望的接收功率,并将其通知给移动用户。相应地,单个用户可以利用基站提供的信息计算期望接收的功率。

最期望的工作点一旦确定,系统将惩罚接收功率高于所选阈值的任何用户。不可避免地,某些用户可能无意地超过该阈值。例如,一个终端遇到深衰落时可能低估它的路径增益而以过多的功率发射,系统将温和地处理这种情况。换句话说,惩罚将是恰当的,以保证用户更好地工作在全局期望的工作点上,对那些由于传输的原因用户性能严重受到损害而稍微增加发射功率的情况,惩罚并不苛刻。

假设具有接收功率 $\tilde{p}_j$ 的用户 j 的发射功率为 x,带宽为 W,接收功率高于目标

接收功率 $\tilde{p}_t$,用户信噪比将增加:

$$\Delta\gamma_j = \frac{W}{R}\frac{x}{(N-1)\tilde{p}_t + \sigma^2} \tag{4-25}$$

回顾用户 j 的误比特率为 $0.5\exp(-0.5\gamma_j)$,因此,γ_j 的增加将改善用户 j 的 BER。在选择工作点时,BER 乘以因子 $\exp(-0.5\Delta\gamma_j)$。

对于那些为改善其 BER 而伤害到其他用户的用户(犯规用户),基站将采取惩罚措施,即通过以一定概率 q_{bi} 随机置乱该用户数据分组中的比特来增加犯规用户的 BER。令用户的 BER 等于期望工作的 BER 是合适的惩罚。在这种情况下,用户将花费额外的功率来得到相同的 BER——致使其效用低于全局期望工作点。为得到这个结果,基站将按以下概率置乱数据比特:

$$q_{bi} = \frac{\exp(0.5\Delta\gamma_j)-1}{2[1-\exp(-0.5\gamma_j)]}\exp(-0.5\gamma_j) \tag{4-26}$$

为成功实施该方案,基站和移动终端之间必须传输某些信息:首先,基站必须通知所有用户在每个时刻的目标接收功率(或必须提供给用户当前系统的参数,以使用户能计算目标接收功率);其次,基站必须通知所有用户接收的发射功率水平。该功率控制的信息量,在简单的功率控制博弈和具有代价的功率控制博弈之间是类似的。

4.1.5 重复博弈

出于博弈论的观点及简化基站运行的目的,期望减少基站作为执法者的角色。然而为保持执法博弈的有效性,用户将约束自己。和前面介绍的基站不同,用户不能即刻惩罚背离者。用户识别另一个用户欺骗及做出反应需要一个时间间隔。

已经有人为寻找期望的工作点提出了一个迭代算法,博弈论分析假定功率控制博弈是单次博弈。换句话说,用户是短视的,关注的是效用函数的当前值。用户不考虑将来的行动结果。为允许在用户之间建立合作,将功率控制博弈建模为重复博弈是重要的。通过将该场景建模为重复博弈模型,用户在当前时刻所做的欺骗会被其他用户在将来时刻进行惩罚。

为建模重复博弈,希望功率控制博弈具有无限的时间范围。也就是说,用户总希望在下一个周期再次发送。正如前面介绍,重复博弈中的惩罚不是即时的。如果用户知道什么时候是最后一次发送,可能为自己谋利而采取欺骗,因为该用户即将撤出而不受惩罚。而无穷范围的假设是合情合理的,用户退出博弈通常有两种方式:一种是离开此蜂窝;另一种是停止在网络中活动。由中心决策者做出切换决策,用户将不能精确地预测是否移入一个新的蜂窝。如果网络被交互式使用,则移动终端不能确切预测用户什么时候完成任务。

假设离散时间模型在每个时隙、每个用户发送一个数据包。更进一步,假设用户知道先前时隙所有发射的接收功率水平。

每发送一个数据包,将增加一些效用,它通过使用与单次博弈相同的效用函数来计算。重复博弈的用户值通过每个数据包发送所取得的效用之和的贴现来计算。贴现率 $\delta \in (0,1)$,用于测量用户在将来博弈的效用值。如果 $u_n \mid_0^\infty$ 为用户在重复回合的单次博弈(发射数据包流)中所取得效用序列,则用户期望在重复博弈中最大化的效用表示为

$$u_{\text{rep}} = \sum_{n=0}^{\infty} u_n \delta^n \qquad (4-27)$$

假设 δ 非常接近于1。由于无线网络中数据包以很强的连续性到达,用户对当前数据包的评估与下一个数据包的评估相差不大。

现在考虑导致系统运行的实际策略选择,假设每个数据包被接收后,系统立即向所有用户广播蜂窝中的用户数及每个用户发送被接收到的功率。更进一步,假设所有合作用户是努力达到与执法博弈中相同的工作点。期望接收的功率要么由基站通知,要么在移动终端处计算。

只要没有用户超过期望的接收功率,系统就正常工作。如果用户超过期望的接收功率,则在下一个数据包期间其余的用户通过增加其功率到单次博弈的纳什均衡来惩罚该背离的用户。一旦实施了合适的惩罚,系统便回到正常状态。依照仿真,惩罚通常持续一个数据包发送时间。

只要没有欺骗,该重复博弈的工作点将与执法博弈的工作点相同。实际上,在重复博弈系统中,惩罚一个用户通常会导致系统中其他用户性能下降。

现在考虑相同博弈重复进行。可以设计策略,如果其中一个用户选择自私的行动(增加发射功率到损害其他用户的 SINR),它将被其他用户惩罚。如果用户的目标是通过博弈的若干阶段后最大化其效用,且博弈在无限的时间范围内进行,惩罚的威胁将导致帕雷托有效均衡。

4.1.6 不同功率控制方案的比较

文献[2]将执法博弈和重复博弈功率控制方案与文献[6]中提出的基于代价的功率控制方案进行比较。假设系统中有 9 个用户,每个用户在距圆形基站 5km 的范围内均匀分布,用户距基站最近为 1.42km,而最远为 4.74km。

使用 Hata 模型的 PCS 扩展预测大尺度传播损耗,假设中心频率为 1.9GHz,有效的移动高度为 2m,基站的高度为 80m。分组长度为 64b($L=64$),传输速率为 10kb/s($R=10000\text{b/s}$),带宽扩展因子为 100($W/R=100$),在基站处的高斯加性白噪声功率为 $\sigma^2 = 5 \times 10^{-15}W$。仿真结果如图 4-2 和图 4-3 所示。图 4-2 显示了用户的效用与其距基站距离的关系,图 4-3 显示了用户的功率与其距基站距离

的关系。可以看到,执法博弈和重复博弈提供的帕累托改善在线性定价方案中是最好的。

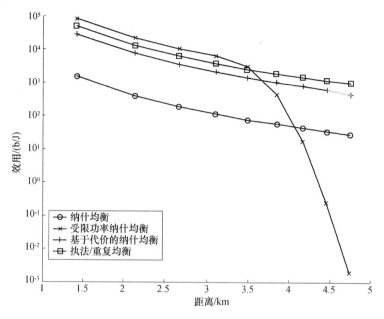

图 4 - 2　用户效用与距基站距离的关系

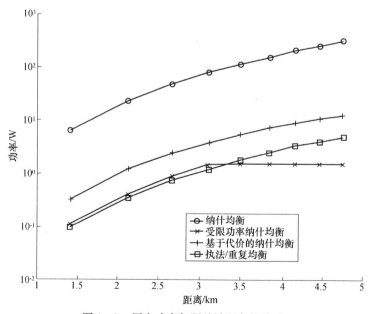

图 4 - 3　用户功率与距基站距离的关系

利用博弈论进行功率控制是一个非常有效的方案。通过仿真两种功率控制方案,其结果是全局最优的,而且利用博弈论的方法可以消除自私节点(用户)的威胁。

4.2　无线 ad hoc 网络中的功率控制

　　无线 ad hoc 网络具有自组织、无中心、多跳的特点,是一种被广泛应用的网络,每个节点具有移动性和能量受限性,而且网络容量有限。在这样的系统中,实行功率控制可有效地减少干扰,改善系统性能。已经证明,博弈论是研究无线 ad hoc 网络资源分配问题的有效工具,通常将无线 ad hoc 网络中的功率控制问题建模为非合作博弈。假设系统中的用户是理性的和自私的,每个用户对其他用户行动的最优响应是取得最大效用。下面分析无线 ad hoc 网络的博弈建模问题[7]。

4.2.1　系统模型

　　考虑无线数据网络链路集合 $\mathbb{N} = \{1,2,\cdots,N\}$,链路包括发送节点 TX_i 和期望的接收节点 RX_i。对每个链路,发送功率由信道条件和干扰水平决定,以便取得长时平均吞吐量的最大化。对于 TX_j 到 RX_i 的时变信道增益建模为

$$c_{ij}(t) = g_{ij}h_{ij}(t)$$

式中:g_{ij} 为大尺度衰落部分,包含路径损失和阴影;h_{ij} 为归一化的小尺度多径衰落部分,假设多径衰落是快速变化的,发射节点不能捕获 h_{ij} 的瞬时值。

　　发射功率调整的周期大于信道相干时间。换句话说,大尺度衰落 g_{ij} 是慢变化的,在功率调整期间基本保持不变。定义功率调整周期为一个时隙。假设上述信道在一般无线移动环境下都是成立的。

　　信息的发送速率由速率－功率函数确定。由于某条链路上的通信速率受其他链路干扰的影响,在一个时隙内取得的传输速率可以用 SINR 估计。令 p_i 为 TX_i 的发射功率,η_i 为在 RX_i 处观测到的噪声功率,θ_{ij} 为 TX_i 和 TX_j 之间的归一化的波形互相关。为使标识更清楚,功率增益重新定义为包含互相关:

$$g_{ij}: = \theta_{ij}g_{ij}$$

　　定义有效的干扰 I_i 为 RX_i 在一个小尺度衰落期间观察到的平均值,即

$$I_i = \frac{1}{g_{ii}}\left(\sum_{j\neq i}g_{ij}p_j + \eta_i\right) \tag{4-28}$$

则速率表示为功率和干扰的函数,即

$$R_i(p_i,I_i) = E_{h_i}\left\{\ln\left[1 + \frac{g_{ii}h_{ii}p_i}{\sum\limits_{j\neq i}g_{ij}h_{ij}p_j + \eta_i}\right]\right\}$$

$$\geq E_{h_{ii}}\left\{\ln\left[1 + \frac{h_{ii}p_i(I_i)}{I_i}\right]\right\} = e^x\int_x^\infty \frac{e^{-t}}{t}dt \tag{4-29}$$

105

式中

$$\boldsymbol{h}_i : = [h_{i1}, h_{i2}, \cdots, h_{iN}], \quad x : = \frac{I_i}{p_i(I_i)}$$

由于 $\boldsymbol{h}_i$ 中的元素是独立的,可对式(4-29)中的每个 h_{ij} 取期望值。

网络为分布式系统,没有中心协调者,因此,有效干扰 I_i 是在 TX$_i$ 处通过反馈信道从 RX$_i$ 得到的唯一可用信息。功率 p_i 的调整依据是这个有效干扰,以最大化链路 i 上的平均可用速率。因此,链路 i 取得的平均发送速率定义为概率密度函数(PDF)$f(I_i)$ 上期望可取得的传输速率,即

$$\bar{R}_i : = E_{I_i}[R_i(p_i, I_i)] = \int_0^\infty R_i(p_i(I_i), I_i) f(I_i) \, dI_i \qquad (4-30)$$

4.2.2 最大化吞吐量的非合作控制博弈

在分布式无线网络中,因为需要花费大量的信令,因此收集所有节点的信息以达到最优化资源分配是不切实际的。每个节点作为自私的个体,在平均功率约束下都试图最大化其性能。

定义式(4-30)中的平均可用速率作为性能测量指标,即每个节点与其他节点竞争时依照有效干扰信息调整其功率,以便最大化平均可用速率。

令 $G = [\mathbb{N}, \{p_i\}, \{R_i\}]$ 为非合作功率控制博弈,$\boldsymbol{p} = [p_1, p_2, \cdots, p_N]$ 为 NPG 中依照有效干扰信息所选择的功率水平。从链路 i 取得的平均可用速率 $\bar{R}_i = E[R_i(\boldsymbol{p})]$,也可表示为 $\bar{R}_i = E[R_i(p_i, \boldsymbol{p}_{-i})]$,其中,$\boldsymbol{p}_{-i}$ 为 $\boldsymbol{p}$ 去除第 i 个元素之外的功率矢量。由于平均速率 R_i 为 I_i 的函数,而 I_i 为 $\boldsymbol{p}_{-i}$ 的函数,因此,第 i 个节点的平均速率不仅取决于 p_i,而且取决于其他节点的功率选择。

假设 TX$_i$ 的平均功率限制为 $\bar{p}_i$,每个节点对于有效干扰 $I_i(\boldsymbol{p}_{-i})$ 调整功率以便最大化平均可用速率。节点 TX$_i$ 对于给定 I_i 的最优响应表示为

$$p_i^* : = F_i(I_i) = \arg \max_{E[p_i(I_i)] \leqslant \bar{p}_i} \bar{R}_i$$

1. 最优功率控制

对于所有 $i \in \mathbb{N}$,最优功率 p_i^* 为下列问题的最优化:

$$\begin{cases} \max_{p_i} & \bar{R}_i \\ \text{s. t.} & E[p_i(I_i)] \leqslant \bar{p}_i \\ & p_i(I_i) \geqslant 0 \end{cases} \qquad (4-31)$$

使用约束条件下的拉格朗日乘子,积分表示为

$$L_i = \int_{I_i} [R_i(p_i(I_i), I_i) - \lambda_i p_i(I_i)] f(I_i) \, dI_i$$

式中:λ_i 为拉格朗日乘子,它独立于 I_i。

可以证明 R_i 是 p_i 的凹函数,因此欧拉 – 拉格朗日方程是最优化问题的充分和必要条件。应用欧拉 – 拉格朗日方程可得

$$p_i^* = \frac{1}{\lambda_i}\left(1 - xe^x \int_x^\infty \frac{e^{-t}}{t}dt\right) \qquad (4-32)$$

式中:$x = \dfrac{I_i}{p_i^*(I_i)}$。可以证明,$p_i$ 对于任何 $I_i < \dfrac{1}{\lambda_i}$ 有唯一正的不动点解 $F_i(I_i)$。

一种功率控制函数如图 4 – 4 所示。可以看出,最优功率 p_i^* 是 I_i 的下降凸函数。更进一步,当 I_i 处于阈值 $1/\lambda_i$ 之上时,最优方案将是关闭发射功率,类似于注水策略。参数 λ_i 将由平均功率限制 $\bar{p}_i$ 确定。相反,可以调整 λ_i 值以确保长时功率限制。例如,减少长时功率消耗可通过增加 λ 值实现。另外,从图 4 – 4 还可以看出,最优功率分配上限为 $1/\lambda$。这在实际中是合理的,因为一般移动终端均为有限的峰值功率。

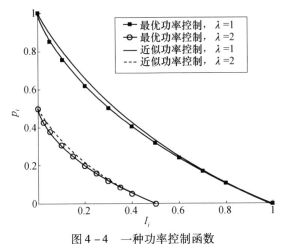

图 4 – 4　一种功率控制函数

然而,每一个节点通过调整其发射功率来最大化平均速率时,也对其他节点造成干扰,在功率控制博弈中每个结果都会相互作用。起始于 $p^{(0)}$,设功率调整以轮询的方式,功率矢量通过迭代方程调整:

$$p^{(n+1)} = F(p^{(n)}) \qquad (4-33)$$

式中:$F(p) = (F_1(p_{-1}), F_2(p_{-2}), \cdots, F_N(p_{-N}))$,每个 $F_i(p_{-i})$ 可以通过最优解式(4 – 32)得到。

这里,$F(p)$ 不能确保功率矢量 $p^{(n)}$ 收敛到不动点。

2. 迭代函数的构造

可以通过构造一个确保收敛的迭代功率调整函数 $J(p)$,取得近似最优性能,但迭代函数需要具有从式(4 – 32)中推导出最优解 $F_i(p_{-i})$ 的类似性质。尤其,迭

代函数 $J_i(I_i)$ 必须包含 $(1/\lambda_i, 0)$ 及 $(0, 1/\lambda_i)$ 的极限点,它也是 I_i 下降的凸函数。

为完成上述约束情况下的迭代函数构建,近似地用方程(4-34)解方程(4-33):

$$p_i = \min\left[\left(\frac{2}{\lambda_i^2 I_i + \lambda_i} - \frac{1}{\lambda_i} \right)^+, \frac{1}{\lambda_i} \right] \qquad (4-34)$$

式中:$(x)^+ = \max(0, x)$。

近似功率控制的最优响应函数如图4-4所示。下面证明迭代算法如何收敛。定义新变量 q_i,且令

$$q_i = J_i(\boldsymbol{q}_{-i}) = \frac{2}{\lambda_i^2 I_i + \lambda_i} \qquad (4-35)$$

因此

$$p_i = \min\left[\left(q_i - \frac{1}{\lambda_i} \right)^+, \frac{1}{\lambda_i} \right] \qquad (4-36)$$

矢量 $\boldsymbol{q}$ 由下列迭代方程调整:

$$\boldsymbol{q}^{(n+1)} = J(\boldsymbol{q}^{(n)}) \qquad (4-37)$$

需要证明该迭代函数是 Ⅱ 型标准,即若如下不等式成立

$$\frac{\eta_i}{g_{ii}} + \frac{1}{\lambda_i} - \sum_{i \neq j} \frac{g_{ij}}{g_{ii} \lambda_j} > 0 \qquad (4-38)$$

则 J 满足下列两个条件[8]:

(1) Ⅱ 型单调性:如果 $\boldsymbol{q} \leqslant \boldsymbol{q}'$,则 $J(\boldsymbol{q}) \geqslant J(\boldsymbol{q}')$。

(2) Ⅱ 型伸缩性:对于所有 $\alpha > 1$,$J(\alpha\boldsymbol{q}) \geqslant \left(\frac{1}{\alpha} \right) J(\boldsymbol{q})$。

注意:条件式(4-38)成立的原因是在实际系统中总有 $g_{ij} \ll g_{ii}$。

证明:很明显,J 满足单调性。因此,只证明 J 满足伸缩性。重新安排式(4-36),对 $i = 1, 2, \cdots, N$,有

$$J_i(\boldsymbol{q}) = \frac{2}{\lambda^2} \frac{1}{\left(\sum_{j \neq i} \frac{g_{ij}}{g_{ii}} q_j \right) + \frac{\eta_i}{g_{ii}} + \frac{1}{\lambda_i} - \sum_{j \neq i} \frac{g_{ij}}{g_{ii}} \frac{1}{\lambda_j}}$$

从上面方程很容易观察到,如果

$$\frac{\eta_i}{g_{ii}} + \frac{1}{\lambda_i} - \sum_{j \neq i} \frac{g_{ij}}{g_{ii} \lambda_j} > 0$$

则对 $\alpha > 1$,有

$$J_i(\alpha\boldsymbol{q}) > \frac{1}{\alpha} J_i(\boldsymbol{q})$$

因此,若满足式(4-38),则迭代函数 J 为 Ⅱ 型标准。

对于每个节点功率调整的迭代总结如下：

（1）设置一个初始值。令

$$p^{(0)} = p_{\max}, \lambda_i^{(0)} = \frac{1}{p_{\max}}$$

（2）每 M 个时隙（$M \geq 50$）的长时调整。

在 M 个时隙中，测量平均功率消耗 $\bar{p}_i'$，并将 $\bar{p}_i'$ 与平均功率限制 $\bar{p}_i$ 作比较，依 $\lambda_i^{(n+1)} = \lambda_i^{(n)} + \Delta(\bar{p}_i' - \bar{p}_i)$ 调整 λ_i，其中，Δ 为调整步幅。

（3）每个时隙的短时调整。

依照式（4 - 37）调整矢量 q，然后基于 $q^{(n+1)}$ 用式（4 - 36）计算 $p^{(n+1)}$。

不同于传统的支持话音业务的无线网络，没有必要在所有时间保持恒定的 SINR。所提出的最优功率分配是有效干扰的减函数。另外，最大功率限制在 $1/\lambda$ 之内，因此，最大吞吐量非合作功率控制博弈（Maximum Throughput Non-cooperative Power Control Game, MT-NPG）将永远不会使功率突然增加，即使系统中有无限数目的节点。可是，随着节点的增多，式（4 - 38）将不再成立。关注满足式（4 - 38）的系统，这样 MT-NPG 系统将具有下列性质：

（1）由于功率分配是有界的，因此存在不动点。

（2）不动点是唯一的。

（3）功率矢量 P 收敛到固定点 P^*。

（4）如果起始功率是最大功率，由 MT-NPG 所产生的功率矢量序列是单调降的，且收敛到 P^*；如果是 0 矢量，则序列增加收敛到 P^*；

（5）对所有 $i = 1, 2, \cdots, N, \lambda_i$ 的值越大，p_i^* 值越小。

这些性质可以应用文献[8]中的定理予以证明。

下面比较 Sung 的机会式功率算法（Sung's Opportunistic Power Algorithm, SOPA）和 MT-NPG 算法的性能。SOPA 算法的原理是保持一个恒定的信号干扰积 α，相关的迭代函数为

$$F_p = \frac{\alpha}{I(p)}$$

文献[7]给出的仿真的网络在 $10\text{m} \times 10\text{m}$ 范围内，分别有 3、6、9 条链路。发送机和接收机以均匀分布的方式置于该区域内。假设路径损失指数为 4（没有阴影损失），节点之间的互相关值为 0.01。每条链路遭受瑞利（Rayleigh）衰落。设噪声功率 $\eta_i = 0.1$，随机产生 $L = 15000$ 个场景。图 4 - 5 给出了 SOPA、MT-NPG 总的平均吞吐量与每个用户功率耗费的关系比较曲线。对于 SOPA，通过调整目标信号干扰积 α 得到曲线，α 越大，功率耗费越大；对于 MT-NPG，通过调整 λ 得到平均功率限，λ 越大，功率耗费越小。MT-NPG 取得的吞吐率比 SOPA 高 13% ～ 50%。

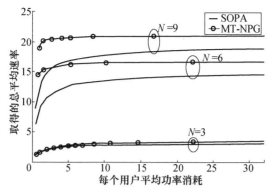

图 4 - 5 　总的平均速率与每个用户功率消耗的关系

4.3　认知无线电中的功率控制

自 Joseph Mitola 博士于 1999 年提出认知无线电概念后[9]，引起了业界的广泛关注。近 10 多年来，就认知无线电议题的各方面进行了深入的研究和讨论。博弈论作为有效的工具，普遍运用于认知无线电的功率控制、动态频谱接入、频谱资源管理等方面。在讨论认知无线电中的功率控制模型和算法之前，首先阐述整个认知无线电系统的博弈建模问题。

4.3.1　认知无线电各要素与博弈论各部分之间的映射

Mitola 博士提出的认知周期如图 4 - 6 所示。由图 4 - 6 可以看出，认知无线电以观察感知或信令的方式，获取关于其工作环境的信息，然后对该信息进行评估以确定其重要程度。

基于这些评估，无线电确定其方案，即选择一种最能提高评估结果的方案。假设需要改变波形，这时无线电做出行动，调整后发出合适的信号，这种改变反映在认知无线电所处的外部世界的干扰组合中。作为该过程的一部分，认知无线电通过观察及决策改善无线电的工作。认知周期中各环节的相互作用与博弈过程具有非常好的一致性。

每个认知无线电对应博弈中的参与者，参数的调整对应博弈中的行动集合（或策略集合），认知无线电最终期望达到的目标对应博弈中的效用函数。认知周期与博弈组成部分的映射关系见表 4 - 1 所列。观察是决策的基础。值得注意的是，认知无线电从外部环境观察取得信息，然后进行评估，最终选择方案。这个过程是认知无线电中最重要的过程，即学习过程，但在博弈模型中似乎没有体现出来。这既不是博弈论的失察，也不是博弈论的限制。其实，在进行决策、选择参数以适于当前环境的过程中，学习已不知不觉地执行了。

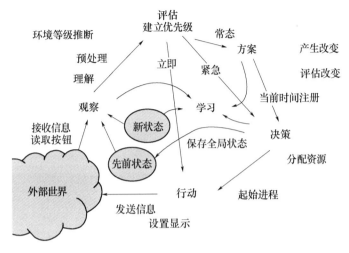

图 4 - 6　认知周期

表 4 - 1　认知周期与博弈组成部分的映射关系

博弈⇔认知无线电网络
参与者⇔认知无线电
行动⇔调整相关参数
效用函数⇔目标
结果空间⇔外部世界
效用函数讨论⇔观察/调整
博弈次序⇔调整定时

4.3.2　基于博弈论的认知无线电网络功率控制算法

从认知无线电的工作原理来看,认知无线电网络本质上就是频谱共享系统,各同信道用户之间会形成互相干扰,对无线资源的使用存在竞争关系。为平衡授权用户与认知用户之间的利益关系,需要对认知用户的发射功率进行控制。而从博弈论的观点来看,对认知用户的功率控制过程就是用户为了最优化自己的目标函数而进行博弈的过程。所以,认知无线电环境中的功率控制过程可用博弈框架来建模。

在博弈框架中,认知无线电用户——"参与者",可供用户选择的功率水平集合即构成了策略集。用户选择功率水平的过程就是"参与者"进行博弈的过程。用户之间的互相干扰问题由每个用户对获得的均衡结果的影响表示,每个用户根据效用函数表示的目标(如信噪比)评估所获得的均衡结果的优劣。

假设这些用户是"理性"的("理性"是指不管其他认知用户如何选择策略,只选择使自己的收益最大化的策略），也知道其他用户是"理性"的，只能依靠自身的局部可用信息调节自己的行为，并且这种调节行为是独立的，与其他用户的调节互不干涉，那么这些特征正好与非合作博弈中的不完全信息静态博弈的特征相吻合。

反之，如果网络中的每个用户知道其他用户的策略信息，并且知道如何利用这些信息来调节自己的策略，以达到最优化目标函数的效果，那么此时就相当于寻找合作博弈的均衡结果。

综上所述，认知无线电网络中的功率控制过程分为合作与非合作两种模式。

在合作情况下，网络用户之间的传输功率控制问题可简化为优化控制论问题，当所有参与者的效用函数达到最优化时，网络性能也达到最优化。由于最终的均衡收益是基于网络中所有用户信息而得到的，所以此均衡收益是全局最优的。但这在实际中难以实行，因此，一般将合作均衡的结果作为测算实际算法性能的上界。

在非合作情况下，网络用户间的功率分配问题可看作非合作的博弈，即"理性"的认知用户如何在不超过干扰温度容限的条件下使自己的收益最大。当然，这个"最大收益"并不一定是对认知用户最有利的结果，也不意味着对所有认知用户而言的最大化，而是在不知道其他用户选择何种功率水平的前提下尽量保证自己的收益最优化。因而，这个收益最优化只是个局部的、次最优化的均衡解。

与传统的无线网络不同，对认知无线电网络中的功率进行控制：一方面要确保授权用户的服务质量；另一方面要保证认知用户的服务质量。在认知无线电网络中，认知用户对授权用户的干扰以干扰温度作为衡量指标。为了确保授权用户的服务质量，要求认知用户对授权用户的累积干扰功率小于某一干扰温度容限。对于认知用户而言，其服务质量通常用接收信干比（或误码率）来衡量。一旦准许某个认知用户使用频谱资源，就要保证其接收信干比高于阈值。

认知无线电网络中的功率控制问题可描述为：在保证授权用户服务质量的前提下，以公平分配网络资源为目的，不断优化认知用户的传输功率，使用户以尽量少的能量耗费获得尽量高的效用和数据吞吐量，最终使网络内的所有认知用户均能达到最佳的通信性能。

1. 非合作功率控制基本模型

非合作功率控制博弈（Non-cooperative Power control Game，NPG）的基本模型为 $G = <\mathbb{N}, \{P_i\}, \{u_i\}>$，其中，$\mathbb{N} = \{1,2,\cdots,N\}$ 为系统中的认知用户数，P_i 为第 i 个认知用户可用的功率集合，每个用户选择的功率水平 $p_i \in P_i$，u_i 为用户 i 选用的效用函数。$\boldsymbol{p} = [p_1, p_2, \cdots, p_N]$ 为由所有用户选择的功率形成的功率矢量，对应于这个功率矢量，用户 i 得到的效用为 $u_i(\boldsymbol{p})$（也可用 $u_i(p_i, \boldsymbol{p}_{-i})$ 表示，其中，$\boldsymbol{p}_{-i} = [p_1, p_2, \cdots, p_{i-1}, p_{i+1}, \cdots, p_N]$ 为不包括用户 i 的功率水平的功率矢量）。如果每个用户只是根据本地可用信息分布式地选择功率水平，以追求效用函数的最大化，则

这种分布式功率选择过程即为非合作功率控制博弈。

表 4 - 2 列出了非合作功率控制博弈参数模型,直观地展现了功率控制问题的要素与博弈模型间的对应关系[3]。

表 4 - 2　非合作功率控制博弈参数模型

符号	系统含义	博弈含义
G	认知无线电网络的非合作功率控制博弈模型	非合作博弈
N	认知无线电网络中认知用户数,$N = \{1,2,\cdots,N\}$	参与者集合
i,j	认知无线电网络中两个不同的认知用户,$i,j \in N$	参与者
P_i	认知用户 i 的可用功率集合,$P_i = [p_i^{\min}, p_i^{\max}]$	参与者的策略集合
p_i	用户 i 从可用功率集合中选择的功率水平,$p_i \in P_i$	参与者策略
P	由所有认知用户的 P_i 的笛卡儿乘积形成的功率矢量空间 $P = P_1 \times P_2 \times \cdots \times P_N$	策略空间
p	由所有的认知用户选择的功率水平形成的功率矢量 $p = [p_1, p_2, \cdots, p_N]$	策略矢量
$u_i(p)$	认知用户 i 对应于功率矢量 p 得到的效用收益	效用函数

从非合作功率控制博弈模型中可以看出,效用函数 $u_i(p)$ 的设计对模型的性能具有重要影响,优化目标不同,效用函数表述形式也不相同。因此,合理地设计出满足用户需求的效用函数是功率控制问题博弈分析的关键。

2. 效用函数

在无线通信中,效用函数反映用户对选择某一策略后所得结果的满意程度(也是目标的一种衡量尺度),而用户的满意程度应根据话音和数据业务的质量确定。因此,在认知无线电网络中,效用函数用来评估认知用户从网络的一个状态中获得的收益。

1）效用函数的定义

定义 4.2　效用函数

效用函数 u 是从策略集合 A 到实数集合 $\mathbb{R}$ 的映射,记为:$u: A \to \mathbb{R}$。如果对于所有 $x, y \in A$,当且仅当 $u(x) \geq u(y)$ 时,策略 x 比策略 y 的满意度要高。

通常情况下,用户传输信息的误码率与信干比有直接关系,因此,若要使认知用户可靠地传输信息,接收端的信干比应作为衡量认知用户效用大小的一个重要指标。另外,随着对设备的移动性的需要,电源的能量消耗问题也应作为认知用户关心的一个指标。因此,效用函数实际上至少需要包含接收信干比和发射功率两个因素。认知用户总是希望以耗费最小的电量为代价获得最大的接收信干比。

2）效用函数的性质

4.1.1 节已经介绍了无线环境下效用函数的性质,这些性质对于认知无线电同样适用,这里就不再重复。

3) 效用函数的选取

如上所述,具体到非合作功率控制博弈的情形,其效用函数的选取,根据人们对无线网络性能的考察目标的不同,表达形式也有很大区别。目前具有代表性的效用函数形式主要有:

(1) 以最大化能量的使用效率为目标,Goodman 提出了一种效用函数[10,11]:发射端每耗费 1J 能量,接收端正确恢复的信息比特数是关于发射功率、分组包长度、比特速率、信干比、误码率及调制方式的函数。

(2) 以最大化系统吞吐量为目标,Sung 和 Wong 从信息论的角度研究了功率控制问题[12],在 Goodman 的效用函数基础上,将效用函数定义成关于吞吐量的函数,并且获得了不依赖于调制方式的效率函数的边界。

(3) 以最大化信道容量为目标,Fattahi 提出了一种基于香农信道容量的效用函数[13] $u_i = B_i \ln(1 + \gamma_i)$,其中,$B_i$、$\gamma_i$ 分别为信道带宽及用户的接收信干比,这种效用函数反映了用户的信道容量与信号信干比的关系。用户可以通过调整发射功率最大化各自的效用,而效用的大小取决于用户信号的信干比。因而,基于这种效用的功率控制易于实现。

(4) 从效用函数本身的性质考虑,Xiao 等人[14]设计了一种关于 SIR 的 S 型效用函数,并据此提出了一种基于效用的功率控制算法(UBPC),此算法可以使 SIR 的收敛值根据无线电环境的变化而自适应地变化,从而使用户以更有效的方式控制信息的传输。

下面以 Goodman 的效用函数构建过程为例来进行讨论,这个例子在前面的章节中提到过。

对于数据通信系统,一般是以数据包的形式发送信息的。假设系统(在认知无线电环境下的系统)发射的一帧数据包长为 M 比特,每帧数据包有 L 位信息比特($L < M$),发送数据的速率为 R(b/s),接收端用户 i 的信号信干比为 γ_i。假设一帧数据可以被接收机正确译码的概率(帧成功传输概率(FSR))为 $q(\gamma_i)$,它是接收信号信干比的增函数,具体表达式与信息数据的调制、解调、编码、译码、交织等因素有关。假设一个信息数据包可以正确译码需要发送的次数为 K,如果信息数据包的发送是统计独立的,则 K 服从几何随机分布。概率密度函数为

$$p_K(k) = q(\gamma_i)\left[1 - q(\gamma_i)\right]^{k-1}, \quad k = 1,2,\cdots \qquad (4-39)$$

K 的数学期望 $E(K) = 1/q(\gamma_i)$,每个信息数据包的发送时间为 M/R,因而正确接收一个数据包的时间为 KM/R。当发射功率为 p_i 时,所需要的能量为

$$p_i E(KM/R) = p_i M/(R q(\gamma_i)) \qquad (4-40)$$

因为在 M 位数据比特中仅有 L 位为有效的信息比特,所以效用函数可理解为平均每消耗单位能量可以正确接收到的信息比特数。其数学定义式为

$$u_i = \frac{L}{p_i M/(Rq(\gamma_i))} = \frac{LR}{p_i M} q(\gamma_i) \tag{4-41}$$

又因为帧成功传输概率 $q(\gamma_i) = (1-BER_i)^M$，不同的调制方式产生不同的误码率（表4-3），所以 $q(\gamma_i)$ 取决于系统所使用的调制方式。若系统采用二进制非相干频移键控（Non-coherent FSK, NFSK）调制方式，则误比特率为

$$BER_i = 0.5e^{-0.5\gamma_i} \tag{4-42}$$

表4-3 不同调制方式下的误码率

调制方式	误码率
二元相移键控（2PSK）	$Q(\sqrt{2\gamma})$
差分相移键控（DPSK）	$\frac{1}{2}e^{-\gamma}$
相干频移键控（CFSK）	$Q(\sqrt{\gamma})$
非相干频移键控（NFSK）	$\frac{1}{2}e^{-\frac{1}{2}\gamma}$

将式(4-42)代入 $q(\gamma_i) = (1-BER_i)^M$ 可知，当 $\gamma_i = 0$ 时，$q(0) = (1-BER_i)^M = 1$。即当用户的发射功率为0时，效用函数为无穷大。此时，$q(\gamma_i)$ 不符合效用函数性质(4)的要求（见4.1.1节）。为此，对 $q(\gamma_i)$ 稍做修改，引入效率函数 $f(\gamma_i)$：

$$f(\gamma_i) = (1-2BER_i)^M \tag{4-43}$$

图4-7给出了非相干频移键控调制条件下的 $f(\gamma_i)$ 与 $q(\gamma_i)$ 随 γ_i 的变化曲线。从图4-7可看出，$f(\gamma_i)$ 与 $q(\gamma_i)$ 的变化趋势基本一致，所以可用 $f(\gamma_i)$ 替代 $q(\gamma_i)$。这样，式(4-41)把发射功率和用户正确发送的信息比特联系起来，既完全符合效用函数的5条性质（见4.1.1节），又可以很好地表示用户的满意程度。

因此，式(4-41)可改写成

$$u_i = \frac{L}{p_i M/(Rf(\gamma_i))} = \frac{LR}{Mp_i} f(\gamma_i) \quad (b/J) \tag{4-44}$$

式中：γ_i 为认知用户 i 的信干比，可表示成

$$\gamma_i = \frac{W}{R} \frac{g_i p_i}{\sum_{j\neq i} g_j p_j + \eta_i + \sigma^2} \tag{4-45}$$

其中：W 为扩频码码片速率；R 为信息速率；p_i 为认知用户 i 的发射功率；η_i 为授权用户对认知用户 i 产生的干扰功率；σ^2 为接收机处的高斯白噪声功率（AWGN）；$\{g_i\}$ 为从认知用户发射端到接收端的路径增益。

3. 非合作功率控制博弈模型求解

获得了效用函数的具体表达式后，非合作功率控制博弈模型用数学框架表述为

$$\max_{p_i \in P_i} u_i(p_i, \boldsymbol{p}_{-i}), \ i \in \mathbb{N} \tag{4-46}$$

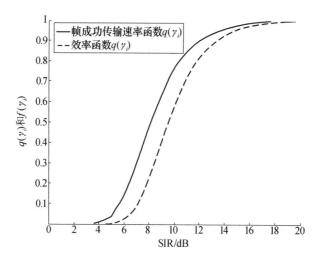

图 4-7 基于非相干频移键控调制的 $f(\gamma_i)$ 及 $q(\gamma_i)$ 与 SIR 的关系

综合式(4-42)~式(4-44)可知

$$u_i = \frac{LR}{Mp_i}\left(1 - \exp\left(\frac{\gamma_i}{2}\right)\right)^M \quad (\text{b/J}) \qquad (4-47)$$

由式(4-46)可以看出,认知用户 i 的效用函数的最大化,不仅由认知用户自身的发射功率水平 p_i 决定,同时受到其他用户发射功率 $\boldsymbol{p}_{-i}$ 的影响。但各用户并不知道其他用户选择的功率水平,因此,用户最大化各自效用函数的过程是非合作博弈过程。在整个博弈过程中,每个认知用户 i 的趋势是相应于其他用户的功率水平,以分布式的方式选择自己的功率水平,从而产生一组收敛至一个定点的功率矢量序列。这个定点就是纳什均衡解。

因此,当所有认知用户的效用达到最大时,所对应的发射功率矢量即为 NPG 的纳什均衡解。寻求算法的最优功率点,即寻求博弈模型的纳什均衡点。纳什均衡解记为

$$\boldsymbol{p}^{\text{NE}} = [p_1^{\text{NE}}, p_2^{\text{NE}}, \cdots, p_N^{\text{NE}}]$$
$$p_i^{\text{NE}} = \arg\max u_i(p_i, \boldsymbol{p}_{-i}), \ i = 1, 2, \cdots, N \qquad (4-48)$$

在 NPG 中,如果存在矢量 $\boldsymbol{p}^* = [p_1^*, p_2^*, \cdots, p_N^*]$,使得对于任意的 $i \in \mathbb{N}$, $p_i \in P_i$, $u_i(\boldsymbol{p}^*) \geqslant u_i(p_i, \boldsymbol{p}_{-i}^*)$ 成立,那么 $\boldsymbol{p}^*$ 称为 NPG 的纳什均衡功率解。

不难看出,如果给定其他用户的功率解矢量 $\boldsymbol{p}_{-i}^*$,则当用户 i 的功率为 p_i^* 时(纳什均衡解)可以获得最大的效用收益,此功率实际上就是对其他用户所选功率的一个最优响应功率。在纳什均衡点,任何用户都不能通过调整自己的发射功率来增加效用。因为系统内所有用户的效用都是相互关联的,任何一个用户功率的变化必然引起系统内所有其他用户信干比的变化,从而破坏纳什均衡点,使所有用户必须通过重新调整功率水平来达到均衡。然而,由博弈论知识可知,不是每个博

弈都存在纳什均衡点。下面给出博弈纳什均衡点的存在性的充分条件。

定理 4. 4　纯策略纳什均衡不动点定理(充分条件)[15]

对于博弈 $G = <\mathbb{N}, \{P_i\}, \{u_i\}>$,如果对于所有参与者 $i(i = 1, 2, \cdots, N)$,下述两个条件成立,则称 $G = <\mathbb{N}, \{P_i\}, \{u_i\}>$ 存在纯策略纳什均衡点。

(1) 参与者 i 的策略集合 P_i 是欧几里得空间上的非空、闭的、有界的凸集。

(2) 效用函数 $u_i(\boldsymbol{p})$ 是 $\boldsymbol{p}$ 的连续函数,且在 p_i 上是拟凹的。

当满足上述两个条件时,所有参与者的最优响应是非空的、凸的、上半连续的,因此必存在一个纳什均衡[5,16,17]

定理 4. 5　非合作功率控制博弈存在纳什均衡点。

证明[3]:首先,每个认知用户的发射功率集合由最小功率 $p_i^{\min}$ 和最大功率 $p_i^{\max}$ 确定的,$p_i \in [p_i^{\min}, p_i^{\max}]$,全部功率都位于这个区间,所以认知用户的功率策略 P_i 是的非空、闭的、有界的凸集,满足定理 4.4 的条件(1)。

拟凹函数的局部最大值同时又是全局最大值。或者说,在局部最大值的邻域,拟凹函数为常数。所以对于条件(2)的判定,可以通过对效用函数求二阶偏微分来求证,即若

$$\frac{\partial^2 u_i(p_i, \boldsymbol{p}_{-i})}{\partial p_i^2} < 0$$

则可知效用函数在 p_i 上是凹的(凹函数也是拟凹的)。

由最优化理论[18]可知,对于可微函数,一阶最优化的必要条件为

$$\frac{\partial u_i(p_i, \boldsymbol{p}_{-i})}{\partial p_i} = 0$$

由式(4 – 47)可得

$$\frac{\partial u_i(p_i, \boldsymbol{p}_{-i})}{\partial p_i} = \frac{LR}{Mp_i^2}\left(\gamma_i \frac{\mathrm{d}f(\gamma_i)}{\mathrm{d}\gamma_i} - f(\gamma_i)\right)$$

$$= \frac{LR}{Mp_i^2}\left(\gamma_i \frac{M}{2}\mathrm{e}^{-\frac{\gamma_i}{2}}(1 - \mathrm{e}^{-\frac{\gamma_i}{2}})^{M-1} - (1 - \mathrm{e}^{-\frac{\gamma_i}{2}})^M\right)$$

$$= \frac{LR}{Mp_i^2}(1 - \mathrm{e}^{-\frac{\gamma_i}{2}})^{M-1}\left(\gamma_i \frac{M}{2}\mathrm{e}^{-\frac{\gamma_i}{2}} - (1 - \mathrm{e}^{-\frac{\gamma_i}{2}})\right) \quad (4 - 49)$$

由 $\frac{\partial u_i(p_i, \boldsymbol{p}_{-i})}{\partial p_i} = 0$,可得

$$\frac{M}{2}\gamma_i + 1 = \mathrm{e}^{\frac{\gamma_i}{2}} \quad (4 - 50)$$

因为 $p_i \geq 0$($\gamma_i \geq 0$),所以式(4 – 50)右边的函数在 γ_i 的取值区间上是凸的,左边的函数在 γ_i 的取值区间上是单调递增的。图 4 – 8 示出了 $M = 80$ 时式(4 – 50)的仿真曲线。由图 4 – 8 可看出,式(4 – 50)共有两个解:$\gamma_i = 0$ 及 $\gamma_i = \gamma_i^{\mathrm{opt}}$,且有

$$u_i^{\text{opt}}(p_i, \boldsymbol{p}_{-i}) = \begin{cases} 0, & \gamma_i = 0 \\ \dfrac{LR}{Mp_i^{\text{opt}}}\left(1 - \exp\left(\dfrac{\gamma_i^{\text{opt}}}{2}\right)\right)^M, & \gamma_i > 0 \end{cases} \quad (4-51)$$

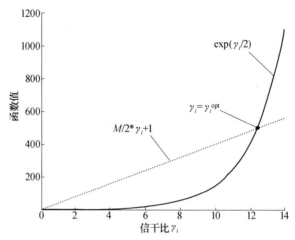

图 4 - 8　效用函数的一阶微分函数曲线

对效用函数求二阶偏微分,可得

$$\frac{\partial^2 u_i(p_i, \boldsymbol{p}_{-i})}{\partial p_i^2} = \frac{\partial}{\partial p_i}\left(\frac{LR}{Mp_i^2}\left(\gamma_i \frac{\partial f(\gamma_i)}{\partial \gamma_i} - f(\gamma_i)\right)\right)$$

$$= \frac{LR}{Mp_i^3}\left(\gamma_i^2 \frac{\partial^2 f(\gamma_i)}{\partial \gamma_i^2} - 2\gamma_i \frac{\partial f(\gamma_i)}{\partial \gamma_i} + 2f(\gamma_i)\right) \quad (4-52)$$

若要保证 $\dfrac{\partial^2 u_i(p_i, \boldsymbol{p}_{-i})}{\partial p_i^2} \leqslant 0$,须使

$$\gamma_i^2 \frac{\partial^2 f(\gamma_i)}{\partial \gamma_i^2} - 2\gamma_i \frac{\partial f(\gamma_i)}{\partial \gamma_i} + 2f(\gamma_i) \leqslant 0 \quad (4-53)$$

将 $f(\gamma_i) = (1 - 2^{-\frac{\gamma_i}{2}})^M$ 代入式(4-53),可得

$$(1 - e^{-\frac{\gamma_i}{2}})^{(M-2)}\left(\left(\frac{1}{4}(M\gamma_i)^2 + M\gamma_i + 2\right)e^{-\gamma_i} - \left(\frac{1}{4}(M\gamma_i)^2 + M\gamma_i + 4\right)e^{-\frac{\gamma_i}{2}} + 2\right) \leqslant 0$$

化简,可得

$$\gamma_i \geqslant 2\ln M \quad (4-54)$$

因此,只有当 $\gamma_i \geqslant 2\ln M$ 时,NPG 的效用函数才满足拟凹性条件。

另外,记

$$F(\gamma_i) = \gamma_i^2 \frac{\partial^2 f(\gamma_i)}{\partial \gamma_i^2} - 2\gamma_i \frac{\partial f(\gamma_i)}{\partial \gamma_i} + 2f(\gamma_i)$$

图 4 - 9 示出了 $M = 80$ 时 $F(\gamma_i)$ 随 γ_i 的仿真曲线。从图 4 - 9 可以看出,当 $\gamma_i \geq$ $2\ln M = 8.764$ 时, $F(\gamma_i) \leq 0$。此结果验证了 NPG 的效用函数满足拟凹性的条件,即

$$\frac{\partial^2 u_i(p_i, \boldsymbol{p}_{-i})}{\partial p_i^2}\Big|_{\gamma_i \geq 2\ln M} < 0$$

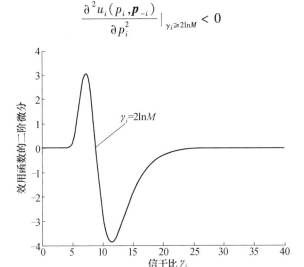

图 4 - 9　效用函数的二阶微分函数曲线

综上所述,NPG 满足定理 4.4,所以 NPG 存在纳什均衡解。另外,虽然以上证明用的调制方式是以 NFSK 信号为假设前提的,但文献[17]已经证明由表 4 - 3 中的调制方式得到的效率函数在各自的发射功率集合上均满足拟凹性。

根据纳什不动点理论,在证明 NPG 收敛于唯一的纳什均衡点之前,首先需要求出用户的功率最优响应。

在 NPG 中,给定其他用户的干扰功率矢量 $\boldsymbol{p}_{-i}$,则用户 i 的最优响应为

$$r_i(\boldsymbol{p}_{-i}) = \min(p_i^{\max}, p_i^{\mathrm{opt}})$$

式中

$$p_i^{\mathrm{opt}} = \arg\max u_i(p_i, \boldsymbol{p}_{-i}), i = 1, 2, \cdots, N$$

从前面分析可知,当 γ_i^{opt} 满足 $\gamma_i \mathrm{d}f(\gamma_i)/\mathrm{d}\gamma_i = f(\gamma_i)$ 时,NPG 中的效用函数最大。与 γ_i^{opt} 相对应的发射功率记为 p_i^{opt},可得

$$p_i^{\mathrm{opt}} = \frac{\gamma_i^{\mathrm{opt}}\left(\sum_{j \neq i} g_j p_j + \sigma^2\right)}{\frac{W}{R}g_i} \qquad (4 - 55)$$

当 $p_i^{\mathrm{opt}} \in P_i$ 时,由于 γ_i^{opt} 是效用函数最大的唯一解,且 γ_i^{opt} 与 p_i^{opt} 是一一对应的,所以,给定其他用户的干扰功率矢量 $\boldsymbol{p}_{-i}$, p_i^{opt} 为最大化效用函数的唯一功率解。当 $p_i^{\mathrm{opt}} \notin P_i$ 时,则这个解是不可行的解, p_i^{opt} 也不是给定 $\boldsymbol{p}_{-i}$ 时的最优响应。此时,

对于 $\gamma_i < \gamma_i^{\mathrm{opt}}$，即 $p_i < p_i^{\mathrm{opt}}$，有 $\dfrac{\partial u_i(p_i, \boldsymbol{p}_{-i})}{\partial p_i} > 0$。可见效用函数在功率集合区间是单调递增的，$p_i^{\max}$ 即为满足假设的最优响应。

很容易证明，NPG 存在唯一的纳什均衡点。

定义 4.3　标准函数

如果函数 $r(\boldsymbol{p}^{\mathrm{NE}})$ 满足以下三条性质，则 $r(\boldsymbol{p}^{\mathrm{NE}})$ 为标准的。

（1）正性：$r(\boldsymbol{p}^{\mathrm{NE}}) > 0$。

（2）单调性：如果 $\boldsymbol{p}^{\mathrm{NE_1}} > \boldsymbol{p}^{\mathrm{NE_2}}$，则 $r(\boldsymbol{p}^{\mathrm{NE_1}}) > r(\boldsymbol{p}^{\mathrm{NE_2}})$。

（3）可伸缩性：对于所有的 $\mu > 1$，满足 $\mu r(\boldsymbol{p}^{\mathrm{NE}}) > r(\mu \boldsymbol{p}^{\mathrm{NE}})$。

由于 $\boldsymbol{p}^{\mathrm{NE}} \in [0, p^{\max}]$，且 $r(\boldsymbol{p}^{\mathrm{NE}})$ 是发射功率的增函数，所以 $r(\boldsymbol{p}^{\mathrm{NE}})$ 满足标准函数的性质（1）和（2）。对于所有的 $i \in \mathbb{N}$，有

$$r_i(\mu \boldsymbol{p}^{\mathrm{NE}}) = \frac{\gamma_i^{\mathrm{opt}}\left(\mu \sum\limits_{j \neq i} g_j p_j + \sigma^2\right)}{\dfrac{W}{R} g_i}, \quad \mu r_i(\boldsymbol{p}^{\mathrm{NE}}) = \frac{\mu \gamma_i^{\mathrm{opt}}\left(\sum\limits_{j \neq i} g_j p_j + \sigma^2\right)}{\dfrac{W}{R} g_i}$$

且 $\mu > 1$，所以 $\mu r(\boldsymbol{p}^{\mathrm{NE}}) > r(\mu \boldsymbol{p}^{\mathrm{NE}})$ 成立。即 $r(\boldsymbol{p}^{\mathrm{NE}})$ 是为标准函数，所以 NPG 存在唯一的纳什均衡点。

综上所述，NPG 的纳什均衡解为

$$\frac{\partial u_i(p_i, \boldsymbol{p}_{-i})}{\partial p_i}\Big|_{p_i = p_i^{\mathrm{NE}}} = 0 \tag{4-56}$$

化简，可得

$$\gamma_i^{\mathrm{NE}} \frac{\partial f(\gamma_i)}{\partial \gamma_i}\Big|_{\gamma_i = \gamma_i^{\mathrm{NE}}} - f(\gamma_i^{\mathrm{NE}}) = 0 \tag{4-57}$$

从式（4-57）可以看出，NPG 的纳什均衡解 γ_i^{opt} 与 $f(\gamma_i)$ 有关。若进一步假设各用户使用相同的调制方式，且分组包长度均为 M，则各用户的 $f(\gamma_i)$ 相等。因此，每个用户得到的 γ_i^{opt} 也是相等的。

4.4　基于代价函数的功率控制

对于非合作博弈均衡分析仅涉及均衡是不够的，因为有些均衡可能是帕累托无效的。为了使 NPG 的功率解得到帕累托改进，使各个用户以较低的发射功率进行通信并且可以获得更高的效用，需要为系统引入一个代价函数以表述使用系统资源（耗费的功率）需要付出的代价，从而使模型达到一个更为有效的、用户所需的全局最优解。

一般说来，引入代价机制有两个目的：一是提高效用的帕累托有效性；二是提

高系统的收益。基于这两个目的采用的代价机制有多种,如基于使用量的代价机制、基于优先级的代价机制、基于均匀速率的代价机制等[10]。

4.4.1　代价函数的建立

文献[4]提出的代价方案与拥塞相关,因此,如果蜂窝中存在大量用户,而所有用户不得不使用高功率来克服干扰时,则代价将更高,会因此妨碍用户使用网络。

在典型的无线通信系统中,存在 N 个用户,每个用户具有自己的效用,它依赖于在基站处测得的 SIR 及用户的发射功率。很明显,一个用户试图增加功率以便提高 SIR,将对其他用户引起更多的干扰,造成性能降低。用户使用网络需要负担一定的代价,从而保持健康的无线环境,即损害其他用户需要付出代价。代价函数应为发射功率的单调增函数。

引入代价函数的主要目的是:带来用户效用函数的帕累托改善,而并不是产生系统的收益。下面分析非合作博弈均衡点,找到具有 N 个用户的单一蜂窝产生最大损害的用户。y 表示基站,用户 j 产生的损害(对用户 i 的干扰)为

$$C_{ij} = -\frac{\partial u_i}{\partial p_j}p_j \tag{4-58}$$

注意:C_{ij} 与 u_i 具有相同的单位 bit。方程(4-58)中的微分项类似于文献[19]中的无线网络代价的影子价格。由用户 j 对蜂窝 y 中其余用户造成的总损害为

$$C_j = \sum_{i \neq j, i=1}^{N} C_{ij} \tag{4-59}$$

定义 $C_{kk}=0$,即用户对自己没有任何伤害,因为它不能作为自己的干扰源。基于上述由一个用户引起的干扰概念,陈述下述命题而不考虑非合作功率控制博弈均衡。

命题 4.2　如果小区内 N 个用户路径增益是有序的,即 $h_{1y} > h_{2y} > \cdots > h_{Ny}$,可证明下述关系为真:

$$p_1^* < p_2^* < \cdots < p_N^* \tag{4-60}$$

$$u_1^* > u_2^* > \cdots > u_N^* \tag{4-61}$$

$$C_1^* < C_2^* < \cdots < C_N^* \tag{4-62}$$

从上述一组不等式可以推导一组结论,帮助人们建立代价函数。命题 4.2 暗含着一个具有最恶劣的路径增益 h_{xy} 的用户 x,对其他用户引起的干扰最大(因为它的 C_x 最高);反之亦然。希望根据用户对其他用户引起的干扰量来付出代价。因此,需要建立一个代价函数,它随发射功率的增加而增加。注意,很多函数具有该性质。为便于理解代价的影响,选择一个简单线性代价函数来理解代价函数对功率控制问题的影响。用公式表示该代价函数,与用户的发射功率成正比。用户

支付的价格为

$$F_j = \beta p_j \tag{4-63}$$

式中:β 为正常数;p_j 为移动终端的发射功率。

考虑到用户以 $R(\text{b/s})$ 的速率发射,方程(4-63)中的 β 为

$$\beta = tR \tag{4-64}$$

式中:t 为正常数。β 的单位 b/W,因为需要 F_j 与 u_j 的单位相同。

有趣的是,并不需要用户 j 以钱的方式表示支付的量 F_j,而是可以为所有用户分配相等抽象的信誉,它在网络服务中是可赎回的。每个用户希望获得尽可能大的效用函数,同时希望支付最低的价格。这意味着,每个用户需要在效用函数和代价函数之间最大化其差值。由于代价函数是用户功率的单调增函数,如果用户最大化其效用与价格的差值,均衡点将偏移到比以前低的功率值。这就是线性代价函数。

1. 基于线性代价函数的功率控制算法

采用线性代价函数得到的功率解矢量虽然不是全局最优的,但由于其复杂度低且可以分布式实现,所以在基于博弈论的功率控制算法中使用最为广泛。下面以线性代价函数为例,分析由此得到的非合作功率控制博弈对 NPG 纳什均衡点的帕累托改善。

假设每个用户发送信息付出的代价与自己的发射功率成正比,即

$$c_i(\boldsymbol{p}) = \beta_i p_i$$

式中:$c_i(\boldsymbol{p})$ 为代价函数;β_i 为用户 i 的价格因子。

将代价函数与原效用函数进行整合,得到基于线性代价函数的非合作功率控制博弈(Non-cooperative Power control Game with Linear Pricing, NPG-LP)。令 $G^{\text{LP}} = <\mathbb{N}, \{P_i\}, \{u_i^{\text{LP}}\} >$ 为由 N 个参与者组成的具有代价函数的非合作功率控制博弈,则 NPG-LP 的效用函数可记为

$$u_i^{\text{LP}}(p_i, \boldsymbol{p}_{-i}) = u_i(p_i, \boldsymbol{p}_{-i}) - c_i(\boldsymbol{p})$$

相应地,NPG-LP 的多用户的目标最优化求解可表示为

$$\max_{p_i \in P_i} u_i^{\text{LP}}(p_i, \boldsymbol{p}_{-i}), \; i \in \mathbb{N} \tag{4-65}$$

式中

$$u_i^{\text{LP}}(p_i, \boldsymbol{p}_{-i}) = \frac{LR}{Mp_i} \left(1 - \exp\left(\frac{\gamma_i}{2}\right)\right)^M - \beta_i p_i \quad (\text{b/J}) \tag{4-66}$$

注意到,NPG-LP 与 NPG 相比只是多了一项代价函数。因此,求解 NPG-LP 的纳什均衡解(如果存在纳什均衡解)时,仅需要验证 $u_i^{\text{LP}}(p_i, \boldsymbol{p}_{-i})$ 的拟凹性。

由于

$$\frac{\partial u_i^{\mathrm{LP}}(p_i, \boldsymbol{p}_{-i})}{\partial p_i} = \frac{LR}{Mp_i^2}\left(\gamma_i \frac{\partial f(\gamma_i)}{\partial \gamma_i} - f(\gamma_i)\right) - \beta_i \qquad (4-67)$$

式 $(4-67)$ 中 β_i 是与 p_i 无关的项,所以有

$$\frac{\partial^2 u_i^{\mathrm{LP}}(p_i, \boldsymbol{p}_{-i})}{\partial p_i^2} = \frac{\partial}{\partial p_i}\left(\frac{LR}{Mp_i^2}\left(\gamma_i \frac{\partial f(\gamma_i)}{\partial \gamma_i} - f(\gamma_i)\right)\right)$$

$$= \frac{LR}{Mp_i^3}\left(\gamma_i^2 \frac{\partial^2 f(\gamma_i)}{\partial \gamma_i^2} - 2\gamma_i \frac{\partial f(\gamma_i)}{\partial \gamma_i} + 2f(\gamma_i)\right) \qquad (4-68)$$

比较式 $(4-68)$ 与式 $(4-52)$ 可知:NPG - LP 的纳什均衡存在性条件与 NPG 的条件是一样的,即 $\gamma_i \geqslant 2\ln M$。同理,也可证明:当 $\gamma_i \geqslant 2\ln M$ 时,NPG - LP 存在唯一的纳什均衡点。

用户 i 的纳什均衡解为

$$\frac{\partial u_i^{\mathrm{LP}}(p_i, \boldsymbol{p}_{-i})}{\partial p_i}\Big|_{p_i = p_i^{\mathrm{NE}}} = 0 \qquad (4-69)$$

联立式 $(4-67)$ 和式 $(4-69)$,可得

$$\gamma_i^{\mathrm{NE}} \frac{\partial f(\gamma_i)}{\partial \gamma_i}\Big|_{\gamma_i = \gamma_i^{\mathrm{NE}}} - f(\gamma_i^{\mathrm{NE}}) - \frac{M}{LR}\beta_i(p_i^{\mathrm{NE}})^2 = 0 \qquad (4-70)$$

线性代价函数对非合作功率控制博弈具有一定的帕累托改善。

不幸的是,NPG-LP 模型失去了 NPG 模型原有的公平性,即 NPG-LP 模型中各用户的收益是不同的。距离近的用户可以获得更大的收益,但这种收益的获得是以牺牲远端用户的性能为代价的,对于网络内的远端用户而言显然是不公平的。

2. 基于链路代价函数的功率控制算法

由于 NPG-LP 博弈模型有失公平,存在"远近效应",考虑到在认知无线电网络中各用户需公平共享频谱资源,NPG-LP 模型虽然可以使 NPG 模型的纳什均衡解得到一定的帕累托改善,却不适用于认知无线电网络。因此,需要设计既适当体现公平又可有效改善帕累托性能的功率控制博弈模型。

为达到较好的公平性,直观的思想是让链路质量好的用户受"惩罚"多一些,而让链路质量差的用户受"惩罚"少一些。另外,考虑到在认知无线电网络中,认知用户的工作会对授权用户产生额外的干扰,因此在设计价格函数时还应考虑认知用户对授权用户的干扰。认知用户对授权用户的干扰越大,认知用户的效用越小。基于以上考虑,引入基于链路增益代价函数的功率控制博弈(Non-cooperative Power control Game with Link Gain Pricing, NPG-LGP)[20]。

其效用函数的表达式为

$$u_i^{\mathrm{LGP}}(p_i, \boldsymbol{p}_{-i}) = \frac{LRf(\gamma_i)}{Mp_i} - c'_i(\boldsymbol{p}) \qquad (4-71)$$

式中

$$c_i'(\boldsymbol{p}) = \frac{LR}{MT_{\max}}\alpha_i g_i h_i p_i \qquad (4-72)$$

其中:α_i 为价格因子,是实常数;g_i 为认知用户 i 的链路增益;p_i 为发射功率;h_i 为认知用户到授权用户的链路增益。

引入 $h_i p_i$ 是为了体现认知用户 i 对授权用户产生干扰所要付出的代价。将其对干扰温度容限 $T_{\max}$ 进行归一化处理得到 $h_i p_i / T_{\max}$,用来表示认知用户 i 对授权用户产生的干扰程度。由于认知用户 i 的传输对授权用户产生的干扰的影响程度不仅与自身发射功率的大小有关,还与其在总干扰中所占的比例有关,因此需进行归一化处理。另外,还需满足

$$\frac{\alpha_i g_i h_i}{T_{\max}} \geq 1$$

否则,各用户的 $c_i'(\boldsymbol{p})$ 值就会非常小,以至于趋近 0,即相当于没有付出代价[21]。

对式(4-72)求一阶微分,可得

$$\frac{\partial u_i^{\mathrm{LGP}}(p_i,\boldsymbol{p}_{-i})}{\partial p_i} = \frac{LR}{Mp_i^2}\Big(\gamma_i\frac{\partial f(\gamma_i)}{\partial \gamma_i} - f(\gamma_i)\Big) - \frac{LR}{MT_{\max}}\alpha_i g_i h_i \qquad (4-73)$$

注意到,$\dfrac{LR}{MT_{\max}}\alpha_i g_i h_i$ 也是与 p_i 无关的项,所以对于 NPG-LGP 的纳什均衡存在性的证明与 NPG-LP 的类似,纳什均衡的存在性条件也相同,即当 $\gamma_i \geq 2\ln M$ 时,NPG-LGP 存在唯一的纳什均衡解。此解满足

$$\frac{\partial u_i^{\mathrm{LGP}}(p_i,\boldsymbol{p}_{-i})}{\partial p_i}\Big|_{p_i=p_i^{\mathrm{NE}}} = 0 \qquad (4-74)$$

将(4-73)代入式(4-74),可得

$$\gamma_i^{\mathrm{NE}}\frac{\partial f(\gamma_i)}{\partial \gamma_i}\Big|_{\gamma_i=\gamma_i^{\mathrm{NE}}} - f(\gamma_i^{\mathrm{NE}}) - \frac{1}{T_{\max}}\alpha_i g_i h_i (p_i^{\mathrm{NE}})^2 = 0 \qquad (4-75)$$

在 NPG-LGP 博弈中,每个认知用户受到的惩罚是由用户的发射功率、链路增益及对授权用户的干扰程度同时决定的。即用户发射功率越高,链路增益越大,对授权用户的干扰越厉害,受到的惩罚就越大。这样的资源分配方式,既考虑了认知用户对授权用户的干扰约束,又兼顾了网络资源的公平性分配原则,可适用于分析认知无线电网络。

3. 算法仿真

下面分别对基于 NPG、NPG-LP、NPG-LGP 模型的功率控制算法进行仿真分析。在仿真中,假设有 9 个($N=9$)认知用户,1 个授权用户,认知用户与基站间的距离是固定的,授权用户随机分布在 $1\mathrm{km} \times 1\mathrm{km}$ 的区域内;根据认知用户与基站的距离不同,由近及远依次记为认知用户 $1 \sim 9$。其他仿真参数见表 4-4。

表4-4 系统模型参数

参 数	取 值
最大功率 P^{max}/W	2.0
一帧的总数据长度 M/bit	80
一帧的有效信息位 L/bit	64
比特数据速率 R/(b/s)	10^4
码片速度 W/(码片/s)	10^6
环境噪声 σ^2/W	5×10^{-15}
效率函数 $f(\gamma_i)$	$[1 - \exp(-0.5\gamma_i)]^M$
链路增益模型	$g = A \cdot d^{-\xi}$其中,$A = 9.7 \times 10^{-2}$,$\xi = 4$
认知用户基站的距离/m	$d = [320 \quad 460 \quad 570 \quad 660 \quad 740 \quad 810 \quad 880 \quad 940 \quad 940 \quad 1000]$
认知用户信干比阈值 γ_i^{tar}/dB	10.8

在仿真中,设定所有认知用户使用同一个价格因子:$\beta_i = \beta$,$\alpha_i = \alpha$。

不同的价格因子对效用的影响如图4-10~图4-12所示。计算和仿真都证明,存在最优的价格因子。在仿真中,最优的价格因子:对于 NPG-LP 模型,最优价格因子 $\beta_{opt} = 318.5017$;对于 NPG-LGP 模型,在干扰温度限 $T_{max} = -87.0115$dB 下,最优价格因子 $\alpha_{opt} = 3.1623 \times 10^{13}$。

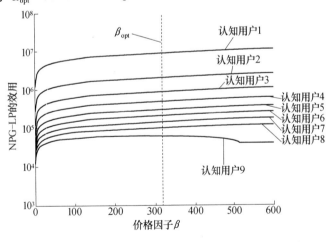

图4-10 β 对 NPG-LP 模型中认知用户的效用的影响

图4-13给出了当网络拓扑结构保持不变时(认知用户到授权用户的链路增益恒定),认知用户 1、3、5、7、9 的均衡功率解随价格因子 α 的变化关系。

为了比较 NPG、NPG-LP、NPG-LGP 三个模型的性能,仿真实验中又分别给出

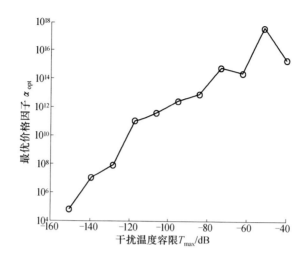

图 4-11   最优价格因子随干扰温度容限的变化曲线

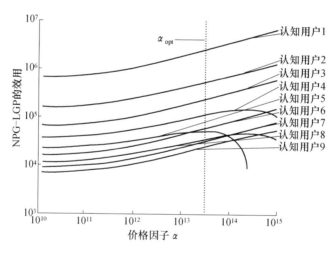

图 4-12 α 对 NPG-LGP 模型中认知用户的效用的影响

了基于这三个模型的均衡功率、均衡 SIR、均衡效用的性能指标对比结果,如图4-14~图4-17所示。

仿真表明:NPG-LGP 模型不仅改善了 NPG 模型的帕累托性能,以更低的功率获得了更大的效用;而且改善了 NPG-LP 模型中的公平性问题,使网络容纳更多的认知用户,与此同时;还使网络内的各认知用户既可以避免对授权用户的干扰,又可以公平地共享网络内的无线频谱资源。

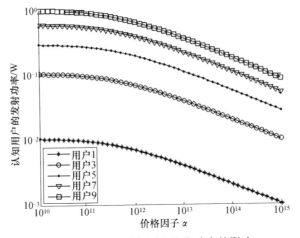

图 4 – 13 α 对认知用户均衡功率的影响

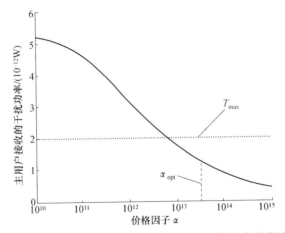

图 4 – 14 价格因子 α 对授权用户接收的干扰功率的影响

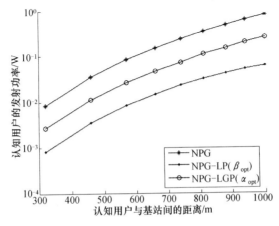

图 4 – 15 NPG、NPG-LP、NPG-LGP 模型下认知用户的均衡功率比较

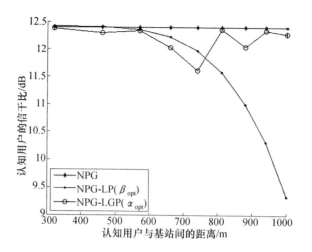

图 4 – 16 NPG、NPG-LP、NPG-LGP 模型下认知用户的均衡 SIR 比较

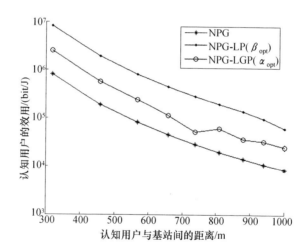

图 4 – 17 NPG、NPG-LP、NPG-LGP 模型下认知用户的均衡效用比较

4.4.2 基于代价的联合功率控制算法

在文献[10]的基础上,文献[22]研究了基于代价函数的联合功率控制算法。Saraydar 提出了基于如下代价函数的功率控制模型[10]:

$$J_i(p_i, \boldsymbol{p}_{-i}) = \lambda_i p_i - \ln(1 + \gamma_i), p_i > 0, \forall i \in \mathbb{N} \qquad (4-76)$$

式中:p_i 为用户 i 的发射功率;$\boldsymbol{p}_{-i}$ 为除去第 i 个用户外,其他用户的功率矢量;γ_i 为用户 i 的信干比;λ_i 为代价因子,表示用户 i 的功率级水平。

$$\gamma_i = L \frac{h_i p_i}{\sum_{j \neq i} h_j p_j + \sigma^2} \tag{4-77}$$

式中: L 为 CDMA 系统的扩频增益, $L = W/R$ (W 为码片速率; R 为扩频后信号的传输速率); h_i 为用户 i 到基站的链路增益; σ^2 为干扰噪声。

相应的功率控制策略为

$$p_i(\boldsymbol{p}_{-i}, \lambda_i) = \begin{cases} \dfrac{1}{\lambda_i} - \dfrac{1}{L h_i}\left(\sum_{j \neq i} h_j p_j + \sigma^2 \right), & \sum_{j \neq i} h_j p_j \leqslant \dfrac{L h_i}{\lambda_i} - \sigma^2 \\ 0, & \text{其他} \end{cases} \tag{4-78}$$

$$\frac{\partial J_i(p_i, \boldsymbol{p}_{-i})}{\partial p_i} = \lambda_i - \frac{L h_i}{\sum_{j \neq i} h_j p_j + L h_i p_i + \sigma^2} > 0 \tag{4-79}$$

式(4-79)是算法收敛的限制条件。在上面的表达式中,功率解矢量不仅依赖于表征用户的参数 λ_i 和 h_i,还依赖于 CDMA 系统中的一些参数,如扩频增益 L、基站端所有用户的总接收功率 $\sum_{j=1}^{M} h_j p_j$。

在 CDMA 系统的功率控制算法中,除对功率控制效果做出要求外,还对系统中用户受到的干扰大小做出限制。也就是说,各用户在满足某服务质量条件下传输功率最小要求的同时,还要做到在整个系统内由各种干扰引起的失真最小。采用最小均方误差(Minimum Mean Squared Error, MMSE)准则作为衡量失真大小的标准。为了做到这一点,在进行功率控制的同时,除需要对功率矢量进行迭代、不断更新其值外,还需要考虑到接收机滤波器的系数是否最佳,以及干扰是否已经被抑制到最小。在进行功率控制时,可以通过对滤波器系数的最优化迭代处理,以适应系统的时变要求,从而达到使 MSE 最小的目的。此时,系统内各用户由于各种干扰而引起的失真也最小。另外,用户所受干扰的减小反过来会提高用户的信干比,而信干比的提高又会使用户具备进一步减少其发射功率的潜力。如此形成良性循环,可以得到更快的迭代速度,使用户获得更为满意的服务质量。用户的传输功率较采用传统功率控制算法有进一步的减少,这对于干扰受限的 CDAM 系统来说,有利于提高系统容量。为此,需要定义以功率矢量 $\boldsymbol{p}$ 和滤波器系数 c_i 为参变量的干扰函数用于迭代运算。因此,采用 $J_i(p_i, \boldsymbol{p}_{-i}, c_i)$ 表示用户 i 的代价函数,即

$$J_i(p_i, \boldsymbol{p}_{-i}, c_i) = \lambda_i p_i - \ln(1 + \gamma_i) \tag{4-80}$$

$$\text{SIR}_i = f(p_i, c_i) = L \frac{p_i h_{ii}}{\sum_{j \neq i} p_j h_{ij} \dfrac{(c_i^{\text{T}} s_j)^2}{(c_i^{\text{T}} s_i)^2} + \sigma^2 \dfrac{(c_i^{\text{T}} c_i)}{(c_i^{\text{T}} s_i)^2}} \tag{4-81}$$

式(4-81)为采用多用户接收机得到的用户 i 信干比的表达式。如前所述,功率控制得到的最佳功率求解矢量应是能使式(4-80)取最小值的点。该式有极小值的必要条件是对 p_i 的一次偏导非负,二次偏导为正值:

$$\frac{\partial J_i(p_i,\boldsymbol{p}_{-i},c_i)}{\partial p_i} = \lambda_i - \frac{Lh_{ii}}{\sum_{j\neq i} h_{ij}p_j \frac{(c_i^{\mathrm{T}}s_j)^2}{(c_i^{\mathrm{T}}s_i)^2} + Lh_{ii}p_i + \sigma^2 \frac{(c_i^{\mathrm{T}}c_i)}{(c_i^{\mathrm{T}}s_i)^2}} \geq 0$$

$$(4-82)$$

$$\frac{\partial^2 J_i(p_i,\boldsymbol{p}_{-i},c_i)}{\partial p_i^2} = \frac{L^2 h_{ii}^2}{\left(\sum_{j\neq i} h_{ij}p_j \frac{(c_i^{\mathrm{T}}s_j)^2}{(c_i^{\mathrm{T}}s_i)^2} + Lh_{ii}p_i + \sigma^2 \frac{(c_j^{\mathrm{T}}c_j)}{(c_i^{\mathrm{T}}s_i)^2}\right)^2} \quad (4-83)$$

比较式(4-79)和式(4-82),考虑到实际的系统,对于当前用户 i 来说,在(4-82)的分母中通常有

$$\frac{(c_i^{\mathrm{T}}s_j)^2}{(c_i^{\mathrm{T}}s_i)^2} < 1 \quad (4-84)$$

并且,噪声项的干扰相对于其他用户的功率来说通常是比较小的,可略去其对分母的影响。一般情况下,存在如下不等式:

$$\sum_{j\neq i} h_{ij}p_j \frac{(c_i^{\mathrm{T}}s_j)^2}{(c_i^{\mathrm{T}}s_i)^2} + Lh_{ii}p_i + \sigma^2 \frac{(c_i^{\mathrm{T}}c_i)}{(c_i^{\mathrm{T}}s_i)^2} < \sum_{j\neq i} h_{ij}p_j + Lh_{ii}p_i + \sigma^2 \quad (4-85)$$

$$\frac{\partial J_i(p_i,\boldsymbol{p}_{-i},c_i)}{\partial p_i} > \frac{\partial J_i(p_i,\boldsymbol{p}_{-i})}{\partial p_i} \quad (4-86)$$

上式表明,式(4-79)表示的限制条件必然也是满足式(4-82)的限制条件,而且是更紧的限制条件。也就是说,$J_i(p_i,\boldsymbol{p}_{-i},c_i)$ 不仅是存在极小值点的,而且可取到更低的极小值。在接收机滤波器系数一定的条件下,由式(4-82)可以得到求解最佳功率矢量的迭代关系式为

$$p_i^{(n+1)}(\boldsymbol{p}_{-i}^{(n)},\lambda_i,c_i) = \max\left(\frac{1}{\lambda_i} - \frac{1}{Lh_{ii}}\left(\sum_{j\neq i} h_{ij}p_j \frac{(c_i^{\mathrm{T}}s_j)^2}{(c_i^{\mathrm{T}}s_i)^2} + \sigma^2 \frac{(c_i^{\mathrm{T}}c_i)}{(c_i^{\mathrm{T}}s_i)^2}\right),0\right)$$

$$(4-87)$$

由式(4-82)、式(4-85)及式(4-87)可以看出,如果按照式(4-87)给出的迭代关系进行迭代运算,最佳点可能收敛到更低的功率值。对于多用户,尤其是大用户的 CDMA 系统来说,这意味着功率的分配更合理,系统软容量具有进一步提高的潜力。

现在可以很容易得到建立在低价函数基础上,基于 MMSE 多用户接收机的联合功率控制算法。该算法的实现过程分为两个部分:一部分是滤波器系数的迭代过程;另一部分是功率解矢量的迭代过程。

可以证明,如果滤波器的功率解矢量 p_i 是固定的或在经过迭代后得到的一个

确定值,则 MMSE 滤波器系数可以用下式迭代,即

$$c_i^* = \frac{\sqrt{p_i}}{1 + p_i s_i^T A_i^{-1} s_i} A_i^{-1} s_i A_i^{-1} s_i \qquad (4-88)$$

$$A_i = \sum_{j \neq i} p_j h_{ij} s_j s_j^T + \sigma^2 I \qquad (4-89)$$

可以使用式(4-88)和式(4-89)对滤波器系数进行迭代、优化。

综上所述,联合功率控制和接收滤波器系数迭代机制的数学模型为

$$p_i^{(n+1)}(\boldsymbol{p}_{-i}^{(n)}, \lambda_i, c_i) = \max\left(\frac{1}{\lambda_i} - \frac{1}{Lh_{ii}} \left(\sum_{j \neq i} h_{ij} p_j \frac{(c_i^T s_j)^2}{(c_i^T s_i)^2} + \sigma^2 \frac{(c_i^T c_i)}{(c_i^T s_i)^2} \right), 0 \right)$$

$$c_i^* = \frac{\sqrt{p_i}}{1 + p_i s_i^T A_i^{-1} s_i} A_i^{-1} s_i A_i^{-1} s_i$$

在上述的联合功率算法中,如果每个用户的信干比目标是固定的,则对于上面的迭代机来说,无论是从初始点 $\boldsymbol{p}$,还是从初始点 $\boldsymbol{c}$ 开始,迭代的结果都将收敛到唯一的最佳功率点,并且系统内所有用户的服务质量达到信干比的要求。

文献[22]对于传统的基于代价函数的功率控制算法和联合功率控制算法进行了仿真比较。仿真结果表明,联合功率控制策略可以使系统内用户获得更满意的服务质量;在用户信干比相同的条件下,联合功率控制算法,系统内用户具有进一步减少发射功率的潜力。

参考文献

[1] Srivastava V, Neel J O, MacKenzie A B, et al. Using game theory to analyze wireless ad hoc networks[J]. IEEE Communications Surveys and Tutorials, 2005, 7(1-4): 46-56.

[2] MacKenzie A B, Wicker S B. Game theory in communications: motivation, explanation, and application to power control[C]. IEEE Global Telecommunications Conference, 2001: 821-826.

[3] 苏志广. 认知无线电网络中基于博弈论的功率控制算法研究[D]. 重庆:重庆通信学院, 2008.

[4] Shah V, Mandayam N B, Goodman D J. Power control for wireless data based on utility and pricing[C]. The Ninth IEEE International Symposium on Personal, Indoor and Mobile Radio Communications, 1998: 1427-1432.

[5] Debreu G. A social equilibrium existence theorem[J]. Proceedings of the National Academy of Sciences of the United States of America, 1952, 38(10): 886-893.

[6] Saraydar C U, Mandayam N B, Goodman D J. Pareto efficiency of pricing-based power control in wireless data networks[C]. Wireless Communications and Networking Conference, 1999: 231-235.

[7] Zhang X, Tao M, Ng C S. Non-cooperative power control for faded wireless ad hoc networks[C]. Global Telecommunications Conference, 2007: 3689-3693.

[8] Sung C W, Leung K K. A generalized framework for distributed power control in wireless networks[J]. IEEE Transactions on Information Theory, 2005, 51(7): 2625-2635.

[9] Mitola J Ⅲ. Cognitive radio for flexible mobile multimedia communications[J]. Mobile Networks and Applications, 2001, 6(5): 435-441.

［10］Saraydar C U, Mandayam N B, Goodman D. Efficient power control via pricing in wireless data networks［J］. IEEE Transactions on Communications, 2002, 50(2): 291 – 303.

［11］Saraydar C U, Mandayam N B, Goodman D. Pricing and power control in a multicell wireless data network ［J］. IEEE Journal on Selected Areas in Communications, 2001, 19(10): 1883 – 1892.

［12］Sung C W, Wong W S. A noncooperative power control game for multirate CDMA data networks［J］. IEEE Transactions on Wireless Communications, 2003, 2(1): 186 – 194.

［13］Fattahi A R, Paganini F. New economic perspectives for resource allocation in wireless networks［C］. American Control Conference, 2005: 3960 – 3965.

［14］Xiao M, Shroff N B, Chong E K P. A utility – based power – control scheme in wireless cellular systems［J］. IEEE/ACM Transactions on Networking, 2003, 11(2): 210 – 221.

［15］Nash J F. Equilibrium points in n – person games［J］. Proceedings of the national academy of sciences, 1950, 36(1): 48 – 49.

［16］Fan K. Fixed – point and minimax theorems in locally convex topological linear spaces［J］. Proceedings of the National Academy of Sciences of the United States of America, 1952, 38(2): 121 – 126.

［17］Glicksberg I L. A further generalization of the Kakutani fixed point theorem, with application to Nash equilibrium points［J］. Proceedings of the American Mathematical Society, 1952, 3(1): 170 – 174.

［18］Feng N. Utility Maximization for Wireless Data Users Based on Power and Rate Control［D］. Piscataway, NJ: Rutgers University, 1999.

［19］MacKie – Mason J K, Varian H R. Pricing congestible network resources［J］. IEEE Journal on Selected Areas in Communications, 1995, 13(7): 1141 – 1149.

［20］苏志广, 何世彪, 敖仙丹. 一种新的认知无线电非合作功率控制博弈算法［J］. 电讯技术, 2008, 48 (8): 11 – 16.

［21］钟卫, 徐友云, 蔡跃明. 非合作功率控制博弈优化设计［J］. 解放军理工大学学报(自然科学版), 2005, 6(2): 108 – 113.

［22］张红伟. CDMA 系统中基于代价函数的联合功率控制算法［J］. 通信学报, 2003, 24(6): 75 – 80.

第5章　基于博弈论的无线网络资源分配

在无线网络中,资源(频率、带宽、吞吐量等)总是有限的。网络中各用户,甚至网络之间都要共享(或竞争)相关的资源。资源的有效分配对于提升无线网络性能非常重要。博弈理论方法在无线网络的频谱(信道分配)、带宽分配、速率分配及频谱的动态接入方面都具有非常成功的运用,近年来有大量的文章利用博弈论讨论无线网络的资源分配问题。

5.1　认知无线电中频谱分配博弈

在频谱稀缺的情况下,认知无线电是提高频谱利用率的一项最为有效的技术。它通过将已分配给主用户的频谱资源与次用户共享,前提是次用户不能影响主用户的通信,或者次用户在支付主用户一定费用的情况下按照市场规律租借频谱。认知无线电中的频谱分配问题是关系到不同用户频谱策略选择的博弈过程,为简化起见,一般假设频谱的分配等同于信道的分配,而信道分配问题可以建模成一个博弈的输出。在这个博弈过程中,参与者是认知无线电用户,其行动(策略)是对传输信道的选择,并且效用与所选择的信道质量相联系。信道质量信息由认知无线电用户通过在不同的无线频率上的测量来获得。

5.1.1　博弈的基本问题

认知无线电中的频谱共享问题的博弈分析,面临的主要问题:一是博弈的模型,将频率共享过程映射到一个博弈模型,一般情况下采用标准博弈模型;二是效用函数的选取问题,根据不同的衡量目标选取合适的效用函数,保证博弈过程性能测度;三是采用适当的博弈形式,保证博弈过程收敛到期望的解。

1. 博弈的基本模型

认知无线电频谱分配问题的博弈论数学描述的一般形式为[1]

$$G = \langle \mathbb{N}, S, \{u_i\}_{i \in \mathbb{N}} \rangle$$

式中:$\mathbb{N}$ 为参与者(选择某个信道来传输的决策者)的有限集;S_i 为相对于参与者 i 的策略集,定义 $S = \times_{i \in \mathbb{N}} S_i$ 是策略空间,则 $U = \{u_i\} : S \to \mathbb{R}$ 是效用函数集。

在博弈 G 中的每一个参与者 i,效用函数 u_i 是当前参与者 i 所选用的策略 s_i

和其对手所选择策略 s_{-i} 的函数。

由于参与者均独立进行决策并且受到其他参与者决策的影响,博弈结果分析的一个关键问题是判断对于自适应信道选择算法是否存在收敛点,且这个收敛点对于任何用户都不会偏移,也就是纳什均衡。

在认知无线电的频谱分配问题中,可选的策略一般是频率或信道,而效用函数的设计则成为算法研究的重点。为实现不同的目标,效用函数的形式往往是不相同的,如基于最小化系统干扰水平的效用函数、基于保证用户公平性的效用函数、基于最大化系统频谱利用率的效用函数等。而对效用函数的博弈论分析,则是频谱分配问题模型的关键任务,论证效用函数纳什均衡的存在,讨论这样的纳什均衡是否满足需要,确定收敛的条件等。这样,就可以对相应的算法预计其收敛性,论证均衡状态的最优性等。

以最小化系统总干扰水平为目标,如果用信干比描述用户所受到的干扰情况,则接收机 j 关于发射机 i 的信干比可表示为

$$\mathrm{SIR}_{ij} = \frac{p_i h_{ij}}{\sum_{k=1 \backslash i}^{N} p_k h_{kj} I(k,j)} \tag{5-1}$$

式中:p_i 为发射机 i 的发射功率;h_{ij} 为发射机 i 和接收机 j 之间的链路增益;$I(k,j)$ 为节点 k 到节点 j 的干扰方程,可表示成

$$I(k,j) = \begin{cases} 1, & k 、j 在同一信道 \\ 0, & 其他 \end{cases} \tag{5-2}$$

因此,使得系统总干扰水平最小,即使各节点用户所受干扰最小,而用户之间在同信道上的干扰是互相的,这正符合博弈论研究问题的特征。下面讨论效用函数的选择问题。

2. 效用函数的选择

通常情况下,考虑对自私用户的情况,用户基于在某个特定信道上感知的其他用户的干扰级别来评估信道:

$$U_{1i}(s_i, s_{-i}) = -\sum_{j=1 \backslash i}^{N} p_j h_{ji} f(s_j, s_i), \forall i = 1, 2, \cdots, N \tag{5-3}$$

式中:$P = \{p_1, p_2, \cdots, p_N\}$ 为 N 个无线电用户的发射功率集合,$s = \{s_1, s_2, \cdots, s_N\}$ 为策略集合;$f(s_j, s_i)$ 为干扰方程,可表示成

$$f(s_i, s_j) = \begin{cases} 1, & s_i 、s_j 同一信道 \\ 0, & 其他 \end{cases} \tag{5-4}$$

效用函数 U_1 对于自适应算法来说需要一个最少量的信息,即某个特定用户在不同信道上的干扰测量。但是,效用函数 U_1 只考虑了其他用户对本用户造成的干扰,以此选择受干扰程度最小的信道进行通信,并没有考虑用户自身选择对其他用

户造成的影响。由于信道中各用户之间的干扰是相互的,用户"自私"的选择对自身干扰最小的信道并不能保证对其他用户造成的干扰最小,即不能保证整个系统的总干扰水平最小。因此,可对效用函数进行改造,形成

$$U_{2i}(\boldsymbol{s}_i,\boldsymbol{s}_{-i}) = -\sum_{j=1\backslash i}^{N} p_j h_{ji} \, f(\boldsymbol{s}_j,\boldsymbol{s}_i) - \sum_{j=1\backslash i}^{N} p_i h_{ij} \, f(\boldsymbol{s}_i,\boldsymbol{s}_j) , \forall i = 1,2,\cdots,N$$

$$(5-5)$$

效用函数 U_2 由两部分组成:第一部分是用户受到的其他用户在相应信道上的干扰 I_d;第二部分是该用户对其他用户在相应信道上产生的干扰 I_o。I_d、I_o 可表示为

$$I_{di}(\boldsymbol{s}_i,\boldsymbol{s}_{-i}) = \sum_{j=1\backslash i}^{N} p_j h_{ji} \, f(\boldsymbol{s}_j,\boldsymbol{s}_i) , \forall i = 1,2,\cdots,N \qquad (5-6)$$

$$I_{oi}(\boldsymbol{s}_i,\boldsymbol{s}_{-i}) = \sum_{j=1\backslash i}^{N} p_i h_{ij} \, f(\boldsymbol{s}_i,\boldsymbol{s}_j) , \forall i = 1,2,\cdots,N \qquad (5-7)$$

则式(5-5)可写为

$$U_{2i}(\boldsymbol{s}_i,\boldsymbol{s}_{-i}) = -I_{di} - I_{oi} , \forall i = 1,2,\cdots,N \qquad (5-8)$$

式中:I_d 的值在用户接收端测量得到;I_o 的值在用户发射端计算得出(或从反馈信道中获得)。

在采用效用函数 U_2 的情形下,因为算法需要在公共控制信道上有一个数据包来传递用户对相邻节点干扰的测量信息,所以算法复杂度会增加。但是,效用函数 U_2 的设计能够反映最小化系统总干扰水平的总目标,只要每个用户的效用函数值达到最大即可。

5.1.2　频谱共享的博弈算法

基于博弈论的频谱共享(分配)的算法被大量研究,根据不同的场景、不同的目标和不同的关注点采用不同的博弈形式,下面介绍几种典型的博弈算法。

1. 基于位势博弈的频谱分配算法

位势博弈的特性是博弈中存在一个位势函数,该函数可以准确地反映任何博弈参与者的效用函数中产生的单方面变化。一个确定的位势函数定义如下:

存在函数 $P:S\to\mathbb{R}$,对于所有的 i 和 $\boldsymbol{s}_i,\boldsymbol{s}'_i\in S_i$,则有

$$U_i(\boldsymbol{s}_i,\boldsymbol{s}_{-i}) - U_i(\boldsymbol{s}'_i,\boldsymbol{s}_{-i}) = P_i(\boldsymbol{s}_i,\boldsymbol{s}_{-i}) - P_i(\boldsymbol{s}'_i,\boldsymbol{s}_{-i}) \qquad (5-9)$$

如果对于这样的博弈可以找到位势函数,这个博弈就是位势博弈。在任何一个位势博弈中,参与者顺序采取行动会收敛到一个纯粹的纳什均衡,使得位势函数最大化。

对于利用效用函数 U 的信道分配博弈,一个确定的位势函数可表示为

$$\text{Pot}(S) = \text{Pot}(s_i, s_{-i})$$

$$= -\frac{1}{2}\sum_{i=1}^{N}\sum_{j=1,j\neq i}^{N}p_j^{\phi(i)}h_{ji}^{\phi(i)} - \frac{1}{2}\sum_{j=1,j\neq i}^{N}p_i^{\phi(i)}h_{ij}^{\phi(j)} \qquad (5-10)$$

对于用户 i，若占用信道 $\phi(i)$，则其接收机处的信干比为

$$\text{SIR}_i = \frac{p_i^{\phi(i)}h_{ii}^{\phi(i)}}{\displaystyle\sum_{k=1,k\neq i}^{N}p_k^{\phi(i)}h_{ki}^{\phi(i)}} \qquad (5-11)$$

式中：$p_i^{\phi(i)}$ 为发射机 i 的发射功率；$h_{ii}^{\phi(i)}$ 为用户 i 的收发机在频道 $\phi(i)$ 上的链路增益；$h_{ki}^{\phi(i)}$ 为在频道 $\phi(i)$ 用户 k 与用户 i 接收机之间的链路增益。

式(5-10)中的函数本质上反映了网络的效用。可以看到，位势博弈的性质保证了独立用户的效用增加，将导致整个网络的效用增加。位势博弈框架在用户采取最佳动态响应时具有很快达到均衡点的优点，因此，基于位势博弈理论的效用函数 U 一定满足算法设计的目标要求，最小化系统总干扰水平。

1）算法假设条件

基于位势博弈理论的频谱分配算法使用效用函数 U 作为自身的效用函数。其中，干扰值的计算需要相关的数据信息，而干扰信息的交换更要依靠相应的公共控制信道。假设小区中有 K 个信道用来传输数据，有一个公共控制信道用于算法中信令包的传送，各节点的发射端及接收端都可在同一个公共控制信道传输和接收信息。

为使认知无线电小区中各用户可以计算自身的效用函数 U 的值，系统对信道的分配必须有一个初始状态，这个初始状态可以随机设置。同时，小区中各用户发射端和接收端都保存系统增益矩阵 $\boldsymbol{H}_{N\times N}$ 和信道状态表（Channel Situation Table，CST），其数值都在初始阶段得到。增益矩阵根据各节点的地理位置计算得到，算法中假设各认知用户节点知道其他节点在小区中的地理位置。信道状态表用于记录各数据信道被其他节点占用的情况，一旦用户侦听到公共控制信道中相应的信令数据包，如 START_CH、ACK_START_CH、END、ACK_END 等，则更新自身发射端和接收端的 CST，这样各用户就能够完全掌握其他用户的通信信息。认知无线电小区中各用户发射功率不相等，其值也在初始化阶段设置，且在算法执行过程中保持不变。

另外，一个算法周期中涉及公共控制信道上信令包的传送，如果两个用户同时使用公共控制信道，则会产生冲突，因此，一个单独的算法周期只能完成一个用户的一次策略更改。如何挑选哪一个用户在下一个算法周期执行算法，可以通过贝努利试验的方式来决定。

在上一个算法周期结束时，小区中每个用户以相同的概率，即

$$p_a = 1/N$$

竞争下一次执行算法的机会,完成概率为 p_a 的贝努利实验。如果成功,则执行算法,计算各信道的效用函数并选择信道(选择结果有可能是继续使用原信道);如果失败,则继续等待下一次机会。通过随机过程理论计算发现,以上过程使得每次成功竞争得到算法执行机会的平均用户数为 1 个,也存在 2 个或 3 个用户同时成功造成冲突的情况(这样的概率微乎其微)。因此,虽然在算法周期之前的初始化阶段可会有多个用户竞争成功而造成一个算法周期内效用函数的暂时下降,但很快就会遏止这种趋势。

2)算法步骤

基于位势博弈理论的效用函数 U 使得算法的执行需要节点发射端和接收端在公共控制信道传送信令,因此,基于 3 次握手机制的信令协议可完成此项功能。此信令协议与 IEEE802.11 协议中的 RTS_CTS 包交换协议类似,其中规定了 START、START_CH、ACK_START_CH、END、ACK_END 5 种信令数据包。表 5-1 为信令协议中各数据包的功能。

表 5-1 信令协议中各数据包的功能

数据包名称	功 能
START	计算得到的 I_o 值
START_CH	传送由接收端选定的数据信道信息
ACK_START_CH	对接收到的 START_CH 进行确认
END	结束选定信道上的数据传输
ACK_END	对接收到的 END 进行确认

信令协议中的信令数据包主要有两个方面的作用:一是对各数据信道进行干扰测量,计算效用函数值;二是宣布用户对某个数据信道的占用情况。由于信令数据包的传送都在公共信道上进行,因此其他用户可以通过侦听该信道完成自身信道状态表的更新。

在信令的帮助下,认知无线电小区各用户能够借助公共控制信道进行控制信息的传送,为实现算法流程、准确高效地利用效用函数选择相应的数据信道提供了条件。具体算法步骤如下:

(1)认知用户进行概率为 p_a 的贝努利实验,如果实验结果为 0 则继续监听公共控制信道,若实验结果为 1 则进入下一个步骤。

(2)选中的认知用户发射端发送 START 数据包,其中包括测量得到的本用户对其他用户在所有可用信道上产生的干扰值 I_o(此信息由储存在信道状态表 CST 和增益矩阵 $\boldsymbol{H}_{N\times N}$ 内的数值计算得到)。

(3)选中的认知用户接收到 START 数据包后,提取 I_o 干扰值,计算当前测量得到的其他用户对本用户的干扰值 I_d,进而计算每个信道上的 U;接下来取 U 值最大的信道作为通信信道。

（4）选中的认知用户接收端将选定的数据信息存入 START_CH 数据包中,借助公共控制信道传送给发射端。

（5）选中的认知用户发射端在控制信道发送 ACK_START_CH 数据包对选定信道信息进行确认,并开始在选定的数据信道进行通信。

（6）其他所有认知用户(包括发送端和接收端)在接收到 START_CH 和 ACK_START_CH 数据包后,更新自身的 CST。

2. 基于无悔学习理论的频谱分配算法

基于无悔学习理论的频谱分配算法同样以最小化系统总干扰水平为目标,并且分析认知无线电用户中的自私用户。

基于无悔学习的频谱分配算法,既可以选择效用函数 U_1 也可选择效用函数 U_2。

当选用效用函数 U_1 时,算法针对自私用户,只需要计算其他用户对本用户产生的干扰,位势博弈算法中的信令协议不再使用,可达最小的信令开销。

当选择效用函数 U_2 时,算法针对合作用户,需要在公共控制信道上传递信令,这将会造成一定量的信令开销,与位势博弈算法类似。

1）权值选择

无悔学习算法依据历史信息为每个策略计算权值,根据权值选择下一步的策略。

在选定所需的效用函数后,令 $U_i^t(s_i)$ 为用户 i 在选择策略 s_i 经时间 t 后带来的累积效益,即

$$U_i^t(s_i) = \sum_{st=1}^{t} U_i(s_i, s_{-i}^{st})$$

式中: $U_i(s_i, s_{-i}^{st})$ 为归一化效益,取值为 0 ~ 1。

令 $\beta > 0$,在下一时刻 $t+1$ 策略 s_i 的权重(选择概率)为

$$\omega_i^{t+1}(s_i) = \frac{(1+\beta)^{U_i^t(s_i)}}{\sum_{s'_i \in S_i}(1+\beta)^{U_i^t(s'_i)}} \tag{5-12}$$

因此,在下一时刻 $t+1$ 时,用户以式(5-12)权重选择相应的频谱策略,即数据信道。

2）算法步骤

无悔学习算法利用过去的选择信息决定每个可能的策略。该算法分搜索阶段和使用阶段两个阶段执行[2]。在搜索阶段,参与者尝试通过搜索整个行动空间找出最佳的策略,所有具有非零概率的策略均在可选之列。在使用阶段,算法的作用是增加历史表现较好的策略的被选概率。算法步骤如下:

（1）查询上一个算法周期中各可选策略的权重值 $\omega_i^t(s_i)$ 及最终策略选择结果。

（2）根据式(5-12)计算本算法周期各可选的权重值 $\omega_i^{t+1}(s_i)$。

（3）根据权重值对可选策略进行选择。

（4）将本算法周期计算的各可选用策略权重值与最终选择结果更新到自身的缓存中。

由于算法中参与者是有限的,行动集合是封闭的、有界的凸集,而效用函数是在行动空间上的连续的、拟凹函数。因此,算法具有稳定状态。

5.1.3　基于定价拍卖的频谱共享模型

近年来,利用微观经济学中定价拍卖原理而制定的无线电资源分配机制得到广泛研究,而且已经被证明是认知无线电网络中频谱共享问题的有效解决方法之一。

在这种基于拍卖的频谱分配模型中,一般采用集中式网络结构,中心接入点(Access Point, AP)或基站(Base Station, BS)在一次拍卖中充当拍卖人,而认知无线电用户则是投标者。在一个拍卖回合中,每个投标者为满足自身需要给频谱资源投标,由拍卖人根据最大化认知无线电净收益等原则确定胜利者。基于定价拍卖的频谱分配模型根据不同的网络效用需求来确定自身的目标函数,即确定赢家胜出的规则。例如,采用最大化系统吞吐量原则将某段频谱分配给吞吐量的投标值最大的用户,利用效用公平原则与时间公平原则保证投标者在竞争频谱资源过程中的效用公平和时间公平等。

频谱分配过程中引入了定价拍卖原理,认知无线电用户(即投标者)原则上都是"自私的"、"理性的"。这使得基于定价拍卖的频谱分配模型具有如下特点:

（1）非合作:由于投标者是"自私的"、"理性的",每个投标者之间互不合作,即各自根据系统效用需要对可用频谱进行定价,将评估的价格传送给拍卖人,而无须知道其他用户的信息和策略。

（2）分配算法的执行时间和计算开销合理:基于定价拍卖的频谱分配算法中大量的运算集中在投标者和拍卖人身上。例如,投标者需要对每个可用频谱单元进行评估,拍卖人需要收集全部投标者定价并进行赢家判断等。

（3）小的信令开销:虽然对频谱单元的定价为投标者增加了较大的运算负担,但由于用户之间非合作的关系以及投标者和拍卖人之间信息传递的完备性,使得基于定价拍卖的频谱分配算法拥有信令开销较小的优点。

1. 静态古诺博弈模型

首先建立一个理想状态下的静态博弈模型[3],在这个模型中所有次用户可以完全得到其他次用户的策略和效益函数(集中式的频谱共享场景);然后为放宽假设条件建立了一个动态博弈模型,某一个次用户不知道其他次用户的信息。在动态模型中,主用户的定价函数不同引起次用户收益函数的变化,次用户根据收益函数的变化相应地调整各自的策略。整个过程中,频谱共享的主要目标是使次用户们各自的利润最大化。

基于上述描述的系统模型,建立的博弈模型如图 5 - 1 所示。系统中仅有一个主用户,它愿意拍卖其空闲的频谱给次用户用,有 N 个次用户竞争主用户提供的频谱资源。博弈中,参与者是所有的次用户,每一参与者的策略是需要的频谱大小(对次用户 i 用非负值 b_i 表示),每一个参与者的收益函数是次用户在与主用户以及其他次用户共享频谱时的利润(也就是收入减去成本),用 p_i 表示。

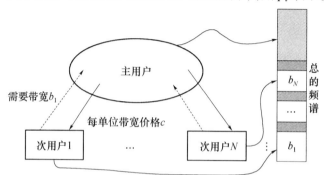

图 5 - 1   一个主用户、N 个次用户的频谱分配模型

采用自适应调制,传输速率可以基于信道质量进行动态调整。对具有正方形星座未编码的正交幅度调制(QAM),在单输入单输出的高斯白噪声信道中,比特误码率可近似表示为:

$$BER \approx 0.2\exp\left(\frac{-1.5\gamma}{2^k - 1}\right) \tag{5 - 13}$$

式中:γ 为接收机处的信噪比;k 为所选用调制方案的频谱效率。

不失一般性,假设频谱效率是一个非负数。为保证传输质量,BER 必须保持在一个目标水平,即 BER_i^{tar}。

次用户 i 传输的频谱效率为

$$k_i = \log_2(1 + K\gamma_i) \tag{5 - 14}$$

式中

$$K = \frac{1.5}{\ln 0.2 / BER_i^{tar}} \tag{5 - 15}$$

假设接收的信噪比在发送端通过信道估计已知。简单来说,对于次用户 i,给定接收信噪比 SNR γ_i、目标 BER_i^{tar} 及分配的频谱 b_i,可以得到传输速率。

假设决定主用户向次用户收取费用的定价函数为

$$c(B) = x + y\left(\sum_{b_j \in B} b_j\right)^\tau \tag{5 - 16}$$

式中:x、y、τ 为非负常数($\tau \geqslant 1$,保证定价函数是凸函数);B 为所有次用户的策略集合,$B = \{b_1, b_2, \cdots, b_N\}$。

如果用 w 表示对主用户来说频谱的价值(主用户成本),那么满足条件 $c(B) > w \times \sum\limits_{b_j \in B} b_j$,从而保证主用户愿意与次用户共享 $b = \sum\limits_{b_j \in B} b_j$ 的频谱。主用户对所有次用户收费相同,次用户 i 的收益为 $r_i \times k_i \times b_i$,同时频谱共享的成本为 $b_i c(B)$。因此,次用户 i 的利润可表示为

$$p_i(B) = r_i k_i b_i - b_i c(B) \tag{5 - 17}$$

假设不同用户共享的频谱之间的保护频段是固定的并且很小,那么次用户 i 的利润函数可以表示为

$$p_i(B) = r_i k_i b_i - b_i \left[x + y \left(\sum_{b_j \in B} b_j \right)^\tau \right] \tag{5 - 18}$$

次用户 i 的边缘利润函数可表示为

$$\frac{\partial p_i(B)}{\partial b_i} = r_i k_i - x - y \left(\sum_{b_j \in B} b_j \right)^\tau - y b_i \tau \left(\sum_{b_j \in B} b_j \right)^{\tau-1} \tag{5 - 19}$$

用 B_{-i} 表示除次用户 i 外其他次用户采取的策略集合,即 $B_{-i} = \{b_j | j = 1, \cdots, N; j \neq i\}$,并且 $B = B_{-i} \cup \{b_i\}$。这种情况下,某一次用户分配到的频谱的最佳大小取决于其他认知用户采取的策略。用纳什均衡作为这一博弈模型的解,从而保证所有次用户都满足自身的要求。

根据纳什均衡的定义,博弈的纳什均衡是指是一组策略,在这组策略中给定其他参与者的行动,某一个参与者不能通过采取其他的策略来提高收益。根据这一特性,纳什均衡可以通过最优响应函数得到,最优响应函数是已知其他策略时某一参与者的最优策略。已知其他次用户共享的频谱大小为 $b_j (j \neq i)$,次用户 i 的最优响应函数可表示为

$$\mathrm{BR}_i(B_{-i}) = \arg \max_{b_i} p_i(B_{-i} \cup \{b_i\}) \tag{5 - 20}$$

当且仅当式(5 - 21)成立时,集合 $B^* = \{b_1^*, b_2^*, \cdots, b_N^*\}$ 表示这一博弈模型的纳什均衡解,即

$$b_i^* = BR_i(B_{-i}^*), \ \forall i \in \mathbb{N} \tag{5 - 21}$$

式中:B_{-i}^* 为次用户 j 的最优响应集合($j \neq i$)。

为了得到纳什均衡,需要解方程:

$$\frac{\partial p_i(B)}{\partial b_i} = r_i k_i - x - y \left(\sum_{b_j \in B} b_j \right)^\tau - y b_i \tau \left(\sum_{b_j \in B} b_j \right)^{\tau-1} = 0 \tag{5 - 22}$$

求解方程(5 - 22),可以用数值的方法得到纳什均衡(即共享频谱大小 b_i^*),从而形成一个最优问题,其目标定义为最小化 $\sum\limits_{i=1}^{N} |b_i - \mathrm{BR}_i(B_{-i})|$(最小化决策

变量 b_i 与相应的最优响应函数之差的和)。如果算法达到纳什均衡,那么目标函数最小值为 0。

2. 动态古诺博弈模型

在实际的认知无线环境中,次用户只能够观察到来自主用户的定价信息,而不能观察到其他次用户的策略和效益,所以必须在仅与主用户交互的基础上,为每一个次用户求得纳什均衡。既然所有的次用户都是理性的,都尽力最大化它们的效益,那么它们可以根据各自的边缘利润函数调整需求频谱的大小 b_i。在这种情况下,每一个次用户可以与主用户通信,根据主用户不同的定价函数选择相应的策略。对次用户 i 共享频谱(需求频谱)大小的调整可以建模为一个动态博弈:

$$b_i(t+1) = Q(b_i(t)) = b_i(t) + \alpha_i b_i(t) \frac{\partial p_i(B)}{\partial b_i(t)} \qquad (5-23)$$

式中:$b_i(t)$ 为在时刻 t 分配的频谱大小;α_i 为次用户 i 的调整速率(也称学习速度);$Q(\cdot)$ 为自映射函数。

这一动态博弈可表示为

$$b_i(t+1) = b_i(t) + \alpha_i b_i(t) \left(r_i k_i - x - y \left(\sum_{b_j \in B} b_j(t) \right)^{\tau} - b_i(t) y\tau \left(\sum_{b_j \in B} b_j(t) \right)^{\tau-1} \right)$$

$$(5-24)$$

在实际的系统中,$\partial p_i(B)/\partial b_i(t)$ 的值可由次用户估计得到。具体来说,某一次用户在时刻 t 的策略(共享频谱的大小)为 $b_i(t) \pm \varepsilon$,并且将其发送给主用户;主用户根据次用户共享频谱的大小调整价格函数 $c^+(B(t))$ 和 $c^-(B(t))$ 并反馈给次用户;然后次用户根据这些信息计算相应的 $p_i^+(B(t))$ 和 $p_i^-(B(t))$,根据下式估计出边缘利润:

$$\frac{\partial p_i(B(t))}{\partial b_i(t)} \approx \frac{p_i^+(B(t)) - p_i^-(B(t))}{2\varepsilon} \qquad (5-25)$$

即

$$\frac{\partial p_i(B(t))}{\partial b_i(t)} \approx \frac{p_i(B_{-i}(t) \cup \{b_i(t) + \varepsilon\})}{2\varepsilon} - \frac{p_i(B_{-i}(t) \cup \{b_i(t) - \varepsilon\})}{2\varepsilon}$$

$$(5-26)$$

式中

$$p_j(B_{-i}(t) \cup \{b_i(t) \pm \varepsilon\}) = r_j k_j(b_j(t) \pm \varepsilon) - (b_j(t) \pm \varepsilon)c(B_{-i}(t) \cup \{b_i(t) \pm \varepsilon\})$$

$$(5-27)$$

考虑 $\tau = 1$ 的情况。$\tau = 1$ 时,主用户的定价函数为线性函数,这对处于认知无线电环境中的主用户来说是符合实际的。如果次用户对频谱的需求变大,主用户就会收取更高的价格。将动态博弈表示为矩阵的形式,即

$$b(t+1) = Q(b(t)) \qquad (5-28)$$

在均衡处,有 $b(t+1) = b(t) = b$,即 $b = Q(b)$,其中,$Q(b)$ 为固定点 b 的自映射函数。根据线性定价函数,固定点可以通过解下列方程得到,即

$$\alpha_i b_i \left(r_i k_i - x - 2b_i y - y \sum_{j \neq i} b_j \right) = 0, \forall i \in \mathbb{N} \qquad (5-29)$$

由式(5-29)可得到纳什均衡点 $(b_1^*, b_2^*, \cdots, b_N^*)$,其中,$b_i^* \ (i=1,2,\cdots,N)$ 为次用户 i 和主用户共享频谱的大小。

3. 局部稳态分析

对于只有两个认知无线电的环境,解方程(5-29)有不动点 b_0、b_1、b_2、b_3,可以表示为

$$\begin{cases} b_0 = (0,0) \\ b_1 = \left(\dfrac{r_1 k_1 - x}{2y}, 0 \right) \\ b_2 = \left(0, \dfrac{r_2 k_2 - x}{2y} \right) \\ b_3 = \left(\dfrac{r_2 k_2 - 2r_1 k_1 + x}{1-4y}, \dfrac{r_1 k_1 - 2r_2 k_2 + x}{1-4y} \right) \end{cases} \qquad (5-30)$$

式中:b_3 为纳什均衡。

通过考虑映射的雅可比矩阵的特征值来分析基于局部频谱共享的局部稳态。由定义,不动点是稳定的,当且仅当特征值位于复平面的单位圆内($|\lambda_i| < 1, k = 1, 2, \cdots, N$)。

对于只有两个次用户的情况,有两个特征值,雅可比矩阵可表示为

$$J(b_1, b_2) = \begin{bmatrix} 1 + \alpha_1(r_1 k_1 - x - 4yb_1 - yb_2) & -y\alpha_1 b_1 \\ -y\alpha_2 b_2 & 1 + \alpha_2(r_2 k_2 - x - 4yb_2 - yb_1) \end{bmatrix} \qquad (5-31)$$

然而,研究每个不动点的稳定条件,对 b_0,有

$$J(0,0) = \begin{bmatrix} 1 + \alpha_1(r_1 k_1 - x) & 0 \\ 0 & 1 + \alpha_2(r_2 k_2 - x) \end{bmatrix} \qquad (5-32)$$

注意到,若 $J(\cdot)$ 是对角矩阵或三角矩阵,则特征值由 $J(\cdot)$ 的对角值给出。若 $|1 + \alpha_1(r_1 k_1 - x)| < 1$ 及 $|1 + \alpha_2(r_2 k_2 - x)| < 1$,则不动点为 $(0,0)$ 是稳定的。由于 x 非负,考虑 $1 + \alpha_1(r_1 k_1 - x) < 1$ 及 $1 + \alpha_2(r_2 k_2 - x) < 1$,达到 b_0 的稳定条件为

$$\begin{cases} r_1 k_1 < x \\ r_2 k_2 < x \end{cases} \qquad (5-33)$$

这些条件意味着没有一个次用户乐意共享频谱(对应着不动点 $(0,0)$)时,系

统是稳定的。也就是说,当花费高于从分配频谱中获得的收益时,次用户乐意待在系统外面。

对于不动点 b_1,雅可比矩阵表达式为

$$J\left(\frac{r_1k_1 - x}{2y}, 0\right) = \begin{bmatrix} 1 + \alpha_1(-r_1k_1 + x) & \alpha_1\frac{r_1k_1 - x}{2} \\ 0 & 1 + \alpha_2\frac{1}{2}(2r_2k_2 - r_1k_1 - x) \end{bmatrix}$$

$$(5 - 34)$$

对于第一个特征值,满足条件 $|1 + \alpha_1(-r_1k_1 + x)| < 1$ 或 $r_1k_1 > x$。对于第二个特征值,评估下列条件:

$$\left|1 + \alpha_2\frac{1}{2}(2r_2k_2 - r_1k_1 - x)\right| < 1 \qquad (5 - 35)$$

又一次,由于 x 非负,故

$$1 + \alpha_2\frac{1}{2}(2r_2k_2 - r_1k_1 - x) < 1 \text{ 或 } 2r_2k_2 - r_1k_1 - x < 0 \qquad (3 - 36)$$

可是,从式(5-30)可看出,当 $2r_2k_2 > r_1k_1 + x$ 时可得到纳什均衡。因此,不动点 $\left(\frac{r_1k_1 - x}{2y}, 0\right)$ 永远是不稳定的。

与不动点 b_1 一样,不动点 $b_2 = \left(0, \frac{r_2k_2 - x}{2y}\right)$ 也永远是不稳定的。

对于不动点 b_3,它是纳什均衡,雅可比矩阵可表示为

$$J\left(\frac{r_2k_2 - 2(r_1k_1) + x}{1 - 4y}, \frac{r_1k_1 - 2(r_2k_2) + x}{1 - 4y}\right) = [j_{i,j}] \qquad (5 - 37)$$

式中

$$j_{1,1} = 1 + \alpha_1\left(\frac{r_1k_1 - 2yr_2k_2 + 3yr_1k_1 - yx - x}{1 - 4y}\right)$$

$$j_{1,2} = -y\left(\frac{r_2k_2 - 2r_1k_1 + x}{1 - 4y}\right)$$

$$j_{2,1} = -y\left(\frac{r_1k_1 - 2r_2k_2 + x}{1 - 4y}\right)$$

$$j_{2,2} = 1 + \alpha_2\left(\frac{r_2k_2 - 2yr_1k_1 + 3yr_2k_2 - yx - x}{1 - 4y}\right)$$

由于雅可比矩阵既非对角矩阵又非三角矩阵,得到特征值的特征方程为

$$\lambda^2 - \lambda(j_{1,1} + j_{2,2}) + (j_{1,1}j_{2,2} - j_{1,2}j_{2,1}) = 0 \qquad (5 - 38)$$

解方程(5-38),得

$$\lambda_1,\lambda_2 = \frac{(j_{1,1} + j_{2,2}) \pm \sqrt{4j_{1,2}j_{2,1} + (j_{1,1} - j_{2,2})^2}}{2}$$

基本上,给定 r_1、r_2、k_1、k_2、x 及 y,可以得到 α_1 与 α_2 之间的关系,所以纳什均衡的不动点是稳定的。当纳什不动点稳定时,次用户不能通过改变分配的频谱规模增加收益。

文献[3]给出数值结果。其参数设置:考虑一个主用户、两个次用户共享 15MHz 频谱。两个用户的目标 BER 为 $\mathrm{BER}_i^{\mathrm{tar}} = 10^{-4}$。对于主用户定价函数,用 $x = 0$ 和 $y = 1$,而 τ 的调整基于评估场景($\tau = 1.0$),主用户的频谱价值 $\omega = 1$。次用户每单位传输速率的收益 $r_i = 10,\forall i$。

图 5-2 为静态古诺博弈中两个次用户的最优响应,每个次用户的最优响应是其他用户策略的线性函数。纳什均衡位于两用户最优响应交叉区域。通过观察,在不同的信道质量下,纳什均衡位于不同的位置。由于对相同的频谱大小采取自适应调制,次用户可以取得更高的传输速率,因而可取得更高的收益,而次用户更倾向于获得更大的频谱规模。图 5-2 所示的动态古诺博弈频谱共享的轨迹为 $\alpha_1 = \alpha_2 = 0.14$ 的情况,再次观察到相同的调整参数速率,更好的信道质量导致对纳什均衡的轨迹更大的影响。

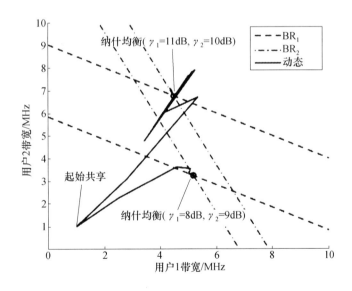

图 5-2　最优响应及纳什均衡的轨迹

基于式(5-37)推导的雅可比矩阵特征值,可以得到提供稳定频谱共享的 α_1 与 α_2 之间的关系。实际上,对于不同的信道质量在 α_1 与 α_2 轴之间的稳定区域如图 5-3 所示,频谱共享是稳定的,可以达到纳什均衡点;否则,共享将是不稳定的,会发生波动。

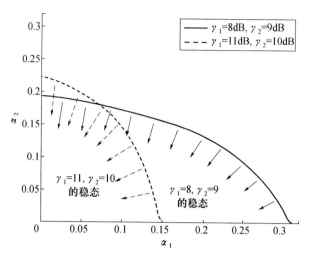

图 5 - 3   稳定纳什均衡 α_1 和 α_2 值的区域

在不同信道质量下纳什均衡的调整如图 5 - 4 所示。正如期望的,当信道质量变好,分配给次用户的频谱规模变大。再一次看到,一个用户的信道质量对其他用户频谱规模的分配的冲击。

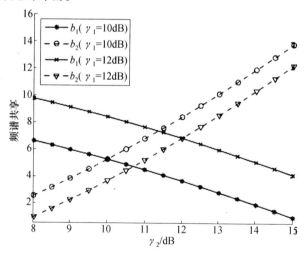

图 5 - 4   不同信道质量下的频谱共享的纳什均衡

认知无线电网络中大多存在多个主用户和多个次用户,主用户拥有频谱的使用权,次用户需要从某一主用户租借频谱。多个主用户整合各自的频谱资源,作为一个整体向次用户提供带宽时,主用户会获得更多的收益,次用户得到的服务质量将会提高,频谱接入费用也会减少。因此,文献[4]对频谱共享算法进行修改,将所有主用户视为一个合作的整体,称为主系统。这样,认知无线电网络就简化为由一个主系统和多个次用户组成的系统。

5.2　基于代价的 ad hoc 网络带宽分配方法

在无线 ad hoc 网络中,覆盖范围有限,网络资源有限,节点的能量有限,节点之间的相互合作,即一节点为其他节点转发分组,是多跳能够实现的必要条件。网络资源的有效分配是提升网络性能最为有效的途径。在这类网络中:一方面节点(或网络)追求效益最大化;另一方面节点使用网络应该付出代价。因此,一种基于代价(定价)的方法广泛应用于这类网络的博弈分析。

5.2.1　定价模型

为分析问题简化起见,假设网络是静态拓扑,每个用户向单一的目的节点沿着单一及固定的路径发送业务[5]。

考虑 ad hoc 网络用户的集合 $\mathbb{N} = \{1, 2, \cdots N\}$。假设每个用户 $n \in \mathbb{N}$ 沿单一固定路径 r_n 发送业务流,其中,r_n 为用户 n 中继业务的节点集合(不包括用户 n)。用 $G(n)$ 表示为用户 n 中继业务的用户集合(用户 n 除外),令 $H(n) = G(n) \cup \{n\}$,$H(n)$ 表示为用户 n 中继业务的所有用户集合(包括用户 n)。路由矩阵为 $A = (A_{nm}, n, m \in \mathbb{N})$,其中:

$$A_{nm} = \begin{cases} 1, & n \in H(m) \\ 0, & \text{其他} \end{cases} \qquad (5-39)$$

假设用户 n 的传输容量为 C_n,$x_n \geq 0$ 为用户 n 发送自己业务的传输速率,$y_n \geq 0$ 为分配给其他用户中继业务的传输速率。自然有 $x_n + y_n \leq C_n$。另外,假设每个用户 $n \in \mathbb{N}$ 为其他用户转发业务流而付费用的价格为 μ_n(每单位流),则用户 n 付给沿路径为其转发业务流的其他用户的总价格为

$$\lambda_n = \sum_{m \in r_n} \mu_m \qquad (5-40)$$

下面建模用户 n 如何决策:

(1) x_n 发送自己业务的传输速率。

(2) y_n 分配给其他用户中继业务的速率。

(3) μ_n 用户 n 付给中继业务的价格。

1. 用户的效用函数

设用户 $n \in \mathbb{N}$ 的效用函数为 $U_n(x_n)$,它依赖于用户 n 分配给发送自己业务的传输速率 x_n。作下列假设:

假设 5.1　对于每个用户 $n \in \mathbb{N}$,效用函数 $U_n : \mathbb{R}_+ \to \mathbb{R}_+$ 是两次连续可微的,具有有界导数 $U'_n(x_n)$。更进一步,$U_n(x_n)$ 在 $[0, C_n]$ 上是严格凹的,且有 $U_n(0) = 0$ 及 $U_n(x_n) = U_n(C_n)$,$x_n \geq C_n$。

具有这些特性的效用函数一般用在定价文献中。假设,对 $x_n \geqslant C_n$,$U_n(x_n) = U_n(C_n)$,反映其容量限制 $x_n \leqslant C_n$。假设5.1并不需要所有用户具有相同的效用函数。假设效用函数 $U_n(x_n)$ 是用户 n 的私有信息,其他用户并不知道。效用函数的曲线如图5-5所示。

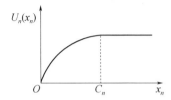

图5-5 用户 n 的效用函数 $U_n(x_n)$

2. 用户的需求函数

用户 n 的需求函数用 $D_n(\lambda_n)$ 表示,$D_n(\lambda_n)$ 为下列最大化问题的最优解:

$$D_n(\lambda_n) = \arg \max_{0 \leqslant x_n \leqslant C_n} \{U_n(x_n) - \lambda_n x_n\}, \lambda_n \geqslant 0 \qquad (5-41)$$

单位流成本为 λ_n,用户 n 不为其他用户转发业务时,$D_n(\lambda_n)$ 的值等于用户 n 最大化净收益时的传输速率。假设5.1意味着 $D_n(\cdot)$ 由下列形式给出:

$$D_n(\lambda_n) = \begin{cases} C_n, & \lambda_n = 0 \\ U'^{-1}_n(\lambda_n), & 0 < \lambda_n < U'_n(0) \\ 0, & \lambda_n \geqslant U'_n(0) \end{cases} \qquad (5-42)$$

注意,$D_n(\lambda_n)$ 以 C_n 为界,更进一步有下列引理。

引理5.1 需求函数 $D_n(\lambda_n)$ 是连续的,具有有界的一阶导数 $D'_n(\lambda_n)$。另外,存在一个常数 $B_n > 0$,有

$$D'_n(\lambda_n) \geqslant B_n, 0 \leqslant \lambda_n \leqslant U'_n(0)$$

上述引理可从假设5.1中得到,省去证明细节。注意,引理5.1暗示着需求函数在 $[0, U'_n(0)]$ 是严格下降的。

3. 外部需求函数

需要在用户 n 处转发的业务流量称为用户 n 的外部需求。外部需求取决于价格 μ_n(节点 n 付给转发服务的价格),以及其他节点处的价格。例如,当用户 n 付出低价格 μ_n,但是所有其他节点为其转发服务付出高价格,在节点 n 处的外部需求就低,反之亦然。

用 $I_n(\mu_n, \boldsymbol{\mu}_{-n})$ 表示用户 n 处的外部需求,其中 $\boldsymbol{\mu}_{-n} \in \mathbb{R}_+^{N-1}$ 是除 n 外所有其他用户价格集合的矢量。注意,$\sum_{m \in G(n)} D_m(\lambda_m)$ 是 $I_n(u_n, \boldsymbol{u}_{-n})$ 的上限,即仅用户 n 中继业务而网络中没有丢失发生时的理想场景的总需求。有下列引理。

引理5.2 对于每一个价格矢量 $\boldsymbol{\mu}_{-n} \in \mathbb{R}_+^{N-1}$,外部需求函数 $I_n(\mu_n, \boldsymbol{\mu}_{-n})$ 在 μ_n

中是降函数且是连续的。更进一步,对于每个价格矢量 $\boldsymbol{\mu}_{-n} \in \mathbb{R}_+^{N-1}$,$I_n(\mu_n, \boldsymbol{\mu}_{-n})$ 对于 μ_n 除 $\mu_n \in \mathbb{R}_+$ 中有限点集合外是可微的。

引理 5.2 暗示着 $I_n(\mu_n, \boldsymbol{\mu}_{-n})$ 对于 μ_n 的右导数存在。

在价格 μ_n 处,有 $I_n(\mu_n, \boldsymbol{\mu}_{-n}) > 0$,定义外部需求函数的弹性为

$$l_n(\mu_n, \boldsymbol{\mu}_{-n}) = \left| \frac{I_n(\mu_n, \boldsymbol{\mu}_{-n})}{d_n^+(\mu_n, \boldsymbol{\mu}_{-n})} \right| \tag{5-43}$$

式中:$d_n^+(\mu_n, \boldsymbol{\mu}_{-n})$ 为 $I_n(\mu_n, \boldsymbol{\mu}_{-n})$ 关于 μ_n 的右导数。当存在某个常数 L_n,对每个 $\mu_n \in \mathbb{R}_+$ 及 $\boldsymbol{\mu}_{-n} \in \mathbb{R}_+^{N-1}$,有 $l_n(\mu_n, \boldsymbol{\mu}_{-n}) \leqslant L_n, I_n(\mu_n, \boldsymbol{\mu}_{-n}) > 0$,则称外部需求在 μ_n 处是弹性的。当外部需求是弹性时,价格 μ_n 小的变化就会引起关于当前需求 $I_n(\mu_n, \boldsymbol{\mu}_{-n})$ 的外部需求大的变化。

4. 用户的最优问题

给定一个矢量 $\boldsymbol{\mu}_{-n} \in \mathbb{R}_+^{N-1}$ 表示除用户 n 外所有用户价格,用户 n 的净收益为

$$U_n(x_n) - x_n \lambda_n + y_n \mu_n$$

其中:$U_n(x_n)$ 为与速率 x_n 有关的效用;$x_n \lambda_n$ 为发送自己业务的耗费;$y_n \mu_n$ 为中继其他用户所得到的收入。

假设每个用户选择一个分配来最大化其净收益,该目标可由最优化问题解决:

$$\begin{cases} \text{USER}(U_n, \boldsymbol{\mu}_{-n}): \\ \max_{x_n, y_n, \mu_n} \left[U_n(x_n) - x_n \lambda_n + y_n \mu_n \right] \\ \text{s.t.} \quad x_n + y_n \leqslant C_n \\ \qquad y_n \leqslant I_n(\mu_n, \boldsymbol{\mu}_{-n}) \\ \qquad x_n, y_n, \mu_n \geqslant 0 \end{cases} \tag{5-44}$$

式中:$\lambda_n = \sum_{m \in r_n} \mu_m$。

注意:用户 n 分配给转发业务的带宽 y_n 总是小于或等于外部需求,即 $y_n \leqslant I_n(\mu_n, \boldsymbol{\mu}_{-n})$。

用户不能直接计算最大化问题 USER$(U_n, \boldsymbol{\mu}_{-n})$ 的最优解。其原因是:需要有关外部需求函数 $I_n(\mu_n, \boldsymbol{\mu}_{-n})$ 的知识,而这种求解假设是不现实的。另外,用户可能基于对系统过去的观察调整其分配,用迭代的方法达到最优。这里考虑一个迭代算法,用户在每次迭代时选择一个基于当前价格最优的带宽分配,然后调整付予转发业务的价格。

更精细地,假设在步骤 $k(k \in \mathbb{N})$ 的开始,每个用户 n 可以从先前的 $k-1$ 步迭代中获得价格 μ_n^{k-1}、λ_n^{k-1} 及外部需求 $i_n^{k-1} = I_n(\mu_n^{k-1}, \boldsymbol{\mu}_{-n}^{k-1})$ 的有用信息。基于这些观察,用户 n 选择分配 (x_n^k, y_n^k, μ_n^k) 如下:

首先,用户 n 保持其价格 μ_n^{k-1} 固定,选择带宽分配 $\{x_n^k, y_n^k\}$,即

$$\begin{cases} \max_{x_n, y_n} \{ U_n(x_n) - x_n \lambda_n^{k-1} + y_n \mu_n^{k-1} \} \\ \text{s.t.} \quad x_n + y_n \leqslant C_n \\ \qquad y_n \leqslant i_n^{k-1} \\ \qquad x_n, y_n \geqslant 0 \end{cases} \tag{5-45}$$

注意,该最大化问题类似于式(5-44),只是现在不用外部需求函数 $I_n(\mu_n, \boldsymbol{\mu}_{-n})$,取而代之的是值 $i_n^{k-1} = I_n(\mu_n^{k-1}, \boldsymbol{\mu}_{-n}^{k-1})$,即:在价格 μ_n^{k-1} 下,第 $k-1$ 步观察到的外部需求。

下列引理陈述了对于带宽分配问题存在一个唯一最优分配 (x_n^k, y_n^k)。

引理 5.3 对于最大化式(5-45)给出的最优问题存在一个唯一分配 (x_n^k, y_n^k)。

其次,一旦用户 n 在 (x_n^k, y_n^k) 上决策,用户 n 便通过下列规则调整其价格:

$$\mu_n^k = [\mu_n^{k-1} + \alpha_n (D_n(\mu_n^{k-1} + \lambda_n^{k-1}) + i_n^{k-1} - C_n)]^+$$

式中:$\alpha_n > 0$ 为小的步幅参数;$[x]^+ = \max\{x, 0\}, x \in \mathbb{R}$。将在 5.2.2 节推导这个调整规则,并证明它确实能增加用户 n 的净收益。在此简略说明这个调整规则:当价格 μ_n^{k-1} 太低以至于总需求超过传输容量 C_n,即 $D_n(\mu_n^{k-1} + \lambda_n^{k-1}) + i_n^{k-1} > C_n$ 时,用户 n 将通过增加一点价格来减小其需求;当价格 μ_n^{k-1} 太高时,由于用户 n 有闲置容量,即 $D_n(\mu_n^{k-1} + \lambda_n^{k-1}) + i_n^{k-1} < C_n$,因此用户 n 将通过降低一点价格来刺激需求。

仿真表明,上述迭代算法中,每个用户都会收敛到最大化自己净收益的分配中。更进一步,均衡处的带宽分配是唯一的,且最大化所有用户效用之和。

5.2.2　最优解

下面推导由式(5-44)给出的最大化问题 $\text{USER}(U_n, \boldsymbol{\mu}_{-n})$ 最优解 (x_n^*, y_n^*, μ_n^*) 的充分和必要条件。

考虑一个固定用户 n,更进一步用 $\boldsymbol{\mu}_{-n} \in \mathbb{R}_+^{N-1}$ 表示除用户 n 外的所有用户价格矢量,用 $\lambda_n = \sum_{m \in r_n} \mu_m$ 表示相应的用户 n 必须为转发其业务流所付出的总的代价。假设除用户 n 外所有用户保持它们的价格固定($\boldsymbol{\mu}_{-n}, \lambda_n$ 固定),但是依照由用户 n 设定的价格 μ_n 来调整其带宽分配。在这种情况下,节点 n 的外部需求仅取决于价格 μ_n,用 $I_n(\mu_n)$ 而不是 $I_n(\mu_n, \boldsymbol{\mu}_{-n})$ 来表示节点 n 的外部需求。

对于绝大多数情况,$I_n(0) > 0$,得到下列引理。

引理 5.4 在 $x_n^* + y_n^* = C_n$ 情况下,分配 (x_n^*, y_n^*, μ_n^*) 是 $\text{USER}(U_n, \boldsymbol{\mu}_{-n})$ 的最优解,当且仅当

$$x_n^* = D_n(\mu_n^* + \lambda_n)$$

及

$$y_n^* = I_n(\mu_n^*)$$

注意,等式 $y_n^* = I_n(\mu_n^*)$ 意味着用户 n 处没有业务丢失。

证明:当 $x_n^* + y_n^* = C_n$ 时,有

$$R_n(x_n^*, y_n^*, \mu_n^*) = U_n(x_n^*) - x_n^* \lambda_n + y_n^* \mu_n^*$$
$$= U_n(x_n^*) - x_n^*(\mu_n^* + \lambda_n) + C_n \mu_n^*$$

一阶条件意味着 $x_n^* = D_n(\mu_n^* + \lambda_n)$。

假设 $y_n^* < I_n(\mu_n^*)$,由于 $I_n(\mu_n^*)$ 是连续下降的,存在价格 $\hat{\mu}_n$,使得 $\hat{\mu}_n > \mu_n^*$ 及 $y_n^* < I_n(\hat{\mu}_n) \leqslant I_n(\mu_n^*)$。注意到:

$$R_n(x_n^*, y_n^*, \hat{\mu}_n) - R_n(x_n^*, y_n^*, \mu_n^*) = y_n^*(\hat{\mu}_n - \mu_n^*) > 0$$

这与 (x_n^*, y_n^*, μ_n^*) 是最优解相矛盾,因此 $y_n^* = I_n(\mu_n^*)$。

引理 5.5　分配 (x_n^*, y_n^*, μ_n^*) 在 $x_n^* + y_n^* < C_n$ 情况下是 USER$(U_n, \boldsymbol{\mu}_{-n})$ 的最优解,当且仅当

$$x_n^* = D_n(\lambda_n) \tag{5-46}$$
$$y_n^* = I_n(\mu_n^*) \tag{5-47}$$
$$\mu_n^* = \arg\max_{\mu_n \geqslant 0}\{\mu_n I(\mu_n)\} \tag{5-48}$$

更进一步,当存在常数 $L_n > 0$,对所有 $\mu_n \in \mathbb{R}_+$ 在 $I_n(\mu_n, \boldsymbol{\mu}_{-n}) > 0$ 时,有 $l_n(\mu_n, \boldsymbol{\mu}_{-n}) \leqslant L_n$,则 $\mu_n^* \leqslant L_n$。

证明:当 $x_n^* + y_n^* < C_n$ 时,用户 n 净收益为

$$U_n(x_n) - x_n \lambda_n + y_n \mu_n$$

从一阶条件,它满足 $x_n^* = D_n(\lambda_n)$。通过引理 5.4,有 $y_n^* = I_n(\mu_n^*)$。

更进一步,最优价格 μ_n^* 满足

$$\mu_n^* = \arg\max_{\mu_n \in \mathbb{R}^+}\{\mu_n I_n(\mu_n)\} \tag{5-49}$$

将 $\mu_n I_n(\mu_n)$ 对 μ_n 求导,可得

$$(\mu_n I_n(\mu_n))' = D'_n(\mu_n)\left(\mu_n + \frac{I_n(\mu_n)}{I'_n(\mu_n)}\right)$$

当 μ_n^* 为最优时,$(\mu_n^* I_n(\mu_n^*))' \leqslant 0$。意味着,$\mu_n^* \leqslant L_n$。

结合引理 5.4 和引理 5.5,得到极限情况 $L_n \to 0$,(x_n^*, y_n^*, μ_n^*) 为最优分配,当且仅当

$$x_n^* = D_n(\mu_n^* + \lambda_n)$$
$$y_n^* = I_n(\mu_n^*)$$
$$\mu_n^* = 0, \quad x_n^* + y_n^* < C_n$$

5.2.3　迭代算法

下面推导 5.2.1 节中算法的迭代算法,其更为详细的情况参见文献[6]。再一次强调,考虑 $n \in \mathbb{N}$,$L_n \to 0$ 的极限情况。

1. 带宽分配

首先考虑用户 n 在时间步骤 k 如何决定其带宽分配 (x_n^k, y_n^k) 最大化由式(5 - 45)给出的最优化问题。为计算式(5 - 45)中的最优化问题,区分三种情况:

(1)当

$$D_n(\mu_n^{k-1} + \lambda_n^{k-1}) + i_n^{k-1} \geqslant C_n$$

时,可以证明式(5 - 45)的最优解具有下列性质:

$$x_n^k + y_n^k = C_n$$

使用类似引理 5.4 证明中的结论,式(5 - 45)最优解 (x_n^k, y_n^k) 由下式给出:

$$x_n^k = D_n(\mu_n^{k-1} + \lambda_n^{k-1})$$
$$y_n^k = C_n - x_n^k$$

(2)当

$$D_n(\lambda_n^{k-1}) + i_n^{k-1} < C_n$$

时,可以证明式(5 - 45)的最优解具有下列性质:

$$x_n^k + y_n^k < C_n$$

使用类似引理 5.5 证明中的结论,最优解由下式给出:

$$x_n^k = D_n(\lambda_n^{k-1})$$
$$y_n^k = i_n^{k-1}$$

(3)当

$$D_n(\mu_n^{k-1} + \lambda_n^{k-1}) + i_n^{k-1} < C_n$$

及

$$D_n(\lambda_n^{k-1}) + i_n^{k-1} \geqslant C_n$$

时,可以证明(见文献[6])式(5 - 45)最大化问题的解由下式给出:

$$x_n^k = C_n - i_n^{k-1}$$
$$y_n^k = i_n^{k-1}$$

算法 5.1 给出用户 n 在第 k 步的带宽分配。

算法 5.1 带宽分配。

1: if $D_n(\mu_n^{k-1} + \lambda_n^{k-1}) + i_n^{k-1} \geqslant C_n$,then 置

2: $\quad x_n^k = D_n(\mu_n^{k-1} + \lambda_n^{k-1})$

3: $\quad y_n^k = C_n - x_n^k$

4: else if $D_n(\lambda_n^{k-1}) + i_n^{k-1} < C_n$,then 置

5: $\quad\quad x_n^k = D_n(\lambda_n^{k-1})$

6: $\quad\quad y_n^k = i_n^{k-1}$

7: $\quad\quad$ else 置

8: $\quad\quad x_n^k = C_n - i_n^{k-1}$

9: $\quad\quad y_n^k = i_n^{k-1}$

10：//　价格调整：

11：$\mu_n^k = \left[\mu_n^{k-1} + \alpha_n\left(D_n\left(\mu_n^{k-1} + \lambda_n^{k-1}\right) + i_n^{k-1} - C_n\right)\right]^+$

2. 价格调整

下面推导在第 k 步进行价格调整的规则。

引理 5.4 暗示着，当

$$D_n\left(\mu_n^{k-1} + \lambda_n^k\right) + I_n\left(\mu_n^k, \boldsymbol{\mu}_{-n}^{k-1}\right) = C_n$$

时，分配 $\left(x_n^k, y_n^k, \mu_n^{k-1}\right)$ 是最优的，价格 μ_n^{k-1} 将不再改变。

引理 5.5 暗示着，当 μ_n^{k-1} 等于 0，及

$$D_n\left(\mu_n^{k-1} + \lambda_n^k\right) + I_n\left(\mu_n^k, \boldsymbol{\mu}_{-n}^{k-1}\right) < C_n$$

时，分配 $\left(x_n^k, y_n^k, \mu_n^{k-1}\right)$ 是最优的，价格 μ_n^{k-1} 将不再改变。

更进一步，可以证明当

$$D_n\left(\mu_n^{k-1} + \lambda_n^{k-1}\right) + I_n\left(\mu_n^{k-1}, \boldsymbol{\mu}_{-n}^{k-1}\right) > C_n$$

时，用户 n 将增加价格 μ_n^{k-1} 来增加净收益。

类似地，当

$$D_n\left(\mu_n^{k-1} + \lambda_n^{k-1}\right) + I_n\left(\mu_n^{k-1}, \boldsymbol{\mu}_{-n}^{k-1}\right) < C_n$$

时，用户 n 将降低其价格 μ_n^{k-1} 来增加净收益。

上述结果建议对 μ_n^k 采取下列调整规则：

$$\mu_n^k = \left[\mu_n^{k-1} + \alpha_n\left(D_n\left(\mu_n^{k-1} + \lambda_n^{k-1}\right) + i_n^{k-1} - C_n\right)\right]^+$$

式中：α_n 为小的步幅尺度参数，$\alpha_n > 0$。

5.2.4　有线 Point – to – Point 网络中基于定价带宽分配的例子

为便于比较，本节介绍 Kelly[7] 等人提出的带宽分配模型。

1. 模型

考虑链路集合为 J 的有线网络，对于 $j \in J$，C_j 为链路 j 的有限容量。用 R 表示接入网络的用户集合。与每个用户 r 相对应的单个路由集为 r，它是 J 的非空子集。如果 $j \in r$，置 $A_{jr} = 1$，表明链路 j 在用户 r 的路由上；其他情况，置 $A_{jr} = 0$。A_{jr} 定义了一个 0 – 1 路由矩阵 $\boldsymbol{A} = \left(A_{jr}, j \in J, r \in R\right)$。

当分配给用户 r 的速率为 x_r 时，该用户所取得的效用为 $U_r(x_r)$。$U_r(x_r)$ 满足下列假设。

假设 5.2　$U_r(x_r)$ 在范围 $x_r \geq 0$ 上是增的、严格凹及连续可微的函数。

上述假设等效为假设 5.1 中，当每个用户 n 的速率严格限制在间隔 $[0, C_n]$ 的情况。

令 $\boldsymbol{U} = \left(U_r(x_r), r \in R\right)$ 及 $\boldsymbol{C} = \left(C_j, j \in J\right)$，假设网络寻求速率分配 $\boldsymbol{x} = \left(x_r, r \in R\right)$，它是解下列最优问题：

$$\text{SYSTEM}(\boldsymbol{U}, \boldsymbol{A}, \boldsymbol{C}):$$

$$\max \sum_{r \in R} U_r(x_r)$$

$$\text{s. t.} \quad \boldsymbol{Ax} \leqslant \boldsymbol{C}$$

$$\text{over} \quad \boldsymbol{x} \geqslant 0$$

2. 问题分解

上述最大化问题不能由网络提供者求解,因为效用 $\boldsymbol{U}$ 对网络来说是未知的。因而 Kelly 等人考虑两个更简单的问题。

假设用户 r 选择每单位时间的支付量 w_r,因此接收流为

$$x_r = \frac{w_r}{\lambda_r} \tag{5-50}$$

式中:λ_r 为用户 r 每单位流的支付。

对用户 r 效用最大化问题如下:

$$\text{USER}(U_r; \lambda_r):$$

$$\max \quad U_r\left(\frac{w_r}{\lambda_r}\right) - w_r$$

$$\text{over} \quad w_r \geqslant 0$$

假设网络试图最大化 $\sum_{r \in R} w_r \log x_r$,令 $\boldsymbol{w} = (w_r, r \in R)$,则网络问题如下:

$$\text{NETWORK}(\boldsymbol{A}, \boldsymbol{C}; \boldsymbol{w}):$$

$$\max_{r \in R} w_r \log x_r$$

$$\text{s. t.} \quad \boldsymbol{Ax} \leqslant \boldsymbol{C}$$

$$\text{over} \quad \boldsymbol{x} \geqslant 0$$

注意:解最大化问题 $\text{NETWORK}(\boldsymbol{A}, \boldsymbol{C}; \boldsymbol{w})$ 不需网络知道效用 $\boldsymbol{U}$。

Kelly 等人证明,总存在矢量 $\boldsymbol{\lambda} = (\lambda_r, r \in R)$,$\boldsymbol{w} = (w_r, r \in R)$ 及 $\boldsymbol{x} = (x_r, r \in R)$,对于 $r \in R$,满足 $w_r = \lambda_r x_r$,w_r 是 $\text{USER}(U_r; \lambda_r)$ 的解,$\boldsymbol{x}$ 是 $\text{NETWORK}(\boldsymbol{A}, \boldsymbol{C}; \boldsymbol{w})$ 的解。更进一步,矢量 $\boldsymbol{x}$ 是 $\text{SYSTEM}(\boldsymbol{U}, \boldsymbol{A}, \boldsymbol{C})$ 的唯一解。该结果意味着,对于 $r \in R$,可用问题 $\text{NETWORK}(\boldsymbol{A}, \boldsymbol{C}; \boldsymbol{w})$ 及 $\text{USER}(U_r; \lambda_r)$ 求解得到 SYSTEM$(\boldsymbol{U}, \boldsymbol{A}, \boldsymbol{C})$ 的唯一解。

3. 使用拉格朗日乘子表征最优解

对于 $\text{NETWORK}(\boldsymbol{A}, \boldsymbol{C}; \boldsymbol{w})$ 的拉格朗日算子为

$$L(\boldsymbol{x}, \boldsymbol{\mu}) = \sum_{r \in R} w_r \log x_r - \boldsymbol{\mu}^{\mathrm{T}}(\boldsymbol{C} - \boldsymbol{Ax}) \tag{5-51}$$

式中:$\boldsymbol{\mu} = (\mu_j, j \in J)$ 为拉格朗日乘子(链路影子价格)。

当每单位流的价格是 λ_r 时,用户 r 的需求 $D_r(\lambda_r)$ 为

$$D_r(\lambda_r) = \arg\max_{x_r \geqslant 0}\{U_r(x_r) - x_r \lambda_r\}, \lambda_r \geqslant 0 \tag{5-52}$$

更进一步,用 $H(j)$ 表示路由经过链路 j 的用户集合。Kelly 等人证明,对于上述拉格朗日算法有下列结果。

命题 5.1　速率矢量 $\boldsymbol{x}^*$ 是 SYSTEM$(\boldsymbol{U},\boldsymbol{A},\boldsymbol{C})$ 的最优解,当且仅当存在一个拉格朗日矢量 $\boldsymbol{\mu}^* \geqslant 0$,对每个用户 $r \in R$,有

$$x_r^* = D_r(\lambda_r) \tag{5-53}$$

式中

$$\lambda_r = \sum_{j \in R} \mu_j^* \tag{5-54}$$

对于每个链路 $j \in J$,有

$$\sum_{r \in H(j)} x_r^* \leqslant C_j \tag{5-55}$$

$$\mu_j^* = 0,\text{如果} \left(C_j - \sum_{r \in H(j)} D_r(\lambda_r) \right) < C_j \tag{5-56}$$

4. 迭代算法

问题 NETWORK$(\boldsymbol{A},\boldsymbol{C};\boldsymbol{w})$ 是易处理的,但在任何有中心的方式中很难实现,Kelly 等人提出使用无中心算法迭代计算最优解,算法如下:

在第 k 步迭代,每个用户都知道如下价格:

$$\lambda_r^{k-1} = \sum_{j \in r} \mu_j^{k-1} \tag{5-57}$$

是在链路价格矢量 $\boldsymbol{\mu}^{k-1} = (\mu_j^{k-1}, j \in J)$ 下,用户 r 在先前 $k-1$ 步做出的支付。用户 r 随后选择的发送速率为

$$x_r^k = D_r(\lambda_r^{k-1}) \tag{5-58}$$

网络通过如下设置调整链路价格:

$$\mu_j^k = \left[\mu_j^{k-1} + \alpha_j \left(\sum_{r \in H(j)} x_r^k - C_j \right) \right]^+ \tag{5-59}$$

式中:α_j 为小的步幅参数,$\alpha_j > 0 (j \in J)$。

5.2.5　收敛分析

下面分析 5.2.3 节中的算法收敛性问题,目标是证明算法收敛到唯一最大化所有用户效用的带宽分配 $\boldsymbol{x}^* = (x_n^*, n \in \mathbb{N})$。

1. 价格矢量 $\boldsymbol{\mu}^k$ 的收敛

首先证明:$\lim\limits_{k \to \infty} \| \boldsymbol{\mu}^k - \boldsymbol{\mu}^{k+1} \| = 0$。

令李雅普诺夫函数 $\Phi: \mathbb{R}_+^N \to \mathbb{R}_+$ 定义为

$$\Phi(\boldsymbol{\mu}) = \sum_{n \in \mathbb{N}} \int^{\mu_n + \lambda_n} D_n(\xi)\,\mathrm{d}\xi - \sum_{n \in \mathbb{N}} \mu_n C_n \tag{5-60}$$

式中

$$\lambda_n = \sum_{m \in r_n} \mu_m \tag{5-61}$$

则有下列结果。

引理 5.6　存在常数 $L > 0$,有

$$\| \nabla \Phi(\boldsymbol{\mu}) - \nabla \Phi(\boldsymbol{\eta}) \| \leqslant L \| \boldsymbol{\mu} - \boldsymbol{\eta} \|, \boldsymbol{\mu}, \boldsymbol{\eta} \in \mathbb{R}_+^N \qquad (5-62)$$

命题 5.2 当步幅参数对

$$1 - \frac{\alpha_n L}{2} > 0, \quad n \in \mathbb{N} \qquad (5-63)$$

成立时,则有

$$\lim_{k \to \infty} \| \boldsymbol{\mu}^k - \boldsymbol{\mu}^{k+1} \| = 0 \qquad (5-64)$$

注意:命题 5.2 不意味着矢量序列 $\boldsymbol{\mu}^k (k \geqslant 1)$ 收敛到均衡价格矢量 $\boldsymbol{\mu}^*$。

2. 极限点的性质

令 $e_n^k = (x_n^k, y_n^k, \mu_n^k)$ 为用户 n 在第 k 步迭代的分配,$e^k = (e_n^k, n \in \mathbb{N})$ 为第 k 步分配矢量,$E = \{e^k, k \geqslant 1\}$ 为由迭代算法产生的分配序列。下面将证明每个极限点 e^* 导致最大化每个用户净收益的分配。

下列引理陈述 E 给出的序列是有界的。

引理 5.7 存在常数 $B > 0$ 时,有

$$\| e^k \| < B, k \geqslant 1 \qquad (5-65)$$

使用引理 5.7,可得到下列引理。

引理 5.8 每个 E 的无限子集合具有一个极限点。

对于每个用户 $n \in \mathbb{N}$,定义函数 $f_n(e)$:

$$\begin{aligned} f_n(e) = {} & (x_n - D_n(\mu_n + \lambda_n))^2 + \\ & (y_n - I_n(\mu_n, \boldsymbol{\mu}_{-n}))^2 + \\ & \mu_n(C_n - x_n - y_n) \end{aligned} \qquad (5-66)$$

式中:$e = \{e_n, n \in \mathbb{N}\}, e_n = (x_n, y_n, \mu_n) \in \mathbb{R}_+^3$。

引理 5.9 建立了对于每个用户 $n \in \mathbb{N}$,序列 $(f_n(e^k), k \geqslant 1)$ 收敛到 0。

引理 5.9 $\lim\limits_{k \to \infty} f_n(e^k) = 0$。

证明上述引理并不复杂,参见文献[6]。

下面的命题表征了 E 极限点的性质。

命题 5.3 用 e^* 表示序列 $E = \{e^k, k \geqslant 1\}$ 的极限点,对于每个用户 $n \in \mathbb{N}$,有

$$x_n^* = D_n(\mu_n^* + \lambda_n^*)$$

$$y_n^* = I_n(\mu_n^*, \boldsymbol{\mu}_{-n}^*)$$

$$\mu_n^* = 0, \text{如果 } x_n^* + y_n^* < C_n$$

证明: 对于每个用户 $n \in \mathbb{N}$,函数 $f_n(e)$ 是对 e 连续的。考虑引理 5.9,可得下面结论:

$$f_n(e^*) = 0, n \in \mathbb{N}$$

或

$$(x_n - D_n(\mu_n + \lambda_n))^2 + (y_n - I_n(\mu_n, \boldsymbol{\mu}_{-n}))^2 + \mu_n(C_n - x_n - y_n) = 0$$

则得到命题 5.3 的公式。

因此,在每一个极限点 e^*,分配 (x_n^*, y_n^*, μ_n^*) 最大化用户 n 的净收益。

3. 系统性能

下面证明算法收敛到一个唯一最大化所有用户效用之和的带宽分配。考虑这个最大化问题(社会福利):

$$\begin{aligned} &\max \sum_{n \in \mathbb{N}} U_n(x_n) \\ &\text{s.t.} \quad \boldsymbol{Ax} \leqslant \boldsymbol{C} \\ &\text{over} \quad \boldsymbol{x} \geqslant 0 \end{aligned} \qquad (5-67)$$

式中:$\boldsymbol{A}$ 为路由矩阵;$\boldsymbol{C} = (C_n, n \in \mathbb{N})$ 为容量矢量。

注意:该最大化问题与 Kelly 等人考虑的系统问题有相同的形式,更进一步有下列命题。

命题 5.4　用 $\boldsymbol{x}^* = (x_n^*, n \in \mathbb{N})$ 表示序列 $E = (e^k, k \geqslant 1)$ 极限点的带宽分配,则 $\boldsymbol{x}^*$ 是式(5-67)的唯一最优解。

证明:将我们网络中每个节点收益最优问题与文献[7]中用户最优问题 USER $[U_n; \lambda_n]$ 关联起来。两个场景的差别:在我们的网络中,一个节点为使用相关节点传输带宽付费;在 USER $[U_n; \lambda_n]$ 中,一个用户为使用有线网络链路付费。将节点的带宽看作任意两个节点的虚链路连接,使用该虚链路需要付费。

由命题 5.3,对每个节点 $n \in \mathbb{N}$,如果 (x_n^*, y_n^*, μ_n^*) 是该序列的极限点,则 $(x_n^k, y_n^k, \mu_n^k)(k \in \mathbb{N})$ 有下列性质:

$$x_n^* = D_n\left(\sum_{j=1}^m \mu_{r_{n_j}}\right)$$

$$\sum_{m \in H(n)} x_m^* \leqslant C_n$$

$$\mu_n = 0, \quad \sum_{m \in H(n)} x_m^* < C_n$$

这些性质显示每个节点实际为它路由上每个节点付费,包含它自己。这使得节点收益最优的问题与用户最优问题 USER $[U_n; \lambda_n]$ 相同。

用 $\boldsymbol{x}^* = (x_1^*, x_2^*, \cdots, x_N^*)$ 表示节点传输速率矢量的极限点,由于 $\boldsymbol{Ax} \leqslant \boldsymbol{C}$,对任意节点 n 有 $x_n \leqslant C_n$。假设 5.1 中的效用函数假设与假设 5.2 中的效用函数假设相同。基于上述矢量 $\boldsymbol{x}^*$ 的性质,应用命题 5.1 即得到 $\boldsymbol{x}^*$ 是节点传输速率矢量 $\boldsymbol{x}$ 的唯一极限点。更进一步,极限点 $\boldsymbol{x}^*$ 解系统最大化问题 SYSTEM $[\boldsymbol{U}, \boldsymbol{A}, \boldsymbol{C}]$,因此是最大化网络社会福利。

从命题 5.4 立刻得到下列推论。

推论 5.1　序列 $\boldsymbol{x}^k(k \geqslant 1)$ 收敛到解式(5-67)的唯一带宽分配 $\boldsymbol{x}^* = (x_1^*, x_2^*,$

$\cdots,x_N^*$)。

注意:上述分析仅建立算法收敛到唯一带宽分配,并不意味着收敛到唯一价格矢量 $\boldsymbol{\mu}^*$。可以证明,系统均衡点 e^* 并非唯一。

5.2.6 数值结果

对一含有 25 个用户(节点)的网络进行仿真,每个用户的带宽容量设置成每秒 10 个分组,均匀生成拓扑结构。另外,假设每个用户具有相同的效用函数:

$$U(x) = \begin{cases} \lg(x+1), x \in [0,C] \\ \lg(C+1), x \in (C, +\infty) \end{cases} \tag{5-68}$$

对每个用户 $n \in \mathbb{N}$,设置步幅参数 $\alpha_n = 0.0007$,仿真迭代算法迭代 800 步。

图 5-6、图 5-7 分别示出各个用户 $n \in \mathbb{N}$ 的传输速率 x_n 和价格 μ_n 的轨迹。在 600 次迭代之内,系统收敛到均衡速率分配及均衡价值矢量。均衡传输速率及价格见表 5-2 所列。注意:有用户并没有完全使用其传输容量,即 $x_n^* + y_n^* < 10$ 时,均衡价格 $\mu_n^* = 0$。

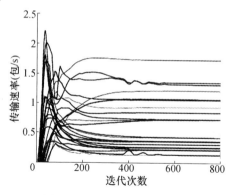

图 5-6 发送速率 x_n 的轨迹

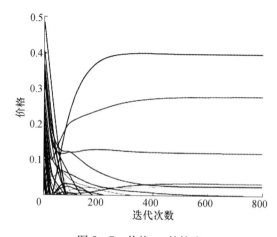

图 5-7 价格 μ_n 的轨迹

表 5 – 2 均衡传输速率及价格

用户	x_n^*	y_n^*	μ_n^*	用户	x_n^*	y_n^*	μ_n^*
1	1.0601	7.9827	0	14	1.0516	5.8930	0
2	0.4223	6.2287	0	15	0.8358	6.0169	0
3	0.3574	9.6426	0.0342	16	0.2522	9.7478	0.2786
4	1.7232	6.5354	0	17	0.2116	7.4388	0
5	1.3095	8.6905	0.1202	18	0.7231	8.9465	0
6	0.1290	9.8710	0.0262	19	0.2522	4.5585	0
7	0.1314	9.8686	0.3983	20	0.9286	6.6787	0
8	0.3553	4.0663	0	21	0.7214	7.8929	0
9	0.2545	9.7455	0.0015	22	0.3063	7.6517	0
10	0.3526	6.0685	0	23	0.2146	5.3223	0
11	1.2062	7.0717	0	24	1.3445	8.6555	0.0268
12	0.7275	8.9532	0	25	0.4193	9.2796	0
13	1.0516	6.1872	0				

用不同的传输速率和价格起始值集合进行仿真,发现系统总是收敛到相同的速率和价格矢量。该结果意味着,大规模的 ad hoc 网络具有唯一系统均衡点 $e^* = (x^*, y^*, \mu^*)$。

文献[5]还讨论了基于电池代价和基于干扰代价的扩展问题。

5.3 基于博弈论的多无线电多信道无线网络中的信道分配

在无线 mesh 网络和 ad hoc 网络中,为提高传输容量,节点采用多无线电是一种有效的方法。在多无线电多信道的系统中有效地为每个节点的无线电分配信道,是提升网络性能的有效方法。有大量的文献专注于这方面的研究,主要体现在:单冲突域、多冲突域;合作、非合作。下面就这方面典型的研究予以介绍。

5.3.1 单冲突域非合作的信道分配

在无线 mesh 网络或无线 ad hoc 网络中,由于节点的发射功率有限,电波的传输距离受限,一个节点发射时对其他节点的干扰有一个作用距离。也就是说,当一个节点发送数据时,对一定距离之内的用户构成干扰,而对这一距离之外的用户不构成干扰,或干扰可忽略。根据这一原则,通常将无线 mesh 网络分成单冲突域和多冲突域。某一用户发送数据时,对其冲突域内的用户构成干扰,而对其冲突域之外的用户不构成干扰。单冲突域,即整个网络中的用户发送数据,相互之间均构成干扰,所有用户均处于同一冲突域内。

1. 系统模型

文献[8]对此类问题进行了系统的研究,文中假设可用的频带使用 FDMA 方法划分为相同带宽的正交信道,可用正交信道集合表示为$\mathbb{C}$。

在此模型中,希望在单跳范围内相互通信的用户构成用户对。假设每个用户仅参与一个这样通信会话,因此通信链路集合表示为N。每个用户装备有 $k \leqslant |\mathbb{C}|$ 个无线电收发信机,且具有相同的通信容量。两个设备之间的通信是双向的,它们总有某些分组要交换。由于是双向链路,发射机和接收机能够协调,选择相同信道进行通信。假定每一个通信对均为自私的参与者,它的目标是最大化它的总速率或信道利用率。假设参与者数量有限,且进一步假设每个设备能够听到其他设备使用相同信道的发射,这意味着参与者居于同一个冲突域内。用这个假设避免隐蔽终端问题。由于设备居于单个冲突域,假设信道具有大致相同的信道特征。

假设存在一个机制能够使参与者同时使用多信道进行通信(TDMA 或 CSMA/CA)。使用信道 $c(c \in \mathbb{C})$ 的参与者 i 的无线电数量为 $k_{i,c}$。为简化表示,用 C_i 表示参与者 i 使用信道的集合,$C_i \in \mathbb{C}$,及 $0 \leqslant |C_i| \leqslant k$。进一步假设,每信道上的无线电数量没有限制。

多无线电信道分配问题可表示为非合作博弈,定义参与者 i 的策略为它的信道分配矢量:

$$s_i = (k_{i,1}, \cdots, k_{i,|\mathbb{C}|}) \tag{5-69}$$

因此,其策略由每个信道上的无线电数目定义。所有参与者策略矢量定义策略矩阵 S(策略组合),矩阵的 i 行对应参与者 i 的策略矢量:

$$S = \begin{pmatrix} s_1 \\ s_2 \\ \vdots \\ s_{|\mathbb{N}|} \end{pmatrix} \tag{5-70}$$

更进一步,除参与者 i 之外的策略矩阵表示为 S_{-i}。

图 5-8 示出了 6 个可用信道($|\mathbb{C}|=6$)、4 个参与者($|\mathbb{N}|=4$)、每个用户装备有 4 个无线电($k=4$)的信道分配例子。

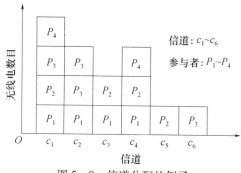

图 5-8 信道分配的例子

参与者 i 使用的无线电总数量 $k_i = \sum_c k_{i,c}$。类似地,可以得到使用某个信道 c

的无线电数量 $k_c = \sum_i k_{i,c}$。在图 5 - 8 中,每个参与者都有一个无线电在信道 c_1 上,但是信道 c_5 仅被参与者 P_2 占据。参与者 P_3 在 c_2 信道上使用两个无线电,以便取得更宽的带宽。关于每个参与者的无线电数,有 $k_{P_1} = k_{P_2} = k_{P_3} = 4, k_{P_4} = 2$,意味着 P_4 没有使用它的全部无线电。

一般假设参与者是理性的,目标是最大化其在网络中的收益。参与者 i 的收益表示为 U_i。为简化起见,假设每个参与者 i 的目标是最大化其在系统中的总速率 R_i,收益函数是其取得的比特速率。

假设在信道 c 上,总的速率被使用该信道的所有无线电平分共享。公平的速率分配是通过在该信道上使用基于 TDMA 的预约方案或者 CSMA/CA 协议取得。假设在信道 c 上总的可用比特速率为 $R_c(k_c)$,即信道 c 上所有参与者取得的比特速率之和,$R_c(k_c)$ 是关于部署在该信道上无线电数目 k_c 的非增函数。对于使用 TDMA 及最佳退避窗口值的 CSMA/CA 协议来说,$R_c(k_c)$ 不依赖于 k_c。实际上,由于分组碰撞使 $R_c(k_c)$ 成为 $k_c (k_c > 1)$ 的降函数,所以在 CSMA/CA 协议中实现的退避窗口值不是最佳的。由于假设信道有相同的带宽及信道特性,速率函数并不依赖于信道,因此对于任意信道 $c \in \mathbb{C}$,总的速率为 $R(k_c)$。如果 $k_c = 0$,定义 $R(0) = 0$。

如果参与者 i 选择在给定的信道 c 运行 $k_{i,c}$ 个无线电,则该信道上的速率可写为 $R_{i,c} = \dfrac{k_{i,c}}{k_c} R(k_c)$

假设参与者在 MAC 层协议上并没有欺骗,因此对所有 $c \in \mathbb{C}$ 可以写为 $R_{i,c} > 0$,其中 $k_{i,c} > 0$。如图 5 - 8 所示,给定信道上无线电数目越高,每个无线电速率越低。例如,对于参与者 P_2,有 $R_{2,1} < R_{2,4} < R_{2,3} < R_{2,5}$。可得到对于参与者 i 的总速率 $R_i = \sum_{c \in \mathbb{C}} R_{i,c}$。

对参与者 i 的收益函数可表示为

$$U_i(\boldsymbol{S}) = R_i = \sum_{c \in \mathbb{C}} R_{i,c} = \sum_{c \in \mathbb{C}} \frac{k_{i,c}}{k_c} R(k_c) \tag{5 - 71}$$

信道分配问题建模为一个单阶段博弈,它对应在参与者之间进行固定的信道分配。

2. 纳什均衡

直观上,如果无线电的总数目小于或等于信道数量,则为一个平坦的信道分配。每信道的无线电数量不超过 1,是纳什均衡。

事实 5.1　如果 $|\mathbb{N}| \cdot k \leqslant |\mathbb{C}|$,则任意信道分配,其中 $k_c \leqslant 1, \forall c \in \mathbb{C}$ 是帕累托最优的 NE。

一般假设 $|\mathbb{N}| \cdot k > |\mathbb{C}|$,因此设备在信道分配过程中有冲突。

下面在多无线电信道分配博弈中,考虑 NE 策略矩阵表示为 S^*,其中 $s_i^* \in S^*$ 为参与者 i 的 NE 策略(矩阵的第 i 行)。

首先证明如下直观的结果:一个自私的参与者将使用它的所有无线电,以获取最大化的总速率。

引理 5.10 如果 S^* 是多无线电信道分配博弈的纳什均衡,则 $k_i = k, \forall i \in \mathbb{N}$。

在图 5-8 呈现的例子中,对于参与者 P_4,因为仅使用两个无线电,引理 5.10 并不成立。因此,例子并非纳什均衡。

考虑两个任意的信道 b 和 c,不失一般性,假设有更多的无线电使用信道 b。意味着,$k_b > k_c$。它们的差值表示为

$$\delta_{b,c} = k_b - k_c \tag{5-72}$$

定义另一个差值:

$$\gamma_{i,b,c} = k_{i,b} - k_{i,c} \tag{5-73}$$

将信道分配 S 划分为三个子集合。定义信道集合 $C_{\max}$ 具有最多数目的无线电,即 $b \in C_{\max}$ 具有 $k_b = \max_{l \in \mathbb{C}} \boldsymbol{k}_l$。类似地,定义最少占据信道集合为 $C_{\min}$,即 $c \in C_{\min}$,有 $k_c = \min_{l \in \mathbb{C}} \boldsymbol{k}_l$。在图 5-8 中,$C_{\max} = \{c_1\}$,$C_{\min} = \{c_5, c_6\}$。

在下列命题中,将证明达到纳什均衡时,两个信道之间的无线电总数目之差不超过 1。

命题 5.5 如果 S^* 是多无线电信道分配的博弈,则 $\delta_{b,c} \leqslant 1, \forall b, c \in \mathbb{C}$。

使用命题 5.5,表述一个集合是 NE 的充分必要条件。

定理 5.1 假设 $|\mathbb{N}| \cdot k > |\mathbb{C}|$,当且仅当下面两个条件成立:

(1) $\delta_{b,c} \leqslant 1$,对于任意 $b, c \in \mathbb{C}$。

(2) 情况 $1 : k_{i,c} \leqslant 1$,对于任意 $c \in \mathbb{C}$。

情况 $2 :$ 如果 $\exists j$ 有 $k_{j,c'} > 0, \forall c' \in C_{\min}$,则 $k_{j,b'} \leqslant 1$ 对所有 $b' \in C_{\max}$ 及 $\gamma_{i,a',c'}$ $\leqslant 1$ 对所有信道 $a', c' \in C_{\min}$ 成立。

则信道分配 S^* 是一个 NE。

对应于定理 5.1 中情况 1 的 NE 信道分配的例子如图 5-9 所示,而对应于情况 2 的 NE 信道分配例子如图 5-10 所示。

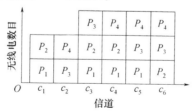

图 5-9 对应于定理 5.1 中情况 1 的 NE 信道分配例子

图 5-9 中,$|\mathbb{C}| = 6$,$|\mathbb{N}| = 4$ 及 $k = 4$,每个参与者在整个信道上分布它的无线电 $(k_{i,c} \leqslant 1, \forall i, \forall c)$。

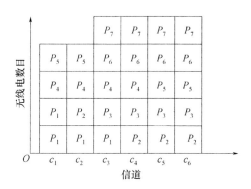

图 5 - 10　对应于定理 5.1 中情况 2 的 NE 信道分配例子

图 5 - 10 中,$|\mathbb{C}| = 6, |\mathbb{N}| = 7, k = 4$,参与者 1 在信道 1 上使用多个无线电。

定理 5.1 建立了关于 NE 的有趣性质:事实上,所有 NE 信道分配在整个 $\mathbb{C}$ 中的信道上都取得负载均衡。更进一步,观察如定理 5.1 条件(2)所述两种情况的纳什均衡。在情况 1 中,每个参与者在一个信道上至多分配一个无线电。直观上,这是负载均衡的一个结果。值得注意的是,情况 2 中参与者在一个信道上分配多个无线电。

定理 5.2 将说明,在速率函数不依赖于某个信道上的无线电数目情况下,有效频谱利用的自私信道分配结果。该定理是事实 5.1 更一般化的表述。

定理 5.2　假设速率函数 $R(\cdot)$ 不依赖于任意信道 c 上的 k_c,则任意 NE 信道分配 S^* 是帕累托最优的。

注意到,这个结果对降速率函数并不成立,原因是参与者会移去某些无线电以减少某个信道上总的无线电数目。如果都这么做,就会相互增加收益,从而使这个议题变成合作博弈。

3. 公平议题

一般来说,公平性是实际的计算机网络资源分配的一个重要议题。在前面的讨论中可看到,对于自私的多无线电信道分配问题,NE 取得负载均衡。不幸的是,这些 NE 将好处给某些参与者而忽视另一些参与者,因而呈现不公平性。例如,在图 5 - 10 所呈现的信道分配中,假设速率函数 $R(\cdot)$ 是恒定的,参与者 P_1 有总的速率 $U_1 = 19/20$,而参与者 P_4 有总的速率 $U_4 = 18/20$。为研究 NE 信道分配的公平性质,使用一个称作最大 - 最小公平(Max-Min Fairness, MMF)的实际尺度。

定义 5.1　最大 - 最小公平

如果对于 $U_i(S^{\text{mmf}}) \geqslant U_j(S^{\text{mmf}})$,参与者 i 在没有降低另一个参与者 j 的收益的情况下,不能提高其收益,则称策略矩阵 S^{mmf} 是最大 - 最小公平。

使用定义 5.1,把最大 - 最小公平 NE 信道分配表示为定理 5.3。

定理 5.3　一个 NE 信道分配 S^* 是最大 - 最小公平,当且仅当 $\sum\limits_{c \in C_{\min}} k_{i,c} = \sum\limits_{c \in C_{\min}} k_{j,c}$ 对所有的 $i, j \in \mathbb{N}$。这意味着,$U_i = U_j, \forall i, j \in \mathbb{N}$。

换句话说,如果在最小分配的信道上对于每个参与者总的无线电数目都是相等的,那么 NE 信道分配是最大－最小公平的。例如,图 5－9 的信道分配是最大－最小公平的。

从该定理可看出,完美均衡信道分配也是最大－最小公平的。

推论 5.2 如果 S^* 是一个 NE, $C_{\min} = C_{\max}(k_b = k_c, \forall b, c \in \mathbb{C})$,则 S^* 是最大－最小公平的。

4. 防共谋纳什均衡

NE 的定义可以阻止单个参与者的背离。在现实的场景中,有可能出现几个参与者串通好以其他参与者为代价来增加其收益的情况。这种勾结称为共谋。这种共谋是如何形成的? 问题本身就值得研究。假设任意一组参与者形成共谋,可一般性地表示共谋 NE 的概念。

定义 5.2 防共谋纳什均衡—CPNE

策略矩阵 S^{cpne} 定义防共谋纳什均衡,如果不存在共谋 $\Gamma \subseteq \mathbb{N}$ 及该共谋的策略 S'_Γ,使得下列共谋集合为真:

$$U_i(S'_\Gamma, S^{\text{cpne}}_{-\Gamma}) \geq U_i(S^{\text{cpne}}_\Gamma, S^{\text{cpne}}_{-\Gamma}), \forall i \in \Gamma \qquad (5-74)$$

至少对一个参与者 $i \in \Gamma$,不等式严格成立。

这意味着,没有共谋能从 S^{cpne} 偏离使至少一个成员收益增加,而其他成员收益不变。从这个定义可看到下列事实。

事实 5.2 如果 S^* 是 NE 使得 $C_{\min} = C_{\max}(k_b = k_c, \forall b, c \in \mathbb{C})$,则 S^* 也是防共谋纳什均衡。

直觉上,对于 $k_b = k_c, \forall b, c \in \mathbb{C}$,在信道分配 S^* 中,任意参与者的改变必然降低其收益,因此 S^* 是定义的防共谋纳什均衡。

假设 $C_{\min} \neq C_{\max}$ 及我们推导的结果突出防共谋 NE。首先,说明使给定 NE 分配成为防共谋纳什均衡的必要条件。

定理 5.4 如果 NE 信道分配 S^{cpne} 是防共谋的,则不存在两个信道 $b \in C_{\max}$ 及 $c \in C_{\min}$,及两个参与者 $i, j \in \mathbb{N}$,使 $k_{i,b} > 0, k_{j,b} > 0$,而 $k_{i,c} = 0, k_{j,c} = 0$。

为演示定理 5.4 的条件,强调图 5－9 所示的例子不是防共谋的。假设 $\Gamma = \{P_3, P_4\}$,则参与者 P_4 可以通过将无线电从信道 c_6 移到 c_1 来增加 P_3 的收益而不降低自己的收益。图 5－11 是防共谋 NE 的例子。

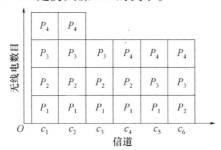

图 5－11 防共谋信道分配的例子

图 5 – 11 中,$|\mathbb{C}| = 6, |\mathbb{N}| = 4, k = 5$。

不能证明定理 5.4 中的条件集合对于建立防共谋是充分的,也不能找到一个反例,条件成立且信道分配不是防共谋 NE。因此,明确地表述下列推测。

推测 5.1　如果不存在两个信道 $b \in C_{\max}$ 及 $c \in C_{\min}$ 及两个参与者 $i, j \in \mathbb{N}$,使 $k_{i,b} > 0, k_{j,b} > 0$,而 $k_{i,c} = 0, k_{j,c} = 0$,则 NE 信道分配 S^{cpne} 是防共谋的。因此上述条件是必要和充分的。

可以证明防共谋 NE 信道分配集合是最大 – 最小公平信道分配的子集合。

定理 5.5　如果 NE 信道分配 S 是防共谋的,则它也是最大 – 最小公平的。

5. 收敛到纳什均衡

前面已证明,自私参与者的非合作行为导致负载均衡的纳什均衡。文献[8]提出了三个算法,即使用完美信息的有中心算法、使用完美信息的分布式算法、使用不完美信息(局部)的分布式算法。每一个算法使用不同的可用信息集合,能够使自私参与者从任意的起始配置收敛到一个纳什均衡。

1)使用完美信息的有中心算法

已在定理 5.1 中证明,纳什均衡信道分配算法具有负载均衡的性质。另外,在定理 5.2 中已证明,对于恒定速率纳什均衡也是帕累托有效的。首先提出如算法 5.2 所示的伪代码,以简单有中心算法来取得有效的纳什均衡。

算法 5.2　具有全局协调及完美信息的 NE 信道分配。

1：for $i = 1$ to $|\mathbb{N}|$ do

2：　for $j = 1$ to k do

3：　　if $k_c = k_l$, $\forall l \in \mathbb{C}$ then

4：　　　use radio j on a channel c, where $k_{i,c} = 0$

5：　　else

6：　　　　use radio j on a channel c, where $k_c = \min_{l \in \mathbb{C}} k_l$

7：　　end if

8：　end for

9：end for

使用该算法,参与者以几乎相等的方式分配其无线电填充信道。由于算法需要参与者相继地行动,因此它需要全局协调。另外,参与者必须具有关于在每个信道上无线电数目的完美信息。这需要先前提到的全局协调或者每个无线电有额外的设备扫描信道。全局协调在有自私参与者存在的无线网络场景中是不可能的,第二个关于完美信息的假设也将不成立,因为参与者将分配所有无线电来通信,正如引理 5.10 所述的。建模扫描的代价是无线扫描信道只能用于扫描而不能用于通信。

2)使用完美信息的分布式算法

为了克服有中心算法的限制,提出了第二个算法。它不需要协调,但仍然要假设关于可用信道的完美信息。

定义基于轮询的分布算法,工作过程如下:首先,假设在整个信道上存在随机分配的无线电。为简化起见,排除对应定理5.1中情况2的纳什均衡。这意味着,假设没有参与者在任意一个信道上分配多于一个设备。其次,在起始的信道分配之后,每个参与者评估每个信道 $c \in \mathbb{C}$ 上的无线电数目(定义为近似的轮询长度),试图通过重新组织无线电提高其总速率。不幸的是,该过程将导致所有参与者连续重分配无线电。连续调整的例子如图 5-12 所示,其中,$|\mathbb{C}|=6$,$|\mathbb{N}|=4$,$k=4$。由于信道 c_6 是空的,因此每个参与者将其无线电从 c_1 移到 c_6。在下一个回合,相同的影响发生、所有的参与者将其无线电从 c_6 移回到 c_1。

为避免这些不稳定的信道分配,采用如同 802.11 媒体接入技术的退避机制。定义退避窗口 W,每个参与者为其退避计数器选择一个随机起始值,该起始值均匀分布在集合 $\{1,2,\cdots,W\}$ 中。然后在每个回合,参与者将退避计数器值减 1,只有当退避计数器值达到 0 时,才重新分配其无线电。在其改变信道分配之后,如先前一样重置退避计数器。注意:使用退避机制,参与者进行博弈几乎都是有序的。

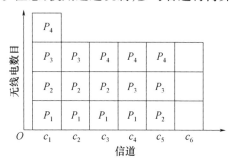

图 5-12 所有参与者不断重分配其无线电信道的例子

因此提出如算法5.3所示的伪代码。

算法5.3 使用完美信息的分布式 NE 信道分配算法。

1:random channel allocation

2:while not in a NE do

3:　get the current channel allocation

4:　for $i=1$ to $|\mathbb{N}|$ do

5:　　if backoff counter is 0 then

6:　　　recorganize the radios of i in order to maximize the total rate:

7:　　　for $j=1$ to k do

8:　　　　assmue that radio uses channel b

9:　　　　move the radio j from b to channel $C_{\min}$ if $\exists C_{\min} \in \mathbb{C}$,

　　　　$C_{\min} = \arg\min_c k_c$ such that $k_{i,c_{\min}}=0$ and $k_{C_{\min}} < k_b - 1$

10:　　　end for

11：　　　　reset the backoff counter to a new value from the set $\{1, \cdots, W\}$

12：　　else

13：　　　　decrease the backoff counter value by one

14：　　end if

15：　end for

16：end while

也可证明,算法 5.3 稳定于负载平衡的纳什均衡信道分配。

定理 5.6　算法 5.3 收敛到 NE 信道分配。

3）使用不完美信息的分布式算法

假设参与者具有不完美信息,意味着仅知道其无线电工作的信道上总的无线电数目。为改善其性能,需作一些处理:每个参与者应用随机的退避机制——在每一个回合,如果参与者 i 的退避计数器值等于 0,则计算已知信道 c_i 上设备的平均数目;令信道 c_i 上的平均设备数量为 m_i;对于每个信道 $b \in c_i$,具有 $k_b - m_i \geq 1$,参与者将其无线电移到另一个信道 $c \notin c_i$;选择一个信道 $c \notin c_i$ 的概率为 $\frac{1}{|\mathbb{C}|}$。这是不完美信息算法的第一个性质。

类似于定理 5.6,可以证明上述过程达到一个稳定状态。不幸的是,可用的局部信息对于参与者确定取得稳定状态是否为纳什均衡是无效的。将这样的"虚警纳什均衡"的例子示于图 5 - 13。

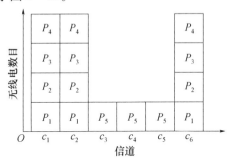

图 5 - 13　使用不完美信息分布式算法的稳定态例子

图 5 - 13 中,$|\mathbb{C}| = 6$,$|\mathbb{N}| = 5$,$k = 3$。对于无效的局部信息,每个参与者竟然都相信这是 NE。

为了解决无效稳定状态的问题,引入机制:参与者 i 检查每个信道 $b \in c_i$ 上的无线电数目,且以一个小的概率 ε,移动其无线电到另一个信道 $c \notin c_i$,即使 $0 < k_b - m_i < 1$;以概率 $\frac{1}{|\mathbb{C} \setminus c_i|}$ 选择新信道 c。第二个性质允许人们解决无效的稳定状态,但与此同时,也将引起纳什均衡的不稳定性。

算法描述如下:

算法 5.4 使用局部信息的分布式 NE 信道分配算法。

1: random channel allocation

2: while ( ) do

3:　get the current channel allocation

4:　for $i = 1$ to $|\mathbb{N}|$ do

5:　　if backoff counter is 0 then

6:　　　if $\left(\max_{c \in \boldsymbol{c}_i}(k_c) - \min_{c \in \boldsymbol{c}_i}(k_c) > 1 \right)$ then

7:　　　　for $j = 1$ to k do

8:　　　　　assume that radio j uses channel b

9:　　　　　if $k_b > m_i$ then

10:　　　　　　move the radio j from b to $c \notin \boldsymbol{c}_i$, where c is chosen with uniform random probability from the set $\mathbb{C} \setminus \boldsymbol{c}_i$

11:　　　　　end if

12:　　　　end for

13:　　　else

14:　　　　for $j = 1$ to k do

15:　　　　　assume that radio j uses channel b

16:　　　　　if $k_b \geqslant m_i$ then

17:　　　　　　move the radio j from b to $c \notin \boldsymbol{c}_i$ with probability ε, where c is chosen with uniform random probability from the set $\mathbb{C} \setminus \boldsymbol{c}_i$

18:　　　　　end if

19:　　　　end for

20:　　　end if

21:　　　reset the backoff counter to a new value from the set $\{1, \cdots, W\}$

22:　　else

23:　　　decrease the backoff counter value by one

24:　　end if

25:　end for

26: end while

注意:算法含退避机制和解决无效稳定状态机制两个性质。

由算法的第二个性质,它并不完美收敛到存在的纳什均衡。更确切地说,它以高概率收敛,但是并不停在纳什均衡解上。无论如何,可以观察算法是以负载平衡停留在接近纳什均衡的状态。下面以仿真证明这种观点。

4) 算法 5.4 的仿真结果

采用 IEEE802.11a 协议,用 MATLAB 实现算法 5.4($|\mathbb{C}|$ 的默认值为 8 个正

交信道)。在每个仿真中,假设恒定速率函数为 $R(\cdot)$。

首先,强调算法 5.4 中所期望的负载平衡最好的情况和最坏的情况。最好的情况是一个 NE 信道分配。最坏的情况是:存在 k 个信道,其中,每一个信道上参与者有一个无线电,而剩余的信道没有无线电。图 5－14 为算法 5.4 最坏信道分配的例子,它与图 5－9 中的最好信道分配相反,称为不平衡(UB)信道分配。

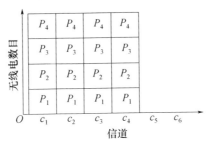

图 5－14　算法 5.4 的最坏信道分配的例子($|\mathbb{C}|=6,|\mathbb{N}|=4,k=4$)

每个信道平均无线电数目 $m=\lfloor|\mathbb{N}|\cdot k/|\mathbb{C}|\rfloor$,比较每个信道 c 利用率与信道分配 S 取得的总的平衡。

定义 5.3　信道分配 S 的平衡 β 定义为求和,即

$$\beta(S)=\sum_{c\in\mathbb{C}}|k_c-m|$$

平衡的概念允许将给定信道分配的效率定义为最坏信道分配和最好信道分配的比例。

定义 5.4　信道分配 S 的效率定义为

$$\phi(S)=\frac{\beta(S_{UB})-\beta(S)}{\beta(S_{UB})-\beta(S_{NE})}$$

强调对于任意信道分配 $S,0\leqslant\phi(S)\leqslant1$ 是真的。更进一步,$\phi(S_{NE})=1$ 及 $\phi(S_{UB})=0$ 是该测量所期望的。

设回合 t 的效率为 $\phi(t,S)$,下面定义平均效率和效率比。

定义 5.5　在回合 T,平均效率 $\bar\phi$ 定义为求和,即

$$\bar\phi(T,S)=\sum_{t=1}^{T}\phi(t,S)$$

效率比定义为

$$\Phi=\lim_{T\to\infty}\inf\frac{\bar\phi(T,S)}{T}$$

注意:效率比表示每回合分布式信道分配算法在一个长时间上的性能。在仿真中,应用一个有限仿真时间,因此取为 $T=10000$ 个回合来测量效率比。

定义算法 5.4 的收敛时间。

定义 5.6 定义算法 5.4 的收敛时间为当信道分配效率首次达到 1(一个 NE 的效率, $\phi(S_{NE})$ 的值)所经历的时间。

假设调整算法的一个回合间隔为 10ms。一个回合的间隔大约对应这些设备发送一个 MAC 层分组,即一个设备收听信道中另一个设备的时间。正如以前所述,仿真运行 10000 个回合,依上述假定,它对应 100s。每个平均值都是对 100 个仿真运行结果求平均得到。对于收敛时间仿真,其结果在均值范围的置信水平为 0.95。

首先给出一个例子,以不完美信息运行本分布算法 20s,结果如图 5 – 15 所示。

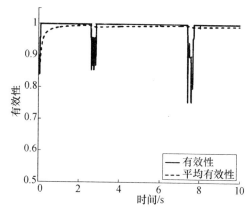

图 5 – 15 有效性和平均有效性对时间的关系的仿真结果($|\mathbb{C}| = 8, |\mathbb{N}| = 10, k = 3, W = 15$)

算法快速达到 NE 状态,因此平均效率收敛到 1。同样可以观察到,参与者一起离开 NE 状态,但是由于第二个性质(以概率 ε 改变无线电到稳态的信道 $c \in C_{\max}$),很快返回。

假设对于任意 k_c,每信道总的数据率 $R(k_c) = 54\text{Mb/s}$。图 5 – 16 示出在 NE 信道分配中每个设备取得的总收益。由图可见,总的收益对于参与者非常类似。由此推断本算法收敛到公平的信道分配上。

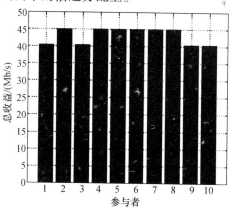

图 5 – 16 在 NE 信道分配中每个设备取得的总收益($|\mathbb{C}| = 8, |\mathbb{N}| = 10, k = 3$)

5.3.2　多冲突域多无线电多信道无线网络中的信道分配

5.3.1 节讨论了单冲突域的无线网络信道分配问题。在实际的网络应用中，如 ad hoc 网络采用多跳的方式组网。由于节点的发射功率受限，信号的传播距离有限，因而在一定的范围之外（通常是两跳范围），不同的用户共用同一信道并不会发生干扰。所以更多的是对应于多冲突域的应用。下面讨论多冲突域信道分配的建模问题[9]。

1. 系统模型

1）网络模型

考虑由 n 个通信链路集合 $\mathbb{L} = \{L_1, L_2, \cdots, L_n\}$ 组成的一个静态无线网络。每条链路建模为节点 v_i 和 u_i 之间的无向链路，其中，v_i、u_i 是相互通信的两个无线设备。使用无向链路模型反映了 IEEE802.11 DCF 的事实，它要求发送者能够从接收机收到每个数据包的确认信息。由于链路是无向的，两个节点能够协调地选择相同的信道用于通信。假设链路是积压的，总有数据分组需要发送。每个无线设备装备多个无线电接口。进一步假设每次通信必须是在两个无线电之间，一个作为发射机，另一个作为接收机。因此，合理假设链路 L_i 的两个节点具有相同的无线电数量，表示为 r_i。假设无线电设备具有相同的最大发射功率，但是每个设备依照传输链路长度 l_i 调整其实际的发射功率。用 R 表示最大功率的发送范围。进一步，假设网络中有 $h > 1$ 个正交可用信道，信道集合 $\mathbb{C} = \{c_1, c_2, \cdots, c_h\}$。

为了通信，链路的两个节点至少将其中一个无线电调谐至相同的信道。如果两个节点之间在无线电上共享多个信道，则允许并行通信。为避免一个设备上的无线电相互干扰，假设同一设备中的不同无线电必须调谐至不同的信道。因此，可以合理假设对于所有 $L_i \in \mathbb{L}$，$r_i < h$，将可直接分配信道。在一个无线电上分配各个信道的目的是最大化设备的传输数据率。

2）干扰模型

由于共用传输媒质，沿一个链路的无线电传输数据将干扰沿另一链路的其他通信，特别是链路相距很近时。对于单冲突域，如果假设它们共享至少一条信道，那么所有的传输将相互干扰。可是，无线电信号强度随它们距发射机的距离呈指数衰减，因此发送信号距离较远，即并非邻居时，并不能伤害另一条链路传输。下面讨论多冲突域网络信道分配问题[9]。

为表征多冲突域网络，需要一个合适的干扰模型。现有的干扰模型主要有基本干扰模型、协议干扰模型、物理干扰模型（SINR 干扰模型）等。为分析方便，采用协议干扰模型，该模型已应用于大多数信道分配研究中。在此模型中，每个节点的干扰范围为 γl_i，它至少和传输范围（相同的 l_i）一样大，即 $\gamma \geq 1$。假设对于任意 L_i，$l_i \leq \dfrac{R}{\gamma}$。如果 u 位于 v 的干扰范围，任意的节点 u 将被节点 v 干扰。可以想象，

与每个 L_i 相联系的是一个以 u_i 为中心的干扰圆盘 D_{u_i},以 v_i 为中心的干扰圆盘 D_{v_i}。D_{u_i} 和 D_{v_i} 的联合表示为 $D_{u_i} \cup D_{v_i}$,组成 L_i 的干扰区域。链路 L_i 干扰链路 L_j,当且仅当 v_j 或 u_j 在 $D_{u_i} \cup D_{v_i}$ 中,且两链路至少共享一条公共信道。在无线电上信道之前,链路 L_i 对链路 L_j 构成潜在干扰。图 5 – 17 为 5 条链路的网络,其中,$\mathbb{L} = \{L_1, L_2, L_3, L_4, L_5\}$,$r_1 = 3, r_2 = 3, r_3 = 2, r_4 = 2, r_5 = 1$,$\mathbb{C} = \{1, 2, 3, 4\}$;花生状的虚线代表干扰区域的界。在此例中,$L_3$ 潜在干扰 L_1,而 L_1 不能干扰 L_3。

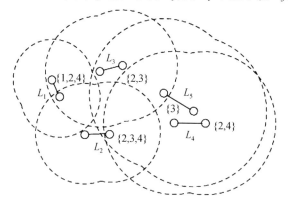

图 5 – 17　5 条链路网络

冲突图广泛用作信道分配算法的工具。用类似的概念——潜在干扰图(PING)来表征链路之间的干扰关系。由于干扰范围的多样性,不同于冲突图,PING 的边是有向的。在 PING 中,$G_p = (V_p, A_p)$,节点(顶点)对应于通信链路。用 L_i 表示 G_p 中的节点(顶点)。如果 L_i 潜在干扰 L_j,则在 L_i 到 L_j 之间有一条圆弧。图 5 – 18(a)表示了图 5 – 17 中的 PING 的例子。不幸的是,上面定义的 PING 对于多无线电设备并非是精确的模型。如果 L_i 潜在干扰 L_j,两条链路有两个无线电对,将有两个干扰圆弧。因此,将 PING 拓宽到多无线电模型,且新模型称为多无线电潜在干扰图(MPING)。MPING 是有向多图,$G_m = (V_m, A_m)$,其中,节点表示传输链路,弧表示链路间的潜在干扰,两个顶点之间存在并行的有向弧。如果 $(L_i, L_j) \in A_p$,从 L_i 到 L_j 存在 $\min(r_i, r_j)$。用 $A_m^-(L_i)$、$A_m^+(L_i)$ 表示内弧和外弧集合,L_i 的内弧集合表示进入 L_i,而 L_i 的外弧集合表示从 L_i 离开。$A_m^-(L_i)$ 中的内弧称作 L_i 的潜在干扰弧,用 $N_m^-(L_i)$ 表示内邻居集合,$N_m^+(L_i)$ 表示 MPING 中外邻居集合。L_i 的内邻集合 $N_m^-(L_i)$ 是内弧的尾巴顶点集合,L_i 的外邻集合 $N_m^+(L_i)$ 是外弧的箭头顶点集合。对应于图 5 – 17 的 MPING 示于图 5 – 18(b)。

3) 信道分配博弈公式

把非合作 MR – MC 无线网络的信道分配问题表示为博弈,称作信道分配博弈。在这个博弈中,每个传输链路是参与者,策略空间是在其无线电上所有可能的信道分配集合。假设参与者是自私的、理性的和诚实的。实际上,参与者可能存在

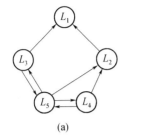 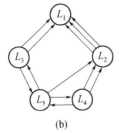 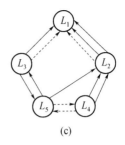

(a)　　　　　　　　　　(b)　　　　　　　　　　(c)

图 5 - 18　图 5 - 17 中的 PING、MPING 及 MING 的例子

（a）PING；（b）MPING；（c）MING。

欺骗,这需要另外进行研究。L_i 的信道分配定义为矢量 $s_i = (s_{i1}, s_{i2}, \cdots, s_{ih})$。如果 L_i 分配一个信道 c_k 给一个无线电对,则 $s_{ik} = 1$;其他情况下,$s_{ik} = 0$。为有效地使用信道资源,需要 $\sum_{k=1}^{h} s_{ik} = r_i$。在单冲突域情况下,已经证明对每个参与者最优。策略组合 s 是 $n \times h$ 维矩阵,由所有参与者策略 $s = (s_1, s_2, \cdots, s_n)^{\mathrm{T}}$ 定义。

尽管先前的工作已经使用取得的数据率作为效用函数(假设所有链路在单冲突域内),由于隐藏终端问题,在具有多冲突域的网络中不可能有计算每个参与者取得速率的闭式表达式。替代方案是使用干扰作为性能测度,数据率是链路听到干扰的近似线性函数。

给定策略组合 s,如果该无线电对属于一个干扰 L_i 的链路,且已经调谐到分配给 L_i 的信道,则称通信的无线电对干扰 L_i。定义 L_i 的干扰数 $I_i(s)$ 为干扰 L_i 的通信无线电对的数量,有

$$I_i(s) = \sum_{L_j \in N_m^-(L_i)} s_i \cdot s_j \tag{5-75}$$

式中:符号"·"是两个矢量的点积。

注意:对所有 $L_i \in \mathbb{L}$,$I_i(s) \leqslant |A_m^-(L_i)|$。当给定 s 时,可以构建多无线电干扰图(MING),$G_m(s) = (V_m(s), A_m(s))$,为从 MPING 移去对应的潜在干扰弧后所得到,从 L_i 到 L_j 移去弧的数量等于 $s_i \cdot s_j$。

定义参与者的效用函数为干扰数的函数。更特殊地,定义参与者 L_i 的效用函数为

$$u_i(s) = |A_m^-(L_i)| - I_i(s) \tag{5-76}$$

换句话说,L_i 的目标是通过尽可能多地从 $N_m^-(L_i)$ 中移去潜在干扰弧来在其无线电上分配信道。当网络给定时,$|A_m^-(L_i)|$ 是恒定的。因此,最大化式(5-76)可以取得全局最小化的 $I_i(s)$,它是在策略 s 下 L_i 忍受的干扰。

系统性能函数定义为

$$U(s) = |A_m| - \sum_{L_i \in \mathbb{L}} I_i(s) \tag{5-77}$$

这是在分配策略 s 下,从 MPING 移去的总的潜在干扰。类似地,$|A_m|$ 为常数。

因此,最大化式(5 – 77)可以取得总的最小化 $\sum\limits_{L_i \in \mathbb{L}} I_i(\boldsymbol{s})$,它是整个网络的干扰。

使用图 5 – 17 的例子来说明,与每条链路联系的括号内的数字表示分配的信道。对应的信道分配矢量:$\boldsymbol{s}_1 = (1,1,0,1)$,$\boldsymbol{s}_2 = (0,1,1,1)$,$\boldsymbol{s}_3 = (0,1,1,0)$,$\boldsymbol{s}_4 = (0,1,0,1)$,$\boldsymbol{s}_5 = (0,0,1,0)$。在 $\boldsymbol{s}$ 下的干扰图示于图 5 – 18(c)。在这样的策略组合,有 $u_1(\boldsymbol{s}) = 2$,$u_2(\boldsymbol{s}) = 0$,$u_3(\boldsymbol{s}) = 0$,$u_4(\boldsymbol{s}) = 1$,$u_5(\boldsymbol{s}) = 1$,系统性能 $U(\boldsymbol{s}) = 4$。

4) 信道分配中博弈中的振荡

依照当前定义的效用函数,参与者不能收敛到任意稳定状态,即 NE。考虑图 5 – 19(a)所示的网络,很明显,有 MPING 如图 5 – 19(b)所示。

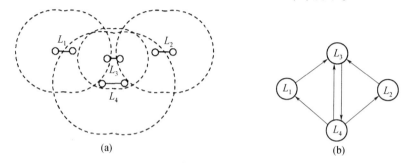

(a)   (b)

图 5 – 19   参与者总是振荡的例子
(a) 4 条链路的例子;(b) MPING。

假设每条链路仅装备一个无线电对,且有两个信道可用 $\{c_1, c_2\}$。由于特殊拓扑及依赖关系,可得下列结论:

(1) 如果 L_4 使用 c_1,则 L_1、L_2 将使用 c_2。

(2) 如果 L_1、L_2 使用 c_2,则 L_3 使用 c_1。

(3) 如果 L_3 使用 c_1,则 L_4 使用 c_2。

(4) 如果 L_4 使用 c_2,则 L_1、L_2 将使用 c_1。

      ……

该过程进入无限循环。

2. 纳什均衡

信道分配博弈的振荡现象从系统的观点而言是不期望的。为了使参与者收敛于 NE,先设计一个付费方案来影响参与者。然后证明,基于考虑付费而定义的新效用函数,信道分配博弈必须收敛到 NE。另外,证明在最差的 NE,系统性能至少为最优信道分配性能的 $(1 - \dfrac{\bar{r}}{h})$,其中,$\bar{r}$ 为装备节点的最大无线电数量,h 为网络中可用信道数量。最后对参与者提出收敛于 NE 的局部算法。

1) 付费方案的设计

大量研究表明,最大化系统性能函数(5 – 79)的最优化问题是一个 NP 难题。

为解决这个问题,付费方案的设计就变得十分关键。下面讨论付费方案的设计,使用该付费方案可确保信道分配博弈收敛于 NE,取得有保证的系统性能。

假设系统中存在虚货币,每个参与者基于策略组合 $\boldsymbol{s}$,需要付一定量的虚拟货币给系统管理者。参与者 L_i 的付费为

$$p_i(\boldsymbol{s}) = \sum_{L_j \in N_m^+(L_i)} \boldsymbol{s}_i \cdot \boldsymbol{s}_j \tag{5-78}$$

它是参与者 L_i 施加于其他参与者总的干扰。考虑接入信道的费用后,重新定义对每个参与者 $L_i \in \mathbb{L}$ 的效用函数为

$$u_i(\boldsymbol{s}) = |A_m^-(L_i)| - I_i(\boldsymbol{s}) - p_i(\boldsymbol{s}) \tag{5-79}$$

它等于原始的效用函数减去信道接入的费用。

2)纳什均衡的存在性

在对每个参与者定义新的效用函数后,下面借助于位势博弈的概念证明纳什均衡的存在性。

引理 5.11　信道分配博弈是位势博弈。

证明:通过构建精确位势函数 $\varPhi$ 来证明这个引理。定义 $\varPhi$ 为

$$\varPhi(\boldsymbol{s}) = \frac{1}{2} \sum_{L_i \in \mathbb{L}} u_i(\boldsymbol{s})$$

证明

$$\varPhi(\boldsymbol{s}_i, \boldsymbol{s}_{-i}) - \varPhi(\boldsymbol{s'}_i, \boldsymbol{s}_{-i}) = u_i(\boldsymbol{s}_i, \boldsymbol{s}_{-i}) - u_i(\boldsymbol{s'}_i - \boldsymbol{s}_{-i})$$

对所有 $\boldsymbol{s}_{-i}$ 及 $\boldsymbol{s}_i, \boldsymbol{s'}_i \in \Pi_i$ 成立。首先有

$$\varPhi(\boldsymbol{s}) = \frac{1}{2} \sum_{L_i \in \mathbb{L}} \left(|A_m^-(L_i)| - \sum_{L_j \in N_m^-(L_i)} \boldsymbol{s}_i \cdot \boldsymbol{s}_j - \sum_{L_j \in N_m^+(L_i)} \boldsymbol{s}_i \cdot \boldsymbol{s}_j \right)$$

$$= \frac{|A_m|}{2} - \frac{1}{2} \sum_{L_i \in \mathbb{L}} \left(\sum_{L_j \in N_m^-(L_i)} \boldsymbol{s}_i \cdot \boldsymbol{s}_j + \sum_{L_j \in N_m^+(L_i)} \boldsymbol{s}_i \cdot \boldsymbol{s}_j \right) \tag{5-80}$$

$$\varPhi(\boldsymbol{s}_i, \boldsymbol{s}_{-i}) - \varPhi(\boldsymbol{s'}_i, \boldsymbol{s}_{-i})$$

$$= \frac{1}{2} \left(\sum_{L_j \in N_m^-(L_i)} \boldsymbol{s}_j \cdot \boldsymbol{s'}_i - \sum_{L_j \in N_m^-(L_i)} \boldsymbol{s}_j \cdot \boldsymbol{s}_i + \right.$$

$$\sum_{L_j \in N_m^+(L_i)} \boldsymbol{s}_j \cdot \boldsymbol{s'}_i - \sum_{L_j \in N_m^+(L_i)} \boldsymbol{s}_j \cdot \boldsymbol{s}_i +$$

$$\sum_{L_j \in N_m^-(L_i)} \boldsymbol{s'}_i \cdot \boldsymbol{s}_j + \sum_{L_j \in N_m^+(L_i)} \boldsymbol{s'}_i \cdot \boldsymbol{s}_j -$$

$$\left. \left(\sum_{L_j \in N_m^-(L_i)} \boldsymbol{s}_i \cdot \boldsymbol{s}_j + \sum_{L_j \in N_m^+(L_i)} \boldsymbol{s}_i \cdot \boldsymbol{s}_j \right) \right)$$

$$= \left(\sum_{L_j \in N_m^-(L_i)} \boldsymbol{s'}_i \cdot \boldsymbol{s}_j + \sum_{L_j \in N_m^+(L_i)} \boldsymbol{s'}_i \cdot \boldsymbol{s}_j - \left(\sum_{L_j \in N_m^-(L_i)} \boldsymbol{s}_i \cdot \boldsymbol{s}_j + \sum_{L_j \in N_m^+(L_i)} \boldsymbol{s}_i \cdot \boldsymbol{s}_j \right) \right)$$

$$= u_i(\boldsymbol{s}_i,\boldsymbol{s}_{-i}) - u_i(\boldsymbol{s'}_i,\boldsymbol{s}_{-i})$$

改变参与者 L_i 的策略仅影响 $N_m^-(L_i)$、$N_m^+(L_i)$ 中的参与者,而

$$u_i(\boldsymbol{s}_i,\boldsymbol{s}_{-i}) - u_i(\boldsymbol{s'}_i,\boldsymbol{s}_{-i}) = \sum_{L_j \in N_m^-(L_i)} \boldsymbol{s'}_i \cdot \boldsymbol{s}_j + \sum_{L_j \in N_m^+(L_i)} \boldsymbol{s'}_i \cdot \boldsymbol{s}_j -$$

$$\left(\sum_{L_j \in N_m^-(L_i)} \boldsymbol{s}_i \cdot \boldsymbol{s}_j + \sum_{L_j \in N_m^+(L_i)} \boldsymbol{s}_i \cdot \boldsymbol{s}_j \right)$$

已经证明 $\varPhi(\boldsymbol{s})$ 为信道分配博弈的精确位势函数,因此信道分配博弈是位势博弈,证毕。

$\varPhi(\boldsymbol{s})$ 的界由下列引理给出。

引理 5.12　对于任意 $\boldsymbol{s} \in \varPi$,$\varPhi(\boldsymbol{s})$ 以 $O(\bar{r}n^2)$ 为界。

证明:由式(5-80)可得

$$\varPhi(\boldsymbol{s}) \leqslant \frac{|A_m|}{2} \leqslant \frac{\sum_{L_i \in \mathbb{L}} r_i(n-1)}{2} \leqslant \frac{1}{2}\bar{r}n^2$$

证毕。

现在给出本节的主要定理。

定理 5.7　信道分配博弈具有 NE。

证明:结合引理 5.11 和引理 5.12,它陈述了每个有限位势博弈具有纳什均衡。

3)无序代价

为表征和量化由于参与者之间缺乏协调而导致的系统性能失效,使用无序代价的概念(Price of Anarchy,POA)。

定义 5.7　博弈的无序代价为最差纳什均衡的系统性能与全局最优解的系统性能之比,即

$$\text{POA} = \frac{\min\limits_{\boldsymbol{s}^{\text{NE}} \in \varPi^{\text{NE}}} U(\boldsymbol{s}^{\text{NE}})}{\max\limits_{\boldsymbol{s} \in \varPi} U(\boldsymbol{s})} \tag{5-81}$$

式中:$\varPi^{\text{NE}} \subseteq \varPi$ 为所有纳什均衡集合;U 为测量系统性能的策略组合的函数。

尽管已经证明在信道分配博弈中存在纳什均衡,知道在 NE 中系统性能并非最优的意义下 NE 通常不是全局有效的。还是有必要证明信道分配博弈中的 POA 独立于博弈中的参与者,当信道数和安装于设备上的无线电数固定时,是某个常数低界。

定理 5.8　在信道分配博弈中:

$$\text{POA} \geqslant 1 - \frac{\bar{r}}{h}$$

式中:$\bar{r}$ 为安装于无线装备上的最大无线电数目;h 为可用的信道数目。

证明:在证明信道分配博弈的 POA 前,首先找到 NE 中任意参与者效用的下限。令 $\boldsymbol{s}^{\text{NE}} = (\boldsymbol{s}_1^{\text{NE}}, \boldsymbol{s}_2^{\text{NE}}, \cdots, \boldsymbol{s}_n^{\text{NE}})^{\text{T}}$ 为信道分配博弈的任意 NE,$\boldsymbol{s}^{\text{opt}} =$

$(s_1^{\text{opt}}, s_2^{\text{opt}}, \cdots, s_n^{\text{opt}})^{\text{T}}$ 为全局最优,则有

$$
\begin{aligned}
u_i(\boldsymbol{s}^{\text{NE}}) &= |A_m^-(L_i)| - \sum_{L_j \in N_m^-(L_i)} \boldsymbol{s}_i^{\text{NE}} \cdot \boldsymbol{s}_j^{\text{NE}} - \sum_{L_j \in N_m^+(L_i)} \boldsymbol{s}_i^{\text{NE}} \cdot \boldsymbol{s}_j^{\text{NE}} \\
&\geqslant \sum_{s_i \in \Pi_i} \Big(|A_m^-(L_i)| - \sum_{L_j \in N_m^-(L_i)} \boldsymbol{s}_i \cdot \boldsymbol{s}_j^{\text{NE}} - \sum_{L_j \in N_m^+(L_i)} \boldsymbol{s}_i \cdot \boldsymbol{s}_j^{\text{NE}} \Big) / |\Pi_i| \\
&= |A_m^-(L_i)| - \frac{r_i}{h}(|A_m^-(L_i)| + |A_m^+(L_i)|) \\
&\geqslant |A_m^-(L_i)| - \frac{\bar{r}}{h}(|A_m^-(L_i)| + |A_m^+(L_i)|)
\end{aligned}
\tag{5-82}
$$

则系统的性能为

$$
\begin{aligned}
U(\boldsymbol{s}^{\text{NE}}) &= \sum_{L_i \in \mathbb{L}} \Big(u_i(\boldsymbol{s}^{\text{NE}}) + \sum_{L_j \in N_m^+(L_i)} \boldsymbol{s}_i^{\text{NE}} \cdot \boldsymbol{s}_j^{\text{NE}} \Big) \\
&\geqslant \sum_{L_i \in \mathbb{L}} (|A_m^-(L_i)| - \frac{\bar{r}}{h}(|A_m^-(L_i)| + |A_m^+(L_i)|)) + \sum_{L_i \in \mathbb{L}} \sum_{L_j \in N_m^+(L_i)} \boldsymbol{s}_i^{\text{NE}} \cdot \boldsymbol{s}_j^{\text{NE}} \\
&= |A_m| - \frac{2\bar{r}}{h}|A_m| + \sum_{L_i \in \mathbb{L}} \sum_{L_j \in N_m^+(L_i)} \boldsymbol{s}_i^{\text{NE}} \cdot \boldsymbol{s}_j^{\text{NE}} \\
&= |A_m| - \frac{2\bar{r}}{h}|A_m| + |A_m| - U(\boldsymbol{s}^{\text{NE}})
\end{aligned}
\tag{5-83}
$$

由于

$$
|A_m| = U(\boldsymbol{s}^{\text{NE}}) + \sum_{L_i \in \mathbb{L}} \sum_{L_j \in N_m^+(L_i)} \boldsymbol{s}_i^{\text{NE}} \cdot \boldsymbol{s}_j^{\text{NE}}
\tag{5-84}
$$

很明显,$U(\boldsymbol{s}^{\text{opt}}) \leqslant |A_m|$。则有

$$
U(\boldsymbol{s}^{\text{NE}}) \geqslant \Big(1 - \frac{\bar{r}}{h}\Big) U(\boldsymbol{s}^{\text{opt}})
\tag{5-85}
$$

由于式(5-85)对任意信道分配博弈成立,这直接证明了 POA $\geqslant \Big(1 - \dfrac{\bar{r}}{h}\Big)$。注意到,推导式(5-85)时非常保守,使得 POA 的界限是很松的。

4) 信道分配的局部算法

由于信道分配博弈是位势博弈,任意改善路径导致 NE。为形成改善路径,需要参与者的行动序列,每个参与者在调整时采取最优响应策略。注意,$b_i(\boldsymbol{s}_{-i})$ 的计算仅取决于 $N_m^-(L_i)$、$N_m^+(L_i)$ 中的参与者策略。因此,为参与者设计一个寻找 NE 的局部算法。局部算法不需通过整个网络传输的信息,因此可扩展整个网络规模,并对拓扑变化具有鲁棒性。

局部算法示于算法 5.5,实现议题将在后面讨论。为避免参与者在信道分配中同时改变,让每个参与者 L_i 拥有的计数器 W_i 最初设置为 i。在算法开始时,每个参与者 L_i 随机选择 r_i 个信道作为起始策略。在每次迭代,L_i 检查 W_i 的值,如果 $W_i = 0$,L_i 便进行当前信道分配,计算它的最优响应策略 $b_i(\boldsymbol{s}_{-i})$。如果最优响应策略与当前的策略相同,就将另一个计数器 ctr 值加 1;否则,调整它的策略重置 ctr 为 0。ctr

值指示:其当前的策略已经连续 ctr 次是最优响应策略。ctr 的使用是为避免信道分配博弈未收敛到 NE 而过早结束。若计数器 W_i 值未到 0,则 L_i 将其值减 1。

算法 5.5 L_i 的局部算法。

1: Randomly allocate r_i channels as s_i;

2: $W_i \leftarrow i$, ctr $\leftarrow 0$;

3: while true do

4:　if $W_i = 0$ then

5:　　Get the current channel allocation;

6:　　$s'_i \leftarrow b_i(s_{-i})$;

7:　　if $s'_i = s_i$ then

8:　　　if ctr $= n$, then break; else ctr $\leftarrow$ ctr $+ 1$;

9:　　else $s_i \leftarrow s'_i$, ctr $\leftarrow 0$;

10:　　$W_i \leftarrow n$;

11:　else $W_i \leftarrow W_i - 1$;

12: end

引理 5.13 最优响应策略可被计算 $O(h(n + \log h))$ 次。

证明:首先对于每个信道 $c_k \in \mathbb{C}$,计算 $\sum_{L_j \in N_m^-(L_i)} e_k \cdot s_j + \sum_{L_j \in N_m^+(L_i)} e_k \cdot s_j$ 的值,其中,e_k 表示第 k 步调整中一个 1、其余为 0 的矢量。这将在 $O(hn)$ 次内完成。以非降的序排列信道,它将在 $O(h \log h)$ 次内完成。由于信道是独立的,所以 L_i 选择首个 r_i 信道为 $b_i(s_{-i})$。因此,上述算法完成的次数以 $O(h(n + \log h))$ 为限。

定理 5.9 在信道分配博弈的任意时刻,如果所有参与者都遵循算法 5.5,将花费 $O(\bar{r}hn^3(n + \log h))$ 次收敛到 NE。

证明:依照引理 5.11 和引理 5.12,每次一个参与者改变它的策略(引入更好的效用),位势函数 $\Phi(s)$ 将相应地增加,且以 $O(\bar{r}n^2)$ 为界。因此,策略调整的数量以 $O(\bar{r}n^2)$ 为限。由于在每个回合至少有一个策略调整,回合数目也以 $O(\bar{r}n^2)$ 为限。使用引理 5.13 及在每个回合 n 个参与者依次采取行动的事实,可证明对于信道分配博弈将取 $O(\bar{r}hn^3(n + \log h))$ 收敛到 NE。

在分布式或局部信道分配算法方面的已有工作[10-13]都假设干扰集是给定的,但是并没有讨论如何以分布的方式找到它们。假设在信道分配阶段,所有参与者在其一个无线电上都使用相同的信道(称作控制信道),使用最大的传输功率发送分组。由于假设 $l_i \leqslant \dfrac{R}{\gamma}$,它保证链路 L_i 的干扰范围内的所有链路都能听到这些分组。在信道分配期间用于交换的数据分组形成 (i, s_i),对于每个参与者 L_i 基于其调整发送该分组。在其他的时间间隔,它收听控制信道,接收其他参与者的数据分组。对于从 L_j 接收的数据分组,L_i 根据接收信号的强度计算它与 L_j 的距离。若 L_j 位于它的干扰范围内,则将 L_j 放入 $N_m^+(L_i)$ 中;若它位于 L_j 的干扰范围内,则将 L_j 放入 $N_m^-(L_i)$ 中。

3. 最优信道分配的上限

有效地计算信道分配的上限,可用于评估信道分配博弈系统的性能。首先将信道分配问题归结为整数线性规划的问题(Integer Linear Program,ILP),然后放宽限制取得最优信道分配的上限。

令 $s_{ik} \in \{0,1\}$ 表示 L_i 在 c_k 上的分配。其中:如果 L_i 将 c_k 分配给它的一个无线电,则 $s_{ik} = 1$;其他情况下,$s_{ik} = 0$。令 $x_{ijk} \in \{0,1\}$ 表示从 L_i 到 L_j 通过 c_k 的干扰,ILP 可以表示为

$$\max \quad |A_m| - \sum_{i=1}^{n} \sum_{j=1, j \neq i}^{n} \sum_{k=1}^{h} x_{ijk}$$

$$\text{s. t.} \quad \sum_{k=1}^{h} s_{ik} = r_i, L_i \in \mathbb{L}$$

$$x_{ijk} \geq s_{ik} + s_{jk} - 1, (L_i, L_j) \in A_m, c_k \in \mathbb{C}$$

$$s_{ik} \in \{0,1\}, L_i \in \mathbb{L}, c_k \in \mathbb{C}$$

$$x_{ijk} \in \{0,1\}, L_i, L_j \in \mathbb{L}, L_i \neq L_j, c_k \in \mathbb{C} \tag{5-86}$$

式(5-86)确保当且仅当 L_i 及 L_j 都只有一个无线电调谐到信道 c_k 上时,$x_{ijk} = 1$。

遗憾的是,解 ILP 是一般的 NP 难题。它意味着,需花费大量的时间找到最优解。因此,放松上述的 ILP 到 LP,允许 s_{ik} 及 x_{ijk} 取 0 ~ 1 之间的实数值。由于限制放松,LP 仅给出 ILP 最优解的上限。

4. 评估

1)试验设置

为验证上述算法特性,按照文献[14]方法对相关性能进行了仿真。设计仿真场景:链路随机分布于 1000m × 1000m 的区域内,每条链路的长度均匀分布于 [1,300]。节点干扰范围设置为 2 倍链路长度,可用信道数从 5 ~ 10 变化,增量为 1。链路数变化从 10 ~ 90,增量为 10。每条链路上的无线电对数目在 [1,r] 上均匀选择,其中 $r \in \{2,3,4,5\}$。对于每一种设置都随机组成100 个例子,取平均结果。

2)信道分配博弈的收敛

图 5-20 表示链路数目为 50 条、信道数目为 8 条、各条链路的无线电数目从 1 ~ 3 变化情况下,信道分配的收敛情况。按照算法流程设定,当判定算法达到纳什均衡时会终止(ctr > 50 时),但是我们让其继续运行以便比较,设置运行 10000 次,由于篇幅有限这里仅显示前 1000 次结果。位于图 5-20 下方的曲线是考虑付费的信道分配方案,上方的曲线是不考虑付费的信道分配方案。可以看出,考虑付费的方案在算法运行 362 次后就达到收敛,再没有链路改变自己的信道策略;而不考虑付费的方案,在 1000 次左右仍然振荡;尽管考虑付费后会使得算法的效用函数

减少,但是容易达到稳定。

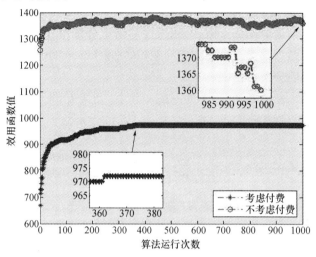

图 5 – 20　收敛情况

3) 收敛速度收益

仿真还考虑了总的链路数目、每条链路所配备的无线电数目和提供的总的信道数目不同对链路收敛速度与收益的影响,将算法 5.5 与随机信道分配算法进行对比。图 5 – 21 示出了 $r = \{1,3\}$,$h = 8$ 的条件下,链路数目从 10 ~ 90 的变化造成链路收敛速度和收益的变化情况。图 5 – 21(a)为链路的收敛速度变化情况,图中:平行于 y 轴的直线表示该参数下最大和最小的收敛轮数,将所有链路都更新完一次信道定为一轮。从图 5 – 21(a)可以看到,随着链路数目的增加平均收敛速度变慢。图 5 – 21(b)为链路效用的变化情况。由图 5 – 21(b)可以看到,无论是哪一种信道分配,随着链路数目的增加,链路总的收益增加;随着链路数目的增大,随机信道分配与算法 5.5 的信道分配得到的收益差距越来越大。其原因是:链路的增加造成网络越来越复杂,此时随机分配必然造成更多的干扰。

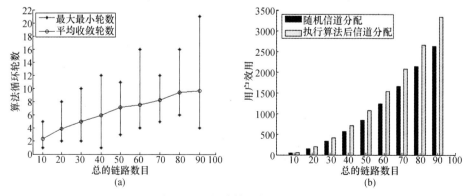

图 5 – 21　链路数目变化的影响

(a)链路数目对收敛速度的影响;(b)链路数目对链路收益的影响。

　　类似地,图 5 - 22 示出了在 $n = 50, h = 8$ 的条件下,链路的无线电数目从 2 ~ 5 变化造成的链路收敛速度和收益的变化情况。从图 5 - 22(a)可以看到,随着无线电数目的增加,平均收敛速度变慢。图 5 - 22(b)为链路效用的变化情况。当无线电数目较少时,随机信道分配与算法 5.5 的信道分配性能差距较小。其原因是:此时共享相同信道的两条干扰链路的概率较低。

　　图 5 - 23 示出了在 $n = 50, r = \{1, 3\}$ 的条件下,网络中信道的数目从 5 ~ 10 变化造成的链路收敛速度和收益的变化情况。从图 5 - 23(a)可以看到,收敛速度几乎与 h 独立,其平均的变化范围都小于 1。从图 5 - 23(b)中仍然可以发现:一是随机信道分配的性能较差;二是随着信道数目的增大,随机信道分配与算法 5.5 的信道分配性能差距越来越小。其原因是:信道越多,共享相同信道的两条干扰链路的概率越低。

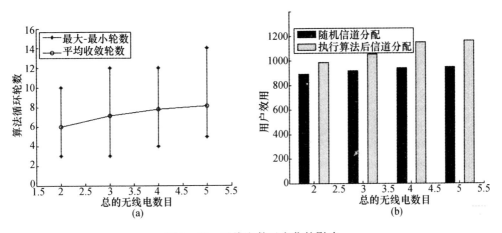

图 5 - 22　无线电数目变化的影响

(a) 无线电数目对收敛速度的影响;(b) 无线电数目对链路收益的影响。

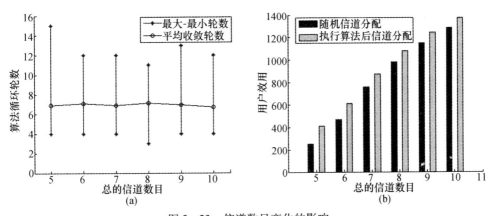

图 5 - 23　信道数目变化的影响

(a) 信道数目对收敛速度的影响;(b) 信道数目对链路收益的影响。

参考文献

[1] 曾轲. 基于博弈论的认知无线电频谱分配技术研究[D]. 成都：电子科技大学，2006.

[2] Kloeck C, Jaekel H, Jondral F. Auction sequence as a new resource allocation mechanism[C]. IEEE 62nd Vehicular Technology Conference, 2005：240 – 244.

[3] Niyato D, Hossain E. A game – theoretic approach to competitive spectrum sharing in cognitive radio networks[C]. Wireless Communications and Networking Conference, 2007：16 – 20.

[4] 黄丽亚, 刘臣, 王锁萍. 改进的认知无线电频谱共享博弈模型[J]. 通信学报, 2010, 31(2)：136 – 140.

[5] Qiu Y, Marbach P. Bandwidth allocation in ad hoc networks：A price – based approach[C]. Twenty – Second Annual Joint Conference of the IEEE Computer and Communications, 2003：797 – 807.

[6] Qiu Y. A market – based approach to bandwidth allocation for wireless ad hoc networks[D]. Toronto：University of Toronto, 2002.

[7] Kelly F P, Maulloo A K, Tan D K H. Rate control for communication networks：shadow prices, proportional fairness and stability[J]. Journal of the Operational Research society, 1998, 49(3)：237 – 252.

[8] Felegyhazi M, Cagalj M, Bidokhti S S, et al. Non – cooperative multi – radio channel allocation in wireless networks[C]. 26th IEEE International Conference on Computer Communications, 2007：1442 – 1450.

[9] Yang D, Fang X, Xue G. Channel allocation in non – cooperative multi – radio multi – channel wireless networks[C]. IEEE Conference on Computer Communications, 2012：882 – 890.

[10] Han B, Kumar V S A, Marathe M V, et al. Distributed strategies for channel allocation and scheduling in software – defined radio networks[C]. IEEE INFOCOM 2009 Proceedings, 2009：1521 – 1529.

[11] Ko B J, Misra V, Padhye J, et al. Distributed channel assignment in multi – radio 802. 11 mesh networks[C]. Wireless Communications and Networking Conference, 2007：3978 – 3983.

[12] Shin M, Lee S, Kim Y A. Distributed channel assignment for multi – radio wireless networks[C]. 2006 IEEE International Conference on Mobile Adhoc and Sensor Systems, 2006：417 – 426.

[13] Sridhar K N, Casetti C, Chiasserini C. A localized and distributed channel assignment scheme for wireless mesh networks[C]. IEEE 34th Conference on Local Computer Networks, 2009：45 – 52.

[14] 戴昊峰. 基于博弈论的无线 ad hoc 网络信道分配算法研究[D]. 重庆：重庆通信学院, 2014.

第6章　基于博弈论的干扰避免

在无线通信中,由于信道的开放性,信号在传输的过程中不可避免引入各种干扰,如自然的干扰、人为的干扰、其他用户的干扰。减少和避免干扰是无线通信系统设计追求的目标。解决此类问题既涉及技术层面,也涉及机制层面(协议、礼仪等)。从技术层面,解决问题的方法通常有发送端合理设计信号波形、接收端采用相应的信号处理算法及收发两端采用联合波形设计等。传统的扩频通信是一种有效的抗干扰技术,它主要是发端进行波形设计,不同用户之间采用正交的波形(码字),完全正交的情况下用户之间不形成干扰(实际上,完全正交一般是做不到的)。滤波技术、数字信号处理技术属于收端采用的抗干扰处理技术。目前,干扰避免(Interference Avoidance,IA)技术的最新发展是在对电磁环境有效感知情况下的收发两端采用共同的波形设计,从而有效地避免干扰,如变换域通信系统(Transform – Domain Communication System,TDCS)等[1,2]。在传统的 CDMA 系统中,用户间码字不能完全正交,用户之间存在干扰,影响系统的容量。解决此类问题有两个途径:一是多用户检测,将多用户干扰从接收信号中剔除;二是有效的功率控制,克服远近效应。

本章主要是针对传统的 CDMA 系统,运用博弈论的方法来讨论干扰避免的问题。在讨论这个问题之前,先从理论上介绍干扰避免的一般性表述方法。

6.1　无线系统中的干扰避免

讨论多用户干扰的典型场景是 CDMA 系统,但可从信号空间的概念一般化地讨论干扰避免问题,而不仅仅局限于 CDMA 系统。讨论的问题可以概述为:在存在干扰的情况下,能量受限用户通过选择最优的波形达到最大的信干比。

6.1.1　基本模型

文献[3]对一般性的干扰避免问题进行了系统的数学描述。考虑典型的连续时间数字通信模型,持续间隔为 $[0,T]$,发送信号 $b\sqrt{p}S(t)$,其中,b 以等概率取 ± 1,p 为接收功率,$S(t)$ 为信号波形(单位能量/功率)。接收机接收的信号 $r(t) = b\sqrt{p}S(t) + Z(t)$,其中,$Z(t)$ 为独立的随机干扰波形,由热噪声和其他发射机干扰两部分组成。对于单比特,接收机以最小的差错概率猜测 b。相应地,当 b 为码流中的 1bit 时,在高 SIR 情况下,有可能对 b 产生一个软估计。$Z(t)$ 由已知的波形加上独立的高斯白噪声组成,表示为 $Z(t) = \sum_i b_i \sqrt{p_i} S_i(t) + N(t)$。为不同的目标而设计多用户接收机,如最小差错概率、最大化 SIR,或从其他用户中的零干扰,这些多用户系统具有共同的性质,即在给定发射信号集 $S_i(t)$ 的情况下是最好的。

从接收 $S(t)$ 的观点,干扰 $Z(t)$ 是简单的随机过程。不失一般性,假设 $Z(t)$ 是零均值过程。理想地,可得到一组完全非相关的(完全独立)统计特性,然后最优化组合这些特性,检测出 b 或得到 b 的估计。当 $Z(t)$ 为高斯过程,最优判决问题将很容易求解,简单概括如下。

一般地,给定随机过程 $Z(t)$,寻求正交的表示:

$$Z(t) = \lim_{N \to \infty} \sum_{i=1}^{N} a_i \Phi_i(t) \tag{6-1}$$

$$a_i = \int_0^T Z(t) \Phi_i(t) \mathrm{d}t$$

注意:在式(6 - 1)中,收敛通常不需要逐点求极限,而是平均准则的极限。假设 $Z(t)$ 的张成存在而且收敛。现在寻找特殊正交集 Φ_i 从而它产生非相关的投影:

$$E[\langle \Phi_i(t), Z(t) \rangle \langle \Phi_j(t), Z(t) \rangle]$$

$$= E\left[\int_0^T \int_0^T \Phi_i(\tau) Z(\tau) \Phi_j(t) Z(t) \mathrm{d}t \mathrm{d}\tau \right] = \lambda_j \delta_{ij} \tag{6-2}$$

定义 $R_Z(t, \tau) = E[Z(t) Z(\tau)]$,得到积分方程为

$$\int_0^T \Phi_j(t) \int_0^T R_Z(t, \tau) \Phi_i(\tau) \mathrm{d}\tau \mathrm{d}t = \lambda_j \delta_{ij} \tag{6-3}$$

解此积分方程需要

$$\lambda_i \Phi_i(t) = \int_0^T R_Z(t, \tau) \Phi_i(\tau) \mathrm{d}\tau \tag{6-4}$$

由于积分方程一般很难解,将方程(6 - 4)表示为一个等效离散形式是非常有用的,这将允许用简单的线性代数方法。假设 $Z(t)$ 及基函数集 $\{\Phi_i(t)\}$ 可以由在区间 $[0, T]$ 上有限正交的基函数 $\{\Psi_n(t)\}$ 近似表示。例如,过程几乎限制在带宽 $\pm W$ 内,具有大约 $2WT$ 个正交函数的一个基函数集。类似地,对于每比特具有 N 个码片的同步 CDMA 系统,合适的正交集含 N 个时移码片脉冲,可以用接收/发送天线分集的空时正交或跳频系统的频 - 时正交来表示。

在非特殊的情况下,假设在一个间隔上存在一个有限的函数集,则 $\Phi_i(t)$ 可以表示为有限求和,即

$$\Phi_i(t) = \sum_{n=1}^{N} \phi_{in} \Psi_n(t) \tag{6-5}$$

联立式(6-4)和式(6-5),可得

$$\lambda_i \sum_{n=1}^{N} \phi_{in} \Psi_n(t) = \int_0^T R_Z(t,\tau) \sum_{n=1}^{N} \phi_{in} \Psi_n(\tau) d\tau \qquad (6-6)$$

将右边和左边投影到 $\Psi_k(t)$,可得

$$\lambda_i \phi_{ik} = \sum_{n=1}^{N} \phi_{in} \int_0^T \int_0^T R_Z(t,\tau) \Psi_k(t) \Psi_n(\tau) dt d\tau = \sum_{n=1}^{N} r_{kn} \phi_{in} \qquad (6-7)$$

直接以投影

$$Z_n = \int_0^T Z(t) \Phi_n(t) dt$$

重写 r_{nk} 为

$$r_{nk} = E\left[\int_0^T \int_0^T Z(t) Z(\tau) \Psi_k(t) \Psi_n(\tau) dt d\tau \right] = E[Z_k Z_n] \qquad (6-8)$$

方程(6-7)可将连续时间积分方程(6-4)简化到一个标准矩阵特征值/特征矢量的方程:

$$E[\boldsymbol{Z} \boldsymbol{Z}^T] \boldsymbol{\phi}_i = \boldsymbol{R} \boldsymbol{\phi}_i = \lambda_i \boldsymbol{\phi}_i \qquad (6-9)$$

式中: $\boldsymbol{\phi}_i = [\phi_{i1}, \phi_{i2}, \cdots, \phi_{iN}]^T$, $\boldsymbol{Z} = [Z_1, Z_2, \cdots, Z_N]^T$。

每个特征矢量对应方程(6-4)的一个特征函数,可以证明每个特征值是由特征函数承载的干扰信号能量,也可证明 $R_Z(t,\tau)$ 为自相关函数, $\boldsymbol{R}$ 是对称的、半正定的。这意味着, $\boldsymbol{R}$ 具有非负的特征值,其与张成 $\mathbb{R}^N$ 正交特征矢量完全集合相关。

接收机观察信号为

$$r(t) = bS(t) + Z(t) \qquad (6-10)$$

输入到间隔 $[0, T]$,将接收信号投影到干扰特征函数 $\Phi_1(t), \Phi_2(t), \cdots,$ $\Phi_n(t)$,得到矢量输出为

$$\bar{\boldsymbol{r}} = b\bar{\boldsymbol{s}} + \bar{\boldsymbol{z}} \qquad (6-11)$$

式中: $\bar{\boldsymbol{s}}$、$\bar{\boldsymbol{z}}$ 的第 n 个元素分别为 $\bar{s}_n = \langle S(t), \Phi_n(t) \rangle$, $\bar{z}_n = \langle I(t), \Phi_n(t) \rangle$, $\bar{z}_n$ 是互不相关的。

如果 $\Phi_n(t)$ 没有张成信号空间,则无差错接收是可能的。首先将基集合扩展张成信号空间;其次没有干扰能量投影到扩展的基函数上,这些扩展的基函数上承载的信号能量非零。因此,不失一般性,假设基函数 $\Phi_n(t)$ 为 $S(t)$ 张成信号空间, $b\bar{s}$ 包含所有的关于 $bS(t)$ 可用信息。

在这一点上,考虑当 $Z(t)$ 是高斯加性白噪声干扰过程对判决 b 是非常有益的。由于选择干扰特征函数 $\{\Phi_1(t), \Phi_2(t), \cdots, \Phi_N(t)\}$ 产生非相关的干扰项 $\bar{z}_n$,可以证明最佳判决 b 的似然比检测变为

$$\begin{cases} \sum_{n=1}^{N} \dfrac{\bar{s}_n \bar{r}_n}{\lambda_n} > 0, \text{判}1 \\ \sum_{n=1}^{N} \dfrac{\bar{s}_n \bar{r}_n}{\lambda_n} < 0, \text{判}0 \end{cases} \qquad (6-12)$$

式中：$\{\bar{r}_n\}$ 为 $r(t)$ 在非相关的基函数 $\Phi_n(t)$ 上的投影。

由于式(6-12)可写为

$$\begin{cases} \sum_{n=1}^{N} \dfrac{\bar{r}_n}{\sqrt{\lambda_n}} \dfrac{\bar{s}_n}{\sqrt{\lambda_n}} > 0, \text{判}1 \\ \sum_{n=1}^{N} \dfrac{\bar{r}_n}{\sqrt{\lambda_n}} \dfrac{\bar{s}_n}{\sqrt{\lambda_n}} < 0, \text{判}0 \end{cases} \qquad (6-13)$$

该判决方法称作为白化滤波。对输入信号进行初始扰乱使得干扰项 $\{\bar{z}_n\}$ 非相关，具有相等的能量 $\{\bar{z}_n / \sqrt{\lambda_n}\}$，正如没有扰乱的高斯白噪声过程一样，对扰乱后的信号矢量分量 $\bar{s}_n / \sqrt{\lambda_n}$ 执行匹配滤波来完成判决过程。

值得注意的是，在 CDMA 系统中，$Z(t)$ 含有其他用户已知的特征波形及高斯加性白噪声，具有分量 $\bar{c}_n = \bar{s}_n / \lambda_n$ 的矢量 $\bar{c}$ 是最小均方误差（MMSE）线性滤波，判决规则(6-12)是 MMSE 多用户检测器。滤波器输出（判决统计量）：

$$X = \bar{c}^{\mathrm{T}} \bar{r} = \sum_n \bar{c}_n \bar{r}_n = \left(\sum_{n=1}^{N} \frac{\bar{s}_n^{\,2}}{\lambda_n} \right) b + \sum_{n=1}^{N} \frac{\bar{s}_n \bar{z}_n}{\lambda_n} \qquad (6-14)$$

含信号与干扰项，输出的 SIR 为

$$\mathrm{SIR}_X = \frac{E\left[\left(b \sum_{n=1}^{N} \frac{\bar{s}_n^{\,2}}{\lambda_n} \right)^2 \right]}{E\left[\left(\sum_{n=1}^{N} \frac{\bar{s}_n \bar{z}_n}{\lambda_n} \right)^2 \right]} = \frac{\left(\sum_{n=1}^{N} \frac{\bar{s}_n^{\,2}}{\lambda_n} \right)^2}{\sum_{n=1}^{N} \sum_{m=1}^{N} \frac{\bar{s}_n \bar{s}_m E[\bar{z}_n \bar{z}_m]}{\lambda_n \lambda_m}} = \sum_{n=1}^{N} \frac{\bar{s}_n^{\,2}}{\lambda_n} \qquad (6-15)$$

已经知道在所有线性滤波器 $\bar{c}$ 中，MMSE 滤波器最大化输出 SIR。然而方程 (6-15)表明，可通过改变期望信号 $S(t)$ 的分量 $\bar{s}_n$ 得到更高的输出 SIR。即当 $S(t)$ 服从单位能量限制 $\sum_n \bar{s}_n^2 = 1$，可通过对于任意的 $\lambda_n = \lambda^* = \min_k \lambda_k$ 选择 $\bar{s}_n = 1$ 最大化 SIR_X。在这种情况下，有 $S(t) = \Phi_n(t)$。等效地，可以将信号能量以某种方式分散到所有的 $\Phi_n(t)$。无论如何，该结果具有简单直观的物理解释：为得到最大化的 SIR，将信号能量放到干扰最小的地方。

这个过程称为干扰避免，对于具有给定干扰过程的单个用户，这种方法是很直接的。现在考查简单 Karhunen-Loeve 激励规则对全体用户的含义，将发现用户调整它的特征改善其 SIR 的贪婪目标对于多用户系统具有期望结论。

6.1.2　多用户的干扰避免

考虑一个多用户系统,其中接收信号 $r(t)$ 可以明确地表示为含 M 个用户及高斯白噪声的组合。给定对于信号空间存在 N 个正交基函数 $\Psi_i(t)$ 的有限集合,接收信号为

$$r = \sum_{i=1}^{M} \sqrt{p_i} b\, s_i + n \tag{6-16}$$

式中:n 为加性高斯白噪声在基上的投影。

经典的通信场景是假设每个用户特征 $S_i(t)$ 固定。在一般的无线电接收机和发射机中,假设允许用户调整特征波形 $S_i(t)$。不失一般性,假设每个 $S_i(t)$ 具有单位能量。很多文献对特征选择与多用户容量之间的关系进行了研究,可以证明,用户速率集合 $\{R_1, R_2, \cdots, R_M\}$ 包含于信息论取得的速率范围 C,总的容量为

$$C_s = \max_{\{R_1, R_2, \cdots, R_M\} \subseteq C} \sum_{i=1}^{M} R_i = \frac{1}{2}\log\left[\det(I_N + \sigma^{-2}SPS^{\mathrm{T}})\right] \tag{6-17}$$

式中:I_N 为 $N \times N$ 阶单位阵;P 为用户功率 p_k 的对角矩阵;$S = [s_1, s_2, \cdots, s_M]$ 是列为 s_i 的 $N \times M$ 阶矩阵;σ 为背景白噪声水平。

注意:s_k 为 $S_i(t)$ 到任意张成正交基 $\{\Psi_k(t)\}$ 上的投影,所以 s_i 称作广义的码矢量,表示任意信号空间(但是有限)中的任意信号。

1. 最大化对称/总容量

当对于所有的 k 用户功率相同,$p_k = p$,式(6-17)简化为

$$C_s = \frac{1}{2}\log\left[\det\left(I_N + \frac{p}{\sigma^2}S\,S^{\mathrm{T}}\right)\right] = \frac{1}{2}\log\left[\det\left(I_M + \frac{p}{\sigma^2}S^{\mathrm{T}}S\right)\right] \tag{6-18}$$

对于任意两个矩阵 $A_{K \times M}$ 和 $B_{M \times K}$,$\det(I_K + AB) = \det(I_M + BA)$。

可以证明,对于相等接收功率,如果特征序列以下列方式选择,则总容量是最大化的:

$$S^{\mathrm{T}}S = I_M, M \leqslant N \tag{6-19}$$

$$S\,S^{\mathrm{T}} = (M/N)\,I_N, M > N \tag{6-20}$$

在文献[4]中,CDMA 系统的用户容量定义依赖于最大可容纳的用户数。给定信号空间维数 N 及共同的 SIR 目标 β,如果存在正的功率 p_i 及特征序列 s_i,每个用户的 SIR 不小于 β,则称 M 个用户为可接受的。用户容量可以从匹配滤波和 MMSE 滤波两种线性接收机结构中求得。文献[4]中证明:如果接收功率选择相同,则 MMSE 接收机用户容量最大化;如果特征序列选择满足式(6-19)式(6-20),则使用 MMSE 与匹配滤波器时系统的用户容量是相同的。

韦尔奇推导下列总的平方互相关的低限,称为总平方相关(TSC):

$$\text{TSC} = \text{tr}\left[(S S^{\mathrm{T}})^2 \right] = \sum_{i=1}^{M} \sum_{j=1}^{M} (s_i^{\mathrm{T}} s_j)^2 \geqslant M^2/N \qquad (6-21)$$

对于式(6-21)界的简单推导参见文献[6]。注意,序列集若满足式(6-20)则式(6-21)取等号。观察序列集,若满足式(6-19)或式(6-20),则序列集具有最小TSC的性质,即对于最大化总容量及用户容量,将选择具有最小TSC的序列集。

2. 总平方相关及总容量

TSC与总容量之间的相互关系在这里不作讨论,下面证明TSC最小化意味着容量最大化。

为使概念清晰,从将固定的信号功率合并到信号矢量能量 $|s_k|^2$ 开始,即不设 $|s_k|^2 = 1$,而是设 $|s_k|^2 = p_k$。总容量为

$$C_s = \frac{1}{2}\log\left[\det\left(\frac{1}{\sigma^2}(\sigma^2 I_N + S S^{\mathrm{T}}) \right) \right] \qquad (6-22)$$

定义 $\sigma^2 I_N + S S^{\mathrm{T}}$ 的特征值为 $\lambda_i (i = 1, 2, \cdots, N)$,重写总容量为

$$C_s = -N\log\sigma + \frac{1}{2}\sum_{i=1}^{N}\log\lambda_i \qquad (6-23)$$

C_s 的最大值是迫使下式最大:

$$\sum_{i=1}^{N}\lambda_i = \text{tr}\left[\sigma^2 I_N + S S^{\mathrm{T}} \right] = \sum_{k=1}^{M} p_k + N\sigma^2 \qquad (6-24)$$

由于平方矩阵的迹与它的特征值求和一致,$|s_k|^2 = p_k$,因此使用具有约束常数 χ 的拉格朗日乘子,则有

$$G_C(\boldsymbol{\lambda}) = -N\log\sigma + \frac{1}{2}\sum_{i=1}^{N}\log\lambda_i + \chi\left[\sum_{i=1}^{N}\lambda_i - \sum_{k=1}^{M} p_k - N\sigma^2 \right] \qquad (6-25)$$

对 λ_i 求偏导,可得

$$\frac{\partial G_C(\boldsymbol{\lambda})}{\partial \lambda_i} = \frac{1}{2\lambda_i} + \chi \qquad (6-26)$$

显然,二阶偏导是负的,交叉偏导为0,因此,受限的总容量对 λ_i 是凹的。假设 $\lambda_i \geqslant 0$,令式(6-26)为0,即

$$\lambda_i = -\frac{1}{2\chi} \qquad (6-27)$$

便可以求得总容量的唯一最大值。

应用方程(6-24)后,可得

$$\lambda_i = \sigma^2 + \frac{1}{N}\sum_{k=1}^{M} p_k$$

考虑最小化TSC,如果 $\{\lambda_i\}$ 是 $\sigma^2 I_N + S S^{\mathrm{T}}$ 的特征值,则

$$\text{tr}\big[(\sigma^2 \boldsymbol{I}_N + \boldsymbol{S}\,\boldsymbol{S}^{\mathrm{T}})^2\big] = G_{\text{TSC}}(\boldsymbol{\lambda}) = \sum_{i=1}^{N} \lambda_i^2 \qquad (6-28)$$

由于 $(\sigma^2 \boldsymbol{I}_N + \boldsymbol{S}\,\boldsymbol{S}^{\mathrm{T}})^2$ 的特征值必定为 $\{\lambda_i^2\}$，因此，在约束 $\text{tr}\big[\sigma^2 \boldsymbol{I}_N + \boldsymbol{S}\,\boldsymbol{S}^{\mathrm{T}}\big] = E + N\sigma^2$ 下求式(6-28)最小值，与求总容量最大值(方程(6-24))的约束相同。

类似于总容量最大化，再一次形成含约束 ξ 的拉格朗日乘子辅助函数，可得

$$\frac{\partial G_{\text{TSC}}(\boldsymbol{\lambda})}{\partial \lambda_i} = 2\lambda_i + \xi \qquad (6-29)$$

对于 λ_i 的二阶偏导项是正的，而交叉偏导为 0，意味着 $G_{\text{TSC}}(\boldsymbol{\lambda})$ 在 $\{\lambda_i\}$ 中是凸的。假设 $\lambda_i \geqslant 0$，置式(6-29)为 0

$$2\lambda_i + \xi = 0 \qquad (6-30)$$

可得 $G_{\text{TSC}}(\boldsymbol{\lambda})$ 唯一的最大值。式(6-30)与方程(6-27)形式一致，再应用约束方程(6-24)，可得

$$\lambda_i = \sigma^2 + \frac{1}{N}\sum_{k=1}^{M} p_k$$

进一步假设，加于 $\{\lambda_i\}$ 上的约束为 $\lambda_i \geqslant \alpha_i \geqslant 0$ 的不等形式，其中，α_i 为固定的常数。这样的不等约束，分别结合总容量的凹、凸性是 Kuhn-Tucker 条件，于是有：对于 $j \in J, \lambda_j = c^*$，其中：

$$J = \{j \mid \alpha_j \leqslant c^*\} \qquad (6-31)$$

对于剩余的 $i \notin J, \lambda_i = \alpha_i$。用方程(6-24)确定 c^*，显然是令人满意的注水结果。更令人满意是：$G_C(\boldsymbol{\lambda})$ 的最大值及 $G_{\text{TSC}}(\boldsymbol{\lambda})$ 最小值是在相同的不等约束下产生相同的 $\{\lambda_i\}$。

还注意到：

$$\text{tr}\big[(\sigma^2 \boldsymbol{I}_N + \boldsymbol{S}\,\boldsymbol{S}^{\mathrm{T}})^2\big] = N\sigma^4 + 2\sigma^2\text{tr}\big[\boldsymbol{S}\,\boldsymbol{S}^{\mathrm{T}}\big] + \text{tr}\big[(\boldsymbol{S}\,\boldsymbol{S}^{\mathrm{T}})^2\big] \qquad (6-32)$$

可以简化为

$$\text{tr}\big[(\sigma^2 \boldsymbol{I}_N + \boldsymbol{S}\,\boldsymbol{S}^{\mathrm{T}})^2\big] = N\sigma^4 + 2\sigma^2 E + \text{tr}\big[(\boldsymbol{S}\,\boldsymbol{S}^{\mathrm{T}})^2\big] \qquad (6-33)$$

式中：$E = \sum_{k=1}^{M} |\boldsymbol{s}_k|^2$。

最小化 $\text{tr}\big[(\sigma^2 \boldsymbol{I}_N + \boldsymbol{S}\,\boldsymbol{S}^{\mathrm{T}})^2\big]$，等效于最小化 $\text{TSC} = \text{tr}\big[(\boldsymbol{S}\,\boldsymbol{S}^{\mathrm{T}})^2\big]$。

因此，当共同的不等约束加于 $\{\lambda_i\}$ 时，最小化 TSC 完全等效为最大化 C_s。须强调的是，这个结果并不意味着在 TSC 和总容量或对称容量之间等效；但是，仅在施于一组 $\{\lambda_i\}$ 相对弱的约束假设下，TSC 最小化，意味着总容量最大。此时，可以用 TSC 最小化代替容量最大化。TSC 最小化是简单的，适用于多用户系统的分布式实现。

3. TSC 减少的迭代方法

用于确定最小化 TSC 码字集的方法有许多[4,5]。这里介绍一个简单的迭代方法，可应用于异步及独立的发射机-接收机对。

对于单个用户 k，观察

$$S\,S^{\mathrm{T}} = R_k + s_k\,s_k^{\mathrm{T}}$$

式中：R_k 为用户 k 所受的干扰相关矩阵 $R_k = \sum_{i \neq k} s_i\,s_i^{\mathrm{T}}$，与 6.1 节引入矩阵 R 是相似的。

当用户 k 以矢量 x 替代特征矢量 s_k 时，TSC 的差值为

$$\Delta = \mathrm{tr}\big[\,(R_k + s_k\,s_k^{\mathrm{T}})^2\,\big] - \mathrm{tr}\big[\,(R_k + x\,x^{\mathrm{T}})^2\,\big] \tag{6-34}$$

经过某些线性操作后，发现 $\Delta \geq 0$，当且仅当

$$2\,s_k^{\mathrm{T}} R_k\,s_k + |s_k|^2 \geq 2\,x^{\mathrm{T}} R_k x + |x|^2 \tag{6-35}$$

简化为

$$s_k^{\mathrm{T}} R_k\,s_k \geq x^{\mathrm{T}} R_k x \tag{6-36}$$

假设 $|x| = |s_k|$。当用户 k 所受的含加性高斯白噪声的干扰其功率谱密度为 σ^2 时，用 $Z_k = R_k + \sigma^2 I$ 代替 R_k。正如前面所述，最小化 $\mathrm{tr}\big[\,(S\,S^{\mathrm{T}})^2\,\big]$ 等效于最小化 $\mathrm{tr}\big[(\sigma^2 I_N + S\,S^{\mathrm{T}})^2\big]$。由于 $S\,S^{\mathrm{T}}$ 的迹固定在 $E = \sum_{k=1}^{M} |s_k|^2$ 上，E 即信号星座总能量，因此，依照 TSC 最小化，对 R_k 和 Z_k 操作是等效的。

注意，式(6-36)定义一类替代算法。假设其他用户码字在替代期间保持固定，一个给定的用户可减少(或至少不增加)总平方相关。这样的算法可用于每个用户单独调整，直到所有用户调整完码字之后开始新的一个周期。周期(迭代)将被重复，直到通过单独的码字调整在 TSC 中不再进一步改变为止。这里有两个问题：第一，这样的算法例子是什么；第二，这样的算法是否能最小化 TSC。

为回答第一个问题，提出两个算法：

(1) 本征算法。令 $x = \phi_k^*$，其中，ϕ_k^* 为 R_k 最小特征值的特征矢量。从方程(6-15)可看到，通过允许非零信号能量仅沿着这些具有绝对值最小化 λ_n 的基函数，本征算法可一步最大化用户 k 的 SIR。从方程(6-36)可看到这样的选择保证 $\Delta \geq 0$，原因是左边和右边的条件都是以 $(\phi_k^*)^{\mathrm{T}} R_k \phi_k^*$ 为下限。

(2) MMSE 算法。因为将 s_k 用单位能量 MMSE 接收机滤波器 $c_k = (s_k^{\mathrm{T}} [Z_k]^{-2} s_k)^{-1/2} [Z_k]^{-1} s_k$ 替代。存在加性高斯白噪声的情况下，Z_k 总是可逆的。滤波器 c_k 是在解相关空间等效为 $\bar{c}_n = \Lambda^{-1} \bar{s}$（其中，$\Lambda$ 为 Z_k 的特征值矩阵），再进行归一化。

定理6.1 将 c_k 替代 s_k，产生 $\Delta \geq 0$，当且仅当 $c_k = s_k$ 时取等号。

收敛问题将在后面讨论，本征算法和 MMSE 算法具有如下共同性质：

(1) 两个算法都是单调地减少 TSC。由于 TSC 在 Welch 界之下，必定收敛。更进一步，方程(6-36)两边低界为 $(\phi_k^*)^{\mathrm{T}} R_k \phi_k^*$，其中，$\phi_k^*$ 为 R_k 的具有最小特征值 λ_k^* 的一个特征矢量。因此，对于本征算法，$\Delta = 0$，当且仅当每个 s_k 是 R_k 的最小特征值的特征矢量。通过不允许在没有减小 TSC 情况下无端改变特征序列，本征

算法收敛。对于 MMSE 算法,定理 6.1 意味着:如果 TSC 收敛,则特征序列必然收敛。在两个算法的不动点,每个 s_k 是 Z_k 的特征矢量。

（2）两个算法都不导致码字集的唯一性。码字集的另一个循环移位将具有相同的互相关性质。

（3）当 $M \leqslant N$ 时,特征序列收敛到一个正交集。对于 MMSE 算法,这将持续几个周期。对于本征算法,这发生在每个用户选择一个与先前选择的特征序列正交的矢量一个周期之后。

（4）当 $M > N$ 时,这些算法将收敛到满足 $S S^T = (M/N) I_N$ 的 WBE 特征序列集 S。相应的算法将收敛到 TSC 的局部最小值。文献[7]中推导出一个 MMSE 算法收敛的粗略条件。对于本征算法,在以随机码字矢量起始的试验中总是收敛到最小的 TSC,但是一般的收敛条件仍然未知。

隐藏在所有服从方程（6 - 36）的干扰避免算法背后的是,体现简单的需求 $x^T R_k x \leqslant s_k^T R_k s_k$,替代矢量 x 试图从总的其他用户矢量和噪声中减小干扰。从实现的角度,在 MMSE 算法中,用户 k 必须识别 $(R_k + \sigma^2 I)^{-1} s_k$。在本征算法中,用户 k 追求 R_k 的最小特征值的特征矢量 ϕ_k^*。

归纳起来,由方程（6 - 36）支配的算法类可由在与发射机之间存在一条反馈信道的接收机端盲技术实现。特别的,在 MMSE 算法中,用户 k 的接收机可以基于观测到的 $Z_k = R_k + \sigma^2 I$,用盲自适应 MMSE 滤波器实现。类似地,对于本征算法,当用户 k 采用新码字 x 时经历总干扰 $x^T R_k x$ 最小化,等效为最小化 $x^T Z_k x$ 时方程（6 - 36）的 Δ 最大化。矢量 x 也可以使用盲技术得到。干扰避免算法是基于可测量干扰/噪声信号相关 Z_k 的。

在 MMSE 算法中,用户 k 码字的更换首先需要用户 k 接收机滤波器收敛。更进一步,MMSE 滤波器系数 c_k 必须通过反馈信道传到发射端。因此,在每一个迭代步骤,算法的速度是受限的。其原因:一是收敛到 MMSE 滤波器需要几百比特;二是新的特征信号反馈传需要几百比特。对于本征算法,这些结论同样成立。因此,就运行时间而言,这些特征信号调整算法比多用户干扰抑制算法要慢一些。

6.1.3　贪婪干扰避免算法的不动点性质

令人遗憾的是,对于 $M > N$,不能保证干扰避免算法总是收敛到一个最优的不动点。例如,在整个干扰避免算法周期上方程（6 - 36）得到的 Δ 可能为 0,甚至最小的特征值 λ_k^* 并不总是等于所要求的 $S S^T = (M/N) I_N$。下面详细考查这些次优点性质。MMSE 算法的收敛性质在文献[8 - 10]中已有描述。关注本征算法,或者更一般地关注贪婪算法,选择的码字总是尽可能地增加 SIR。或者等效地,对于所有干扰避免算法,仅不动点是捷变用户的均衡码字,它们是最小化各自 R_k 的特征矢量。

1. 相等功率捷变用户不动点

引理6.1 如果 $\{s_k\}$ 是具最小化特征值集合 $\{\lambda_k^*\}$ 贪婪算法的不动点,每个 R_k 的特征值集合包含 λ_k^* 及 $\{\lambda_j^* + 1\}$, $\lambda_j^* \neq \lambda_k^*$。更进一步,所有对应的 s_j 同样是 R_k 的特征矢量。

证明:由于 λ_j^* 是 R_j 特征值, $R_j s_j = \lambda_j^* s_j$。观察 $R_j = R_k + s_k s_k^T - s_j s_j^T$,有 $R_k s_j + s_k s_k^T s_j - s_j s_j^T s_j = \lambda_j^* s_j$。 s_k 及 s_j 都为 $S S^T$ 的特征矢量,但由于假设 $\lambda_j^* \neq \lambda_k^*$,它们必须正交。这意味着, $R_k s_j = (\lambda_j^* + 1) s_j$。定理证毕。

定理6.2 用 $\{s_k\}$ 表示具有特征值 $\{(\lambda_k^* + 1)\} S S^T$ 的不动点。相异特征值 $\lambda_1, \lambda_2, \cdots, \lambda_p$ 满足 $|\lambda_i - \lambda_j| \leq 1 (i, j = 1, 2, \cdots, p)$。更进一步,与每个相异特征值 λ_i 的信号矢量形成相互正交的子空间,其共同张成 $\mathbb{R}^N$。

证明:每个 s_k 为 $S S^T$ 的特征矢量。假设与 s_k 相联系 $S S^T$ 的特征值为 λ_i。在这种情况下, R_k 最小的特征值必定是 $\lambda_k^* = \lambda_i - 1$。不失一般性,假设对于某个 j, $\lambda_i = \lambda_j + 1$。这意味着, $\lambda_j < \lambda_i - 1 = \lambda_k^*$。由引理6.1可知,这是矛盾的,因 λ_k^* 为 R_k 的最小特征值。由于 $S S^T$ 是对称的,相异特征值与正交特征矢量相一致。由于每个 s_k 同样为 $S S^T$ 的特征矢量,则与给定特征值相联系的特征矢量 s_k 形成相互正交的 $\mathbb{R}^N$ 的子空间。如果这些子空间没有共同张成 $\mathbb{R}^N$,则 $S S^T$ 将有一个特征矢量 ϕ 具有零特征值。这意味着,任意具有 $\lambda_k^* > 0$ 的特征矢量 s_k 可以被 ϕ 替代而减小 TSC,它将是矛盾的。

推论6.1 设 $M \geq N$,如果集合 $\{s_k\}$ 包含具有特征值 $(\lambda_k^* + 1) = \lambda^* (k = 1, 2, \cdots, N)$ 的 $S S^T$ 的一个不动点,则 $\lambda^* = \dfrac{M}{N}$ 及 $S S^T = \dfrac{M}{N} I_N$。

证明:如果所有特征值相等,由于 $\mathrm{tr}[S S^T] = M$,必定有 $(\lambda_k^* + 1) = \lambda^* = M/N$。这意味着:

$$\left(\frac{M}{N} I_N - S S^T\right) s_k = 0, k = 1, 2, \cdots, N \qquad (6-37)$$

由定理6.2可知, s_k 必定张成 $\mathbb{R}^N$,方程 $(6-37)$ 仅当 $SS^T = \dfrac{M}{N} I_N$ 时成立。

对于 $k = 1, 2, \cdots, M$,存在具有 $\lambda^* = \dfrac{M}{N} - 1$ 的最优不动点;在相互正交子空间中, $\{s_k\}$ 的次优不动点所对应的每个不同 λ_k^*,其相互之间的差别不能多于1。如果所有的 λ_k^* 是相同的,则集相关 $S S^T$ 是一个单位阵,即集本质上是白化的。

很遗憾的是,算法可能收敛到次优点。幸运的是,在数字试验中,研究发现当起始集合随机选择时,从没得到次优极小值。仅当起始集合是非满秩或当组成矢量可划分成相互正交的子空间时,算法不总是收敛到最优码字集。

值得注意的是,与 MMSE 算法不同,对于本征算法,非满秩和(或)起始集合相互正交划分并不是保证次优解所必需的。

2. 固定及捷变用户混合的不动点

具有固定及捷变波形的无线电可能要求占据相同的信号空间。考虑以下场景,将发现直观有趣的结果,即捷变用户在部分信号空间(该空间具有最小的固定用户能量),执行聚合的注水算法来达到最优的 SIR。另外,固定用户对捷变用户似乎呈现为有色噪声,它引起捷变用户信号能量在信号空间形成适当的香农式分布。容易理解,这个特征是有益的,在平均的意义上,捷变用户避免固定用户的干扰是可能的。

设 $\{a_k | 1 \leq k \leq L\}$ 为波形捷变用户的信号矢量集合,$\{f_i | 1 \leq i \leq M - L\}$ 为固定波形的信号矢量。贪婪干扰避免仅施于 $\{a_k\}$,定义

$$S\,S^{\mathrm{T}} = \sum_{k=1}^{L} a_k\,a_k^{\mathrm{T}} + \sum_{i=1}^{M-L} f_i f_i^{\mathrm{T}} = A\,A^{\mathrm{T}} + F\,F^{\mathrm{T}} \tag{6-38}$$

与特征值 $\sigma_i^2 \geq 0$ 相联系的 $F\,F^{\mathrm{T}}$ 的相互正交特征矢量定义为 ϕ_i。自始至终假设 $\sigma_i^2 \geq \sigma_{i+1}^2$ 且 $\mathrm{tr}[S\,S^{\mathrm{T}}] = M$。

首先,考虑少量捷变用户,即 L 小于维数 N。捷变用户不能张成整个信号空间。因此,必须寻求能使捷变用户取得最小干扰的信号空间划分。答案陈述为一个定理。

定理 6.3 如果存在 $L < N$ 个捷变用户,则至少有一个捷变用户经历的干扰被减少(其他用户没有增加干扰),除非集合 $\{a_k\}$ 包含在由 $F\,F^{\mathrm{T}}$ 的最小特征值的 L 个特征矢量所张成的空间中。

为证明定理6.3,首先需要一个引理。

引理 6.2 假设

$$S\,S^{\mathrm{T}} = (A\,A^{\mathrm{T}} + F\,F^{\mathrm{T}})\,a_k = \lambda_k a_k, \; k = 1, 2, \cdots, L; L < N \tag{6-39}$$

则可为 $S\,S^{\mathrm{T}}$ 找到特征矢量 $\{\phi_i\}$ 的一个正交集合,其中 $\{\phi_{N-Q+1}, \cdots, \phi_N\}$ 张成 $\{a_k\}$,$\{\phi_1, \cdots, \phi_Q\}$ 张成 $\{a_k\}$ 的正交补。

证明:用具有相同特征值 a_k 的线性组合,形成正交基函数 $\{\phi_q\}$ 的集合,其为 $S\,S^{\mathrm{T}}$ 的每一个特征矢量及张成集合 $\{a_k\}$。这些特征矢量的数目 $Q \leq L$。与其相联系的特征值表示为 $\lambda_q (q = N - Q + 1, \cdots, N)$。

考虑对于具有特征值 κ_i 的 $S\,S^{\mathrm{T}}$,产生特征矢量任意完全组合 $\psi_i (i = 1, 2, \cdots, N)$。首先从 ψ_i 中减去在 χ_i 在 ϕ_q 上的投影,得到组合 χ_i:

$$\chi_i = \psi_i - \sum_{q=N-Q+1}^{N} \chi_{iq}\phi_q \tag{6-40}$$

式中:χ_{iq} 为 χ_i 在 ϕ_q 上的投影。

明显可以看到,集合 $\{\chi_i\}$ 必须仅张成 $\{\phi_q\}$ 的正交补。其原因:集合 $\{\psi_i\}$ 是完全集合。剩下的是证明每个 χ_i 为 $S\,S^{\mathrm{T}}$ 的特征矢量或0。其中:

$$\boldsymbol{\psi}_i \in \operatorname{span}\{\boldsymbol{\phi}_q\},\, q = N - Q + 1, \cdots, N$$

$$\boldsymbol{S}\,\boldsymbol{S}^{\mathrm{T}}\boldsymbol{\chi}_i = \boldsymbol{S}\,\boldsymbol{S}^{\mathrm{T}}\boldsymbol{\psi}_i - \boldsymbol{S}\,\boldsymbol{S}^{\mathrm{T}}\sum_{q=N-Q+1}^{N}\chi_{iq}\boldsymbol{\phi}_q = \kappa_i\boldsymbol{\psi}_i - \sum_{q=N-Q+1}^{N}\chi_{iq}\lambda_q\boldsymbol{\phi}_q \qquad (6-41)$$

如果 $\lambda_q \neq \kappa_i$，则 $\chi_{iq}=0$。由于具有不同特征值的对称矩阵的特征矢量是正交的，有

$$\boldsymbol{S}\,\boldsymbol{S}^{\mathrm{T}}\boldsymbol{\chi}_i = \kappa_i\left(\boldsymbol{\psi}_i - \sum_{q=N-Q+1}^{N}\chi_{iq}\boldsymbol{\phi}_q\right) = \kappa_i\boldsymbol{\chi}_i \qquad (6-42)$$

所以，所有非零的 $\boldsymbol{\chi}_i$ 确实是 $\boldsymbol{S}\,\boldsymbol{S}^{\mathrm{T}}$ 的特征矢量。零值 $\boldsymbol{\chi}_i$ 是完全表示为 $\boldsymbol{\phi}_q$ 的叠加。

正如对 $\{\boldsymbol{a}_k\}$ 所做的，可以从 $\boldsymbol{\chi}_i$ 构建一个正交的集合，每一个 $\boldsymbol{\chi}_i$ 是 $\boldsymbol{S}\,\boldsymbol{S}^{\mathrm{T}}$ 的特征矢量。集合 $\{\boldsymbol{\phi}_1, \cdots, \boldsymbol{\phi}_{N-Q}\}$ 对于 $\{\boldsymbol{\phi}_{N-Q+1}, \cdots, \boldsymbol{\phi}_N\}$ 是正交的，所构造集的势为 $N-Q$。

引理 6.2 证明定理 6.3：

在均衡处，有

$$(\boldsymbol{A}\,\boldsymbol{A}^{\mathrm{T}} + \boldsymbol{F}\,\boldsymbol{F}^{\mathrm{T}})\,\boldsymbol{a}_k = (\lambda_k^* + 1)\,\boldsymbol{a}_k \qquad (6-43)$$

对于一个干扰避免算法，集合 $\{\boldsymbol{a}_k\}$ 张成维数 $Q \leqslant L$ 的空间，$\boldsymbol{A}\,\boldsymbol{A}^{\mathrm{T}} + \boldsymbol{F}\,\boldsymbol{F}^{\mathrm{T}}$ 的剩余 $N-Q$ 个特征矢量 $\boldsymbol{x}_i$ 可以由引理 6.2 来构造并与 $\boldsymbol{a}_k$ 相互正交。由于 $\boldsymbol{x}_i$ 与 $\boldsymbol{a}_k$ 正交，它们必须同样是 $\boldsymbol{F}\,\boldsymbol{F}^{\mathrm{T}}$ 的特征矢量，由于

$$\boldsymbol{A}\,\boldsymbol{A}^{\mathrm{T}}\boldsymbol{x}_i + \boldsymbol{F}\,\boldsymbol{F}^{\mathrm{T}}\boldsymbol{x}_i = \boldsymbol{F}\,\boldsymbol{F}^{\mathrm{T}}\boldsymbol{x}_i = \eta_i\boldsymbol{x}_i \qquad (6-44)$$

因此，$\boldsymbol{x}_i = \boldsymbol{\phi}_{n_i}$ 及 $\eta_i = \sigma_{n_i}^2$，其中，n_i 为索引函数，$1 \leqslant n_i \leqslant N$，$n_i = n_j$ 当且仅当 $i = j$，$i, j = 1, 2, \cdots, N$。假设 η_i 的索引从 $i = 1$ 到 $i = N - Q$。

由于特征矢量 $\boldsymbol{\phi}_i$ 共同张成 $\mathbb{R}^N$ 及特征矢量 $\boldsymbol{\phi}_{n_i}(i = 1, \cdots, N - Q)$ 组成 $\boldsymbol{a}_k$ 的正交补，则可以在 $\boldsymbol{\phi}_{n_j}(j = N - Q + 1, \cdots, N)$ 中扩张 $\{\boldsymbol{a}_k\}$ 为

$$\boldsymbol{a}_k = \sum_{i=1}^{Q}\alpha_i(k)\boldsymbol{\phi}_{n_{i+N-Q}}$$

式中：$\alpha_i(k) = \boldsymbol{a}_k^{\mathrm{T}}\boldsymbol{\phi}_{i+N-Q}$。

用户 k 经历的干扰为 λ_k^*，可写为

$$\lambda_k^* + |\boldsymbol{a}_k|^2 = \boldsymbol{a}_k^{\mathrm{T}}(\boldsymbol{A}\,\boldsymbol{A}^{\mathrm{T}} + \boldsymbol{F}\,\boldsymbol{F}^{\mathrm{T}})\,\boldsymbol{a}_k \qquad (6-45)$$

在 $\boldsymbol{\phi}_{n_j}(j = N - Q + 1, \cdots, N)$ 中使用 $\boldsymbol{a}_k$ 的扩张，简化后可得

$$\lambda_k^* + |\boldsymbol{a}_k|^2 = \sum_{l=1}^{L}\left[\sum_{i=1}^{Q}\alpha_i(k)\alpha_i(l)\right]^2 + \sum_{i=1}^{Q}\alpha_i^2(k)\sigma_{n_{i+N-Q}}^2 \qquad (6-46)$$

假设对某些 $m = N - Q + 1, \cdots, N$ 及 $l = 1, \cdots, N - Q$ 有 $\sigma_{n_m}^2 > \sigma_{n_l}^2$。对于 $\alpha_i(k)$ 固定，如果 $\boldsymbol{\phi}_{n_m}$ 与 $\boldsymbol{\phi}_{n_l}$ 交换，则不能增加任何 λ_k^*。更进一步，对至少一个 k 的值，可减少 λ_k^*。因为必存在某个 k，对于 $\alpha_m(k) \neq 0$，由 $\{\boldsymbol{\phi}_{n_i}\}(i = N - Q + 1, \cdots, N)$ 张成空间

条件与由 $\{a_k\}$ 张成空间是一致的。

除非 $\sigma_{n_m}^2 \leqslant \sigma_{n_l}^2 (m = N - Q + 1, \cdots, N; l = 1, \cdots, N - Q)$，至少一个捷变用户经历的干扰可通过减去上述的基矢量而减少，且没有增加其他捷变用户的干扰。因此，为取得最小的互干扰，$\{a_k\}$ 必须属于由 $Q \leqslant L$ 个 $\boldsymbol{F}\boldsymbol{F}^{\mathrm{T}}$ 的最小特征值的特征矢量张成的空间。由于该空间包含由 $\boldsymbol{F}\boldsymbol{F}^{\mathrm{T}}$ 最小特征值的 L 个特征矢量所张成的空间，定理得证。

不失一般性，假设 $L \geqslant N$。如果 $L < N$，可以简单地重述为遵循定理 6.3 维数为 $N' = L$ 空间的问题。

先前已经证明，干扰避免算法试图降低 $\mathrm{TSC} = \mathrm{tr}[(\boldsymbol{S}\boldsymbol{S}^{\mathrm{T}})^2]$。因此仅需要：① 对该场景推导 TSC 的下限；② 证明已经存在至少一个码字集合达到此下限。然而，证明②是相当复杂的，因此以捷变用户数是偶数为例提供一个简单存在性证明，再补充试验性证明。引入以下定理。

定理 6.4　当 $\boldsymbol{S}\boldsymbol{S}^{\mathrm{T}} = \boldsymbol{A}\boldsymbol{A}^{\mathrm{T}} + \boldsymbol{F}\boldsymbol{F}^{\mathrm{T}}$，而 $\boldsymbol{F}$ 固定：

$$\mathrm{tr}[(\boldsymbol{S}\boldsymbol{S}^{\mathrm{T}})^2] \geqslant (N - h^*)\left(\frac{M - \sum_{i=1}^{h^*} \sigma_i^2}{N - h^*}\right)^2 + \sum_{i=1}^{h^*} \sigma_i^4 \qquad (6-47)$$

式中：$h^* = \arg\min_h \left(M - \sum_{i=1}^{h} \sigma_i^2/(N - h)\right)$。

当 $\boldsymbol{S}\boldsymbol{S}^{\mathrm{T}}$ 的特征值为 $\{\sigma_1^2, \cdots, \sigma_h^2, c^*, \cdots, c^*\}$，其中，$c^* = \left(M - \sum_{i=1}^{h} \sigma_i^2/(N - h)\right)$，具有 $N - h^*$ 个时，该界满足相等。

证明： 首先以 $\boldsymbol{F}\boldsymbol{F}^{\mathrm{T}}$ 的特征矢量 $a_k = \sum_{i=1}^{N} \alpha_i(k)\boldsymbol{\phi}_i$ 及 $f_m = \sum_{i=1}^{N} \gamma_i(m)\boldsymbol{\phi}_i$ 表示 $\boldsymbol{S}\boldsymbol{S}^{\mathrm{T}}$，有

$$\boldsymbol{S}\boldsymbol{S}^{\mathrm{T}} = \sum_{i,j=1}^{N}\left(\sum_{k=1}^{L} \alpha_i(k)\alpha_j(k) + \sum_{l=1}^{M-L} \gamma_i(l)\gamma_j(l)\right)\boldsymbol{\phi}_i\boldsymbol{\phi}_j^{\mathrm{T}} \qquad (6-48)$$

由于 $\boldsymbol{\phi}_i^{\mathrm{T}}\boldsymbol{\phi}_j = \mathrm{tr}[\boldsymbol{\phi}_i\boldsymbol{\phi}_j^{\mathrm{T}}] = \delta_{ij}$，对 $(\boldsymbol{S}\boldsymbol{S}^{\mathrm{T}})^2$ 取迹，可得

$$\mathrm{tr}[(\boldsymbol{S}\boldsymbol{S}^{\mathrm{T}})^2] = \left(\sum_{k=1}^{L} \alpha_i(k)\alpha_j(k) + \sum_{l=1}^{M-L} \gamma_i(l)\gamma_j(l)\right)^2 \qquad (6-49)$$

定义包含于 $\boldsymbol{\phi}_j$ 中的捷变能量 $\mu_j = \sum_{k=1}^{L} \alpha_j^2(k)$。注意到，$\sum_{j=1}^{N} \mu_j = L$ 是总的捷变信号能量。对应的固定信号的能量 $\sigma_j^2 = \sum_{l=1}^{M-L} \gamma_j^2(l)$ 由 $\boldsymbol{\phi}_i$ 定义。重写方程(6-49) 为

$$\mathrm{tr}[(\boldsymbol{S}\boldsymbol{S}^{\mathrm{T}})^2] = \sum_{\substack{i \neq j \\ i,j=1}}^{N}\left(\sum_{k=1}^{L} \alpha_i(k)\alpha_j(k) + \sum_{l=1}^{M-L} \gamma_i(l)\gamma_j(l)\right)^2 + \sum_{j=1}^{N}(\mu_j + \sigma_j^2)^2$$

$$(6-50)$$

左边的求和项是非负的,因此

$$\mathrm{tr}\big[\,(\boldsymbol{S}\,\boldsymbol{S}^{\mathrm{T}})^2\,\big] \geqslant \sum_{j=1}^{N}\ (\mu_j + \sigma_j^2)^2$$

它对于 μ_j 是凸的。由于需要 $\mu_j \geqslant 0$,及 $\sum_{j=1}^{N} \mu_j = L$,应用最优问题的标准约束提供经典的注水结果。定义"注水水平"为

$$c^* = \Big(M - \sum_{i=1}^{h^*} \sigma_i^2 \Big)/(N - h^*)$$

h^* 定义如定理 6.4 中所述,有:当 $\sigma_j^2 > c^*$,$\mu_j = 0$,及其他情况下,$\mu_j = c^* - \sigma_j^2$。因此

$$\mathrm{tr}\big[\,(\boldsymbol{S}\,\boldsymbol{S}^{\mathrm{T}})^2\,\big] \geqslant (N - h^*)\ (c^*)^2 + \sum_{i=1}^{h^*} \sigma_i^4 \qquad (6-51)$$

因此证明了定理 6.4 第一部分。$\mathrm{tr}\big[\,(\boldsymbol{S}\,\boldsymbol{S}^{\mathrm{T}})^2\,\big] = \sum_i \lambda_i^2$,其中,$\lambda_i$ 为 $\boldsymbol{S}\,\boldsymbol{S}^{\mathrm{T}}$ 的特征值。使用定理 6.4 中定义的 $\boldsymbol{S}\,\boldsymbol{S}^{\mathrm{T}}$ 特征值,证明完成。

作为存在最小化捷变信号集部分分析的证据,构造一个简单码字集,对于 L 为偶数,它满足定理 6.4 的界。首先找到 $\boldsymbol{F}\,\boldsymbol{F}^{\mathrm{T}}$ 的特征值 σ_i^2,且排序 $\sigma_i^2 \geqslant \sigma_{i+1}^2$;然后找到定理 6.4 的注水解,构造

$$\boldsymbol{S}\,\boldsymbol{S}^{\mathrm{T}} = \boldsymbol{F}\,\boldsymbol{F}^{\mathrm{T}} + \sum_{i=h^*+1}^{N} \mu_i \boldsymbol{\phi}_i \boldsymbol{\phi}_i^{\mathrm{T}}$$

它满足取等号的 $\mathrm{tr}\big[\,(\boldsymbol{S}\,\boldsymbol{S}^{\mathrm{T}})\,\big]$ 低界。由于 $\boldsymbol{\phi}_i(i > h^*)$ 的任意线性组合是特征值为 c^* 的 $\boldsymbol{S}\,\boldsymbol{S}^{\mathrm{T}}$ 的一个特征矢量,因此捷变的码字(它必须是在均衡处的 $\boldsymbol{S}\,\boldsymbol{S}^{\mathrm{T}}$ 的特征矢量)写为

$$\boldsymbol{a}_k = \sum_{i=h^*+1}^{N} \xi_i(k) \boldsymbol{\phi}_i$$

需假设

$$\sum_{i=h^*+1}^{N} \xi_i^2(k) = 1$$

以保证单位捷变信号能量。需要

$$\sum_{k=1}^{L} \boldsymbol{a}_k \boldsymbol{a}_k^{\mathrm{T}} = \sum_{i,j=h^*+1}^{N} \Big(\sum_{k=1}^{L} \xi_i(k) \xi_j(k) \Big) \boldsymbol{\phi}_i \boldsymbol{\phi}_j^{\mathrm{T}} = \sum_{i,j=h^*+1}^{N} \omega_{ij} \boldsymbol{\phi}_i \boldsymbol{\phi}_j^{\mathrm{T}} = \sum_{i=h^*+1}^{N} \mu_i \boldsymbol{\phi}_i \boldsymbol{\phi}_i^{\mathrm{T}}$$

$$(6-52)$$

定义元素为 $x_{ik} = \xi_{h^*+i}(k)$ 的捷变码字矩阵为 $\boldsymbol{X}$,且 ω_{ij} 为 $\boldsymbol{X}\,\boldsymbol{X}^{\mathrm{T}}$ 的第 (i,j) 个元素。设 $\omega_{ij} = \mu_i \delta_{ij}$ 满足方程 $(6-52)$ 且暗含着能量 μ_i 的 $\boldsymbol{X}$ 的行相互正交。更进一步,单位能量 $\boldsymbol{a}_k$ 暗含着 $\boldsymbol{X}$ 具有单位能量列。

对于 L 为偶数的情况,可以简单构造一个合适的 $\boldsymbol{X}$。首先,让行矢量 $\{\boldsymbol{w}_i\}$ 为

Walsh 序列集合,乘以加权因子 $\sqrt{1/L}$。Walsh 序列值取 ±1 是相互正交的。然后,将 X 的行置为 $\sqrt{\dfrac{\mu_{h^*+i}}{L}}\boldsymbol{w}_i(i=1,2,\cdots,N-h^*)$。这种构造是可能的,因为 $L\geqslant N$,所以总能找到 $(N-h^*)\boldsymbol{w}_i$ 的一个合适集。通过构造,$X\,X^{\mathrm{T}}$ 是具有值为 μ_i 的对角矩阵。类似地,X 中每一列能量 $\sum\limits_{i=1}^{N}\dfrac{\mu_{h^*+i}}{L}=1$,因为每个 $\boldsymbol{w}_i$ 的元素是 ±1 及 $\sum\limits_{i=1}^{N-h^*}\mu_{h^*+i}=L$,因此,总能找到捷变矢量集合 $\boldsymbol{a}_k=\sum\limits_{i=h^*+1}^{N}\xi_i(k)\boldsymbol{\phi}_i$ 满足定理 6.4 以等号成立的界。

通过试验,对于随机选择的起始码字矢量 $\{\boldsymbol{a}_k\}$ 及 $\{\boldsymbol{f}_k\}$,定理 6.4 达到的低限是不变的,含 L 为奇数。因此,通过定理 6.4、方程(6 – 36)及试验,可证明贪婪干扰避免算法通过注水固定用户提供的能量水平,寻求捷变矢量的最小互干扰集,在某个阈值之上可完全避免能量干扰。

作为一个副产品,已经证明了在有色背景噪声下寻求最小互干扰矢量集合的算法。即本节所有的论点及证明仅依靠捷变用户及用户能量之和等于 M。如果放松 M 必须为一个整数的约束,则 $F\,F^{\mathrm{T}}$ 为某一个任意有色噪声过程正交投影的自相关矩阵。

在仅捷变用户的情况下,存在最优的不动点,捷变用户得到一致的最小 SIR,及不同的捷变用户组得到不同的 SIR 的次优不动点。在次优情况下,很容易再一次证明,捷变用户依照得到的 SIR 划分相互正交的子空间。幸运的是,在仅存在捷变用户的情况下,随机选择起始矢量 $\{\boldsymbol{a}_k\}$ 似乎可避免收敛到次优最小。

3. 不等功率干扰避免的不动点

考虑每个用户具有任意但固定的接收功率 p_k。发现干扰避免取得的 $S\,S^{\mathrm{T}}$ 特征值与文献[11]中最大化总容量取得的一致。添加高斯背景噪声,便可更好定义容量。提醒读者,假设用户数 M 至少与信号维数 N 一样多。再一次将信号功率合并到码字矢量 $\boldsymbol{s}_k$,即 $|\boldsymbol{s}_k|^2=p_k$。

加性高斯背景噪声下,在均衡处需要:

$$(S\,S^{\mathrm{T}}-\boldsymbol{s}_k\boldsymbol{s}_k^{\mathrm{T}}+\sigma^2\boldsymbol{I})\,\boldsymbol{s}_k=(\lambda_k^*+\sigma^2)\,\boldsymbol{s}_k \tag{6 – 53}$$

由于 $p_k=|\boldsymbol{s}_k|^2$,则可得

$$(S\,S^{T}+\sigma^2\boldsymbol{I})\,\boldsymbol{s}_k=([\lambda_k^*+\sigma^2]+p_k)\,\boldsymbol{s}_k=p_k(\beta_k^*+1)\,\boldsymbol{s}_k \tag{6 – 54}$$

$\beta_k^*=\dfrac{\lambda_k^*+\sigma^2}{p_k}$ 为第 k 个用户取得的 SIR 的倒数。选择 β_k^* 尽可能小,等效为先前讨论的选择最小的 $S\,S^{\mathrm{T}}$ 特征矢量的特征值。也有 $\mathrm{tr}[S\,S^{\mathrm{T}}]=E$,其中,$E=\sum\limits_{j=1}^{M}p_k$。类似地,将 $\boldsymbol{s}_k$ 替代为一个相等功率 $\boldsymbol{x}$,对于干扰避免算法,$\mathrm{tr}[(S\,S^{\mathrm{T}})^2]$ 并没有增加。

由于干扰避免算法不能增加 $\mathrm{tr}\big[\,(\boldsymbol{S}\,\boldsymbol{S}^{\mathrm{T}})^2\,\big]$，因此要为 $\mathrm{tr}\big[\,(\boldsymbol{S}\,\boldsymbol{S}^{\mathrm{T}})^2\,\big]$ 寻找一个低限。有

$$\mathrm{tr}\big[\,(\boldsymbol{S}\,\boldsymbol{S}^{\mathrm{T}})^2\,\big] = \sum_{n=1}^{N} \kappa_n^2$$

式中：$\{\kappa_n\}$ 为 $\boldsymbol{S}\,\boldsymbol{S}^{\mathrm{T}}$ 的特征值。考虑对于具有功率 p_k 的任意信号，对应的 $\boldsymbol{S}\,\boldsymbol{S}^{\mathrm{T}}$ 的特征值至少为 p_k，形成 $\boldsymbol{S}\,\boldsymbol{S}^{\mathrm{T}}$ 特征值限制的基，这与文献[11]中推导总容量关于 λ_i 的限制是一致的，即

$$\boldsymbol{S}\,\boldsymbol{S}^{\mathrm{T}} \boldsymbol{s}_k = \boldsymbol{R}_k \boldsymbol{s}_k + \boldsymbol{s}_k \boldsymbol{s}_k^{\mathrm{T}} \boldsymbol{s}_k = (\lambda_k^* + p_k) \boldsymbol{s}_k$$

且一般情况下有

$$\mathrm{tr}\big[\,(\boldsymbol{S}\,\boldsymbol{S}^{\mathrm{T}})^2\,\big] = \sum_{i=1}^{N} (c_i + p_i)^2 \tag{6-55}$$

$c_i \geqslant 0$ 且假设能量是有序的 $p_i \geqslant p_{i+1}$。进一步假设特征值是有序的 $\lambda_i \geqslant \lambda_{i+1}$，有 $\lambda_i \geqslant p_i (i = 1, 2, \cdots, N)$，这便是6.1.2节给出的限制 $\lambda_i \geqslant \alpha_i \geqslant 0$ 的形式。

由于特征值必须加起来等于 E，于是有 $\sum_{i=1}^{N} (c_i + p_i) = E$。$\mathrm{tr}\big[\,(\boldsymbol{S}\,\boldsymbol{S}^{\mathrm{T}})^2\,\big]$ 的最小化要求，若 $p_i > c^*$，$c_i = 0$，及当 $p_i \leqslant c^*$ 时，$c_i = c^* - p_i$。

注水水平 c^* 满足功率限制等式

$$c^* = \frac{E - \sum_{i=1}^{h^*} p_i}{N - h^*} \tag{6-56}$$

因此，c^* 为 $\boldsymbol{S}\,\boldsymbol{S}^{\mathrm{T}}$ 的 $N - h^*$ 个特征值。

$\boldsymbol{S}\,\boldsymbol{S}^{\mathrm{T}}$ 特征值的完全集合为

$$\{p_1, p_2, \cdots, p_{h^*}, c^*, \cdots, c^*\} \tag{6-57}$$

从方程(6-54)可看到

$$\beta_k^* = \begin{cases} \sigma^2/p_k, & k \leqslant h^* \\ (\sigma^2 + c^*)/p_k, & h^* < k \leqslant M \end{cases} \tag{6-58}$$

如果没有 $p_k > E/N$，则有通常一致解

$$c^* = E/N (h^* = 0)$$

及

$$\beta_k^* = \frac{\sigma^2}{p_k} + \frac{E}{p_k N} - 1 \tag{6-59}$$

结果表明，接收功率 p_k 更大的用户，得到更好的性能。

须注意的是，最小化 $\mathrm{tr}\big[\,(\boldsymbol{S}\,\boldsymbol{S}^{\mathrm{T}})^2\,\big]$ 也是最小化 $\mathrm{tr}\big[\,(\boldsymbol{S}\,\boldsymbol{S}^{\mathrm{T}} + \sigma^2 \boldsymbol{I}_N)^2\,\big]$。由于最小化 $\mathrm{tr}\big[\,(\boldsymbol{S}\,\boldsymbol{S}^{\mathrm{T}} + \sigma^2 \boldsymbol{I}_N)^2\,\big]$ 在特征值上的限制等效为在相同限制下最大化总容量，式(6-57)给出的 $\boldsymbol{S}\,\boldsymbol{S}^{\mathrm{T}}$ 的特征值暗含着可取得总容量的一个码字集合。更进一步，当没有 $p_k > E/N$ 时，有 $h^* = 0$ 及 $\lambda_k^* = \lambda^*$，$\forall k$。这意味着，绝对最小 TSC 反过

来暗示着最大化的总容量。该结果与文献[11]提供的结果相一致,那里也有关于码字集合的存在性证明。

再一次注意到,有可能得到次优结果,其中用户以不同 SIR 特征参与到相互正交的子空间。与前面相同,次优不动点通过起始选择随机码字来避免。

4. 避免局部极小值的方法

如果每个码字矢量s_k是$S S^T$的特征矢量,则可取得干扰避免算法的一个不动点。同样,如果不同码字对应不同特征值,某些这样的不动点将是次优的。

下面证明,如果一个具有较大干扰的用户(较大的特征值)调整其码字以便对一个空间中的码字形成较低的干扰,可以避免局部极小值。实际上,用户接收更差的性能(子空间 1),故意干扰在取得更好性能子空间(子空间 2)的用户。这个行动,即当一个受影响的用户在子空间 2 使用本征算法修改其码字时,尽管增加了 TSC,实际上迫使先前建立的局部最小 TSC 下限减少。

不失一般性,假设均衡码字集合含三组相互正交的集合$\{a_k, b_l, c_j\}$,有

$$S S^T = \sum_{k=1}^{K_a} a_k a_k^T + \sum_{l=1}^{K_b} b_l b_l^T + \sum_{j=1}^{M-K_a-K_b} c_j c_j^T \qquad (6-60)$$

且

$$S S^T a_k = \lambda_1 a_k, S S^T b_l = \lambda_2 b_l, S S^T c_j = \lambda_j c_j, \lambda_1 > \lambda_2, \lambda_j \neq \lambda_1, \lambda_2$$

码字集$\{a_k\}$比码字集$\{b_l\}$能容忍更多的干扰。由定理 6.2 有$\lambda_1 - \lambda_2 \leqslant 1$。

假设基集合$\{\phi_i\}$($i=1,2,\cdots,n_1$)张成$\{a_k\}$且与$\{b_l\}$、$\{c_j\}$正交。类似地,假设$\{\psi_j\}$($j=1,2,\cdots,n_2; n_1+n_2 \leqslant N$)张成$\{b_l\}$且与$\{a_k\}$、$\{c_j\}$正交,基集合$\{\theta_m\}$($m=1,2,\cdots,N-n_1-n_2$)张成$\{c_j\}$且与$\{a_k\}$、$\{b_l\}$正交。集合$\{c_j\}$在$n_1+n_2=N$时为空。由于$\{a_k\}$中所有元素具有相同的特征值$\lambda_1$($\{b_l\}$也相似),不失一般性,记为$\phi_1 = a_1, \psi_1 = b_1$。

假设对于$|\varepsilon| < 1$,调整a_1为

$$a'_1 = \sqrt{1-\varepsilon^2} \phi_1 + \varepsilon \psi_1 \qquad (6-61)$$

定义

$$S S^T = R_1 + b_1 b_1^T = R_1 + \psi_1 \psi_1^T$$

可得

$$(S S^T)' = R'_1 + \psi_1 \psi_1^T$$

$$= R_1 - \varepsilon^2 \phi_1 \phi_1^T + (1+\varepsilon^2) \psi_1 \psi_1^T + \varepsilon \sqrt{1-\varepsilon^2} (\phi_1 \psi_1^T + \psi_1 \phi_1^T) \quad (6-62)$$

假定使用本征算法对$b_1 = \psi_1$找到一个码字调整。在这种情况下,b'_1为R'_1的最小特征值特征矢量及

$$(S S^T)'' = R'_1 + b'_1 (b'_1)^T \qquad (6-63)$$

则有下列定理。

定理 6.5 假设 $\{a_k\}$、$\{b_l\}$ 是相互正交的集合,且具有 $S\,S^{\mathrm{T}}\,a_k = \lambda_1\,a_k$ 及 $S\,S^{\mathrm{T}}\,b_l = \lambda_2\,b_l$,其中,$\lambda_1 > \lambda_2$。用 $\sqrt{1-\varepsilon^2}\,a_1 + \varepsilon\,b_1\,(0 < |\varepsilon| < 1)$ 代替 a_1,且相应地用 R'_1 的最小特征值特征矢量代替 b_1,则将严格减少总平方相关。

证明: 由方程(6-62)可得

$$\mathrm{tr}\big[((S\,S^{\mathrm{T}})')^2\big] = \mathrm{tr}\big[(S\,S^{\mathrm{T}})^2\big] + 2\varepsilon^2(\lambda_2 - \lambda_1 + 1) \qquad (6-64)$$

则通过将 ψ_1 替代为 x,其为 $R'_1 = (S\,S^{\mathrm{T}})' - \psi_1\psi_1^{\mathrm{T}}$ 具有最小特征值 $\lambda^* = \lambda' - 1$ 的特征矢量。由方程(6-63)可得

$$\mathrm{tr}\big[((S\,S^{\mathrm{T}})'')^2\big] = \mathrm{tr}\big[((S\,S^{\mathrm{T}})')^2\big] - 2(\lambda_2 - \lambda' + \varepsilon^2) \qquad (6-65)$$

取差值

$$\Delta = \mathrm{tr}\big[(S\,S^{\mathrm{T}})^2\big] - \mathrm{tr}\big[((S\,S^{\mathrm{T}})'')^2\big] = 2\big[(1-\varepsilon^2)\lambda_2 + \varepsilon^2\lambda_1 - \lambda'\big]$$
$$(6-66)$$

注意:$R'_1\phi_i = \lambda_1\phi_i\,(i=2,3,\cdots,n_1)$ 及 $R'_1\psi_j = \lambda_2\psi_j\,(j=2,3,\cdots,n_2)$,对于 $\{\theta_m\}$,有 R'_1 的 $N-2$ 个特征矢量。由于 ϕ_1 和 ψ_1 是正交的,因此 $x = a\phi_1 + \sqrt{1-a^2}\,\psi_1$。使用方程(6-62)中 R'_1 的定义,得到特征矢量方程为

$$\begin{bmatrix} (\lambda_1 - \varepsilon^2) & \varepsilon\sqrt{1-\varepsilon^2} \\ \varepsilon\sqrt{1-\varepsilon^2} & (\lambda_2 - 1 + \varepsilon^2) \end{bmatrix}\begin{bmatrix} a \\ \sqrt{1-a^2} \end{bmatrix} = (\lambda' - 1)\begin{bmatrix} a \\ \sqrt{1-a^2} \end{bmatrix}$$
$$(6-67)$$

解矩阵的特征值,取最小值,可得

$$\lambda' = \frac{\lambda_2 + \lambda_1 + 1}{2} - \sqrt{\left(\frac{\lambda_1 - \lambda_2 + 1}{2}\right)^2 - \varepsilon^2(\lambda_1 - \lambda_2)} \qquad (6-68)$$

将方程(6-68)代入方程(6-66),可得

$$\frac{\Delta}{2} = \sqrt{\left(\frac{\lambda_1 - \lambda_2 + 1}{2}\right)^2 - \varepsilon^2(\lambda_1 - \lambda_2)} - \left(\frac{\lambda_1 - \lambda_2 + 1}{2}\right) + \varepsilon^2(\lambda_1 - \lambda_2)$$
$$(6-69)$$

如果

$$\left(\frac{\lambda_1 - \lambda_2 + 1}{2}\right)^2 - \varepsilon^2(\lambda_1 - \lambda_2) > \left[\left(\frac{\lambda_1 - \lambda_2 + 1}{2}\right) - \varepsilon^2(\lambda_1 - \lambda_2)\right]^2$$
$$(6-70)$$

则 $\Delta > 0$。

通过化简式(6-70),可得

$$\varepsilon^2(\lambda_1 - \lambda_2)(1 - \varepsilon^2(\lambda_1 - \lambda_2)) > 0 \qquad (6-71)$$

对于 $|\varepsilon| < 1$,它为真。因为 $0 < \lambda_1 - \lambda_2 \leqslant 1$,所以,$\Delta > 0$。定理得证。

定理6.5有一个有趣的解释:在特殊的两步替代中,具有较差性能的"受损害的用户"在本质上"进攻"一个具有较好性能的用户。被进攻的用户则通过干扰避免寻求减轻干扰的途径,即严格减小起始次优不动点的 TSC 下限。由于随后的干扰避免算法不能增加 TSC,引起局部最小化的冲突得以避免。

6.2 基于博弈论的干扰避免算法

干扰避免是减少无线通信多址干扰的分布式波形自适应机制[9]。早期的 IA 方案是考虑上行链路功率固定、单蜂窝、同步 CDMA 系统,其发射机采用全自适应脉冲编码特征信号。用户接收机轮流感知信号环境,通过规定 MMSE 调整计算改善信号,调整的信号送回到各自的接收机。研究表明,该 IA 方案可以很容易拓展到 peer-to-peer 多址通信系统,在那里接收机是共地协作的。文献[3]讨论了干扰避免的一般 MMSE 及本征算法。在6.1 节,根据信号空间概念的公式,对于 CDMA 系统的干扰避免问题给出了一般的表示方法,并且讨论了一个可供选择的方案——贪婪本征迭代算法。在文献[12]中,为了确保收敛,引入了"类冲突"的概念,可是这种方案需要接收机之间的某种协调。

本节以博弈论的视角,重新考虑同步干扰避免问题建模与算法问题。

6.2.1 干扰避免的模型

考虑同步、peer-to-peer、脉冲编码 CDMA 系统,所有接收机是共地协作的,因此经历相同的接收信号。在 chip 级匹配滤波及预处理之后的信号模型为[13]

$$\underline{r} = S P^{1/2} \underline{b} + \underline{z}$$

$$= \sqrt{p_k} \, \underline{s}_k b_k + S_{-k} P_{-k}^{1/2} \underline{b}_{-k} + \underline{z}$$

$$= \sqrt{p_k} \, \underline{s}_k b_k + \underline{i}_k \tag{6-72}$$

式中:$\underline{r} \in \mathbb{C}^{m \times 1}$为在一个符号间隔中接收矢量,其自相关函数为$R_{rr}$($m$ 为每符号的码片数);矢量$\underline{b} \in \mathbb{A}^{n \times 1}$的第 k 个元素是第 k 个发射机发射的符号,从字母表$\mathbb{A}$中以相等概率取值(n 为 peer-to-peer 网络中链路数),假设每个发射机发射符号是独立的,均值为 0 和单位方差$\sigma_{b_k}^2 = 1$;P 为对角矩阵,第 k 个对角元素为p_k,是第 k 发射机的固定接收功率,假设 P 是固定的;特征信号$\underline{s}_k$受集合$\Omega = \{\underline{s} \in \mathbb{C}^m : \|\underline{s}\|^2 = 1\}$约束。$m \times n$ 矩阵 $S = [\underline{s}_1, \cdots, \underline{s}_n]$,$S \in \Omega^n$。矢量$\underline{z}_k \in \mathbb{C}^{m \times 1}$是加性复高斯噪声,其协方差矩阵$R_{zz} = E[\underline{z}\underline{z}^T]$,所以 $R_{rr} = E[\underline{r}\underline{r}^T] = SPS^T + R_{zz}$。$S_{-k} \in \mathbb{C}^{m \times (n-1)}$为矩阵 S 删除第 k 列后的矩阵,同样定义$P_{-k} \in \mathbb{C}^{(n-1) \times (n-1)}$及$\underline{b}_{-k} \in \mathbb{C}^{(n-1) \times 1}$,$m \times 1$维矢量$\underline{i}_k = S_{-k} P_{-k}^{1/2} \underline{b}_{-k} + \underline{z}$包含发射机 k 的所有干扰,它的自协方差矩阵$R_{ii}[k] =$

$S_{-k}P_{-k}S_{-k}^{T} + R_{zz}$。在接下来的讨论中，$R_{zz}$ 是奇异的，因此，$R_{ii}[k]$ 对某些 k 是奇异的。可以很方便地表示 $\Re_i[k] = \text{Range}\{R_{ii}[k]\}$。从方程(6-72)不言而喻有下列假设:系统有完美的符号定时及载波频率同步(但是不必要求相位同步);接收信号没有受到频率选择性多径干扰。尽管这些假设是不现实的,通常认为加强理解同步 IA 系统确实能帮助理解非理想的系统。

每个 peer-to-peer 链路接收机具有估计链路发送符号及计算发射机特征信号的职责。假设第 k 个链路接收机能够完美估计 R_{rr} 和 $R_{ii}[k]$。接收机并不允许直接告诉其他接收机选择的特征信号,尽管是共地协作的。例如,在第一次迭代时,接收机不能合作计算码字的正交集。相反,链路仅允许通过估计 R_{rr} 和 $R_{ii}[k]$ 间接地相互作用。尽管如此,这些接收机仍是足够合作的,以轮流的方式调整特征信号。假设每个接收机使用下列形式的线性符号估计:

$$\hat{b}_k = \alpha w_k^T r \tag{6-73}$$

式中:$w_k \in \mathbb{C}^{m \times 1}$ 为第 k 个接收机线性处理器;α 为通过自动增益/相位控制得到的适当的比例因子,$\alpha \neq 0$。

对 w_k 有几个自然选择。在相关接收机中有下列选择方式:

$$w_k = s_k \tag{6-74}$$

在最大信号干扰噪声比接收机中(MSINR),w_k 是下列方程的一个解:

$$R_{ii}[k] w_k = s_k \tag{6-75}$$

当 $s_k \in \Re_i[k] = \text{Range}\{R_{ii}[k]\}$ 及

$$w_k = P_\perp(R_{ii}[k]) s_k \tag{6-76}$$

当 $s_k \notin \text{Range}\{R_{ii}[k]\}$,另一个候选接收机,即 MMSE 接收机,也是 MSINR 接收机。在文献[10]中有讨论,这里从略。

在相关讨论的基础上,最好特征选择是最大化下列负的广义总的平方相关函数(Negated Generalized Total Squared Correlation Function,NTSCF):

$$V(S) = - \| SP S^T + R_{zz} \|_F^2 \tag{6-77}$$

式中:$\| A \|_F = \sqrt{\sum_{i,j} |a_{i,j}|^2}$ 为矩阵的范数。

用文献[10]给出的算法可求出 $V_{max} = \max\{V(S): S \in \Omega^n\}$ 且是全局最优解。在很多情况下,最佳的特征信号选择是那些 R_{rr} 的白化谱。此时,信号环境是可分级的。例如,在 AWGN 中,当所有接收的信号功率相等时,它发生在超负荷的 IA 系统($n \geq m$)。以博弈论的说法,$V(S)$ 为测量所有特征信号选择的收益的社会福利函数。比较协调博弈 $\langle \mathbb{N}, \{\Omega\}, \{V\}\rangle$ 和具有 $\tilde{u}_k(S) = -2p_k s_k^H R_{ii}[k] s_k$ 的原始

博弈 $\langle \mathbb{N} , \{\varOmega\} , \{\tilde{u}_k(S)\}\rangle$。以 s_k 扩展位势函数,有

$$V(S) = -\parallel SP S^{\mathrm{T}} + R_{zz} \parallel_F^2$$

$$= -\parallel R_{ii}[k] + p_k s_k s_k^{\mathrm{T}} \parallel_F^2$$

$$= -\parallel R_{ii}[k] \parallel_F^2 + p_k^2 - 2p_k s_k^{\mathrm{T}} R_{ii}[k] s_k$$

因此,$\langle \mathbb{N} , \{\varOmega\} , \{\tilde{u}_k(S)\}\rangle$ 为精确位势博弈,$V(S)$ 为位势函数,对于第 k 个参与者,最优响应是选择 $R_{ii}[k]$ 的归一化的次特征矢量。事实上,许多其他的 IA 博弈也用 $V(S)$ 作为位势函数。

6.2.2 收敛性

轮询模式的最优响应迭代 $\varPhi$ 好于已知的本征迭代,且以类收敛,即收敛于 R_{rr} 特征矢量集合(不必是最优的)[14]。它也是已知的最优响应迭代的变例(称为类冲突),渐近地最大化 NTSCF;可是,该 IA 方案需要在接收机之间进行合作。无论如何,正如下列定理所表示的,在可分级信号环境中 IA 协调博弈是纳什可分离的。因此,NBRI 渐近收敛于没有类冲突的最优特征邻域或任一其他形式的协调。

定理 6.6 IA 协调博弈 $\langle \mathbb{N} , \{\varOmega\} , \{V\}\rangle$ 在可分级信号环境中是纳什可分离的。

证明: 文献[10]已经证明 $V(S)$ 没有次优的局部最小值。直接采用文献[10]中的定理 2,表明 $V(\varPhi_F)$ 是有限集合,使用这一事实,选择 $0 < \varepsilon_m < \min_{k \in \mathbb{N}} p_k^2/2$,使 $S \in \varPhi_F$,意味着,在 $W_{\varepsilon_m} = V^{-1}(N_{\varepsilon_m}(V_{max}))$ 上,$V(S) = V_{max}$。

给定 $0 < \varepsilon < \varepsilon_m , S \in W_\varepsilon$,如果 $\inf V(\varPhi(S)) = V(S)$,则在一轮中,当 $V(S) = V_{max} , V(S) > V_{max} - \varepsilon$ 时,存在一个非改善的最优响应序列,因此考虑 $V(S) < V_{max}$。注意到,通过选择 $\varepsilon_m , S \notin \varPhi_F$。因此,$\exists j \in \mathbb{N}$,限定 $V(\varPhi_j(S)) > V(S)$,选择最小的 j,这仅发生在参与者 j 的改善响应被一个改变响应的参与者 $k < j$ 所阻碍。考虑最小的这样的 k,由于 j 的选择,参与者 k 在 S 中的特征信号已经是最优响应,因此 $R_{ii}[k]$ 次特征空间具有维数大于或等于 2。令 $\lambda_{min}[k] = \min \lambda(R_{ii}[k])$ 及

$$R_{ii}[k] = Q \begin{bmatrix} \Lambda & 0 \\ 0 & \lambda_{min} I_2 \end{bmatrix} Q^{\mathrm{H}} \tag{6-78}$$

是 $R_{ii}[k]$ 的特征分解,选择最优的特征信号集合 $S_{opt} \in \varOmega^n$,由于 IA 博弈是可分级的,$\exists \kappa > 0$,限定 $R_{rr,opt} \triangleq S_{opt} P S_{opt}^{\mathrm{H}} + R_{zz} = \kappa I$,因此有

$$V_{max} - V(S)$$

$$= -\parallel R_{rr,opt} \parallel_F^2 + \parallel SP S^{\mathrm{H}} - S_{opt} P S_{opt}^{\mathrm{H}} + R_{rr,opt} \parallel_F^2$$

$$= \parallel SP S^{\mathrm{H}} - S_{opt} P S_{opt}^{\mathrm{H}} \parallel_F^2 + 2\kappa \mathrm{Retr}\{SP S^{\mathrm{H}} - S_{opt} P S_{opt}^{\mathrm{H}}\}$$

$$= \parallel \boldsymbol{R}_{ii}[k] + p_k \boldsymbol{s}_k \boldsymbol{s}_s^{\mathrm{H}} - \kappa \boldsymbol{I} \parallel_F^2$$

$$\geq \parallel \boldsymbol{\Lambda} - \kappa \boldsymbol{I} \parallel_F^2 + (\lambda_{\min}[k] + p_k - \kappa)^2 + (\lambda_{\min}[k] - \kappa)^2$$

$$\geq p_k^2/2 > \varepsilon$$

相矛盾。定理证毕。

这意味着,对于可分级合作博弈的 NBRI 是收敛的。

6.3　非中心网络中基于博弈论的干扰避免

在现代的无线网络中,很多情况下不具有固定的结构,因而需要分布式决策。节点需要独立、周期地对干扰环境的改变进行自我调整,网络配置改变(节点进入或离开网络)、移动性及无线信道的特性等都随环境和时间而改变。当存在多个非协调的接收机及用户有非对称的功率约束时,波形自适应将变得非常复杂。基于最大化总容量的贪婪 IA 算法将不再能使系统公平地分配资源,因此,对发送节点,需要波形调整决策以提高某些系统福利函数并减少接收机干扰。利用博弈论可以分析这样的系统,构建的解决方案可以达到公平地利用系统资源的目的。

6.3.1　系统模型

多个非协调接收机的网络结构如图 6 - 1 所示[15]。网络由一组节点对组成,每个发送节点都有一个感兴趣的接收节点,这造成网络中存在多个非协调的接收机。图 6 - 1 中的箭头表示发送节点试图将信息发送到对应的接收节点。

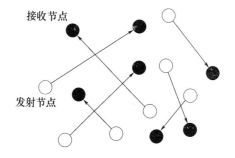

图 6 - 1　多个非协调接收机的网络结构

发送节点允许有不同的传输功率限制,功率限制是固定的,而且独立于波形调整过程。在接收节点引起的干扰是由于其他发送节点发送的信号到达该接收节点所致。引起的干扰受功率限制及相关的信道特性影响。

令 K 表示网络中发送节点的数量,$\boldsymbol{s}_i \in \mathbb{C}^{N \times 1}$ 表示发送节点 i 的特征序列,可用信号的维数为 N。特征序列允许是实数值,不失一般性,特征序列假设具有单位范数($|\boldsymbol{s}_i| = 1$)。在第 j 个接收节点处接收到的第 i 个发送节点的功率记为 p_{ij}。考虑

的因素是发送节点的功率限制及发送节点与接收节点之间的信道影响。从第 i 个发送节点发送的比特记为 b_i,接收节点接收的信号为

$$\boldsymbol{r}_j = \sum_{i=1}^{N} \sqrt{p_{ij}} b_i \boldsymbol{s}_i + \boldsymbol{z} \qquad (6-79)$$

矢量 $\boldsymbol{z} \in \mathbb{C}^{N \times 1}$ 为加性高斯白噪声,均值为 0、方差为 1。假设信道在波形调整期间是不变的。

6.3.2　位势博弈公式

标准博弈通常表示为 $G = \langle \mathbb{N}, \{A_i\}_{i \in \mathbb{N}}, \{u_i\}_{i \in \mathbb{N}} \rangle$,$G$ 为博弈,$\mathbb{N} = \{1, 2, \cdots, N\}$ 为参与者集合,参与者 i 的可用行动集合为 A_i,与参与者 i 相联系的效用函数记为 u_i。所有参与者的可用行动集合表示为 $A = \underset{i \in \mathbb{N}}{\times} A_i$,而 $u_i : A \to \mathbb{R}$ 是每个参与者的效用函数,它是博弈行动的函数。参与者选择行动是最大化其效用函数。博弈的纳什均衡(NE)是行动组合,从该行动组合中,没有参与者通过单方面的背离增加其效用,行动组合 $\boldsymbol{a} \in A$ 是纳什均衡,当且仅当

$$u_i(\boldsymbol{a}) \geqslant u_i(\boldsymbol{b}_i, \boldsymbol{a}_{-i}), \forall i \in \mathbb{N}, \boldsymbol{b}_i \in A_i, \boldsymbol{a}_{-i} \in \underset{\substack{j \neq i \\ j \in \mathbb{N}}}{\times} A_j \qquad (6-80)$$

纳什均衡形成博弈的稳定状态。

假设博弈是重复的,在每个博弈阶段参与者选择一个行动来改善效用函数。特殊的行动选择准则为最优响应动态和更优响应动态。

位势博弈即存在位势函数,其效用函数的变化体现在位势函数中,即 $P : A \to \mathbb{R}$ 称为位势函数,如果 $u_i(\boldsymbol{a}_i, \boldsymbol{a}_{-i}) - u_i(\hat{\boldsymbol{a}}_i, \boldsymbol{a}_{-i}) = P(\boldsymbol{a}_i, \boldsymbol{a}_{-i}) - P(\hat{\boldsymbol{a}}_i, \boldsymbol{a}_{-i}) \forall i, \boldsymbol{a}_i,$ $\hat{\boldsymbol{a}}_{-i} \in A_i$。位势博弈的 NE 是最大化其位势函数。所有位势博弈遵循于最优响应动态均收敛到 NE。具有有限行动空间的位势博弈沿着更优响应动态也收敛于 NE。

总容量定义为网络中用户取得的速率之和,作为评价有中心接收场景中网络性能的尺度。对于有中心网络,所有引入的 IA 算法贪婪地增加自己的效用(速率或 SINR),设计为最大化网络总容量。可是,当网络中存在多个非合作接收机,且当用户具有不对称的功率限制时,总容量将不是合适的尺度。最大化该尺度将导致网络资源分配偏袒更强的用户接收机对,导致弱的用户接收机对性能更差,即有失公平性。

无中心网络中,公平资源分配的位势博弈模型,可以通过最大化自己的效用来最大化全局的效用。

为体现公平性的概念,修改每个用户的效用函数;除提高预定用户接收机处的性能收益外,还体现网络中的公平性。效用函数的有效形式为

$$u_i(\boldsymbol{s}_i, \boldsymbol{p}_i) = f_1(\boldsymbol{s}_i, \boldsymbol{p}_i) - \sum_{j \neq i, j=1}^{N} f_2(I(\boldsymbol{s}_j, \boldsymbol{s}_i), \boldsymbol{p}_j, \boldsymbol{p}_i) - \sum_{j \neq i, j=1}^{N} \gamma_{ij} f_3(I(\boldsymbol{s}_i, \boldsymbol{s}_j), \boldsymbol{p}_i, \boldsymbol{p}_j)$$

$$(6-81)$$

式中：f_1 为与选择特定特征序列及功率选择相联系的收益；f_2 为用户 i 在其相联系的接收机处测得的由于网络中其他用户存在而接收到的干扰；I 为特征序列 s_i, s_j 的函数；f_3 为特定用户对其他用户接收机所引起的干扰；γ_{ij} 为加权因子。

效用函数的前两项是减少特定用户接收机所受到的干扰，第三项是与其他用户接收机友好的收益（减少网络的干扰），它是贡献于网络的公平性。

位势函数为

$$\text{Pot}(\boldsymbol{S}, \boldsymbol{P}) = \sum_{i=1}^{N} \left(f_1(\boldsymbol{s}_i, \boldsymbol{p}_i) - \alpha \sum_{j \neq i, j=1}^{N} f_2(I(\boldsymbol{s}_j, \boldsymbol{s}_i), \boldsymbol{p}_j, \boldsymbol{p}_i) - \beta \sum_{j \neq i, j=1}^{N} \gamma_{ij} f_3(I(\boldsymbol{s}_i, \boldsymbol{s}_j), \boldsymbol{p}_i, \boldsymbol{p}_j) \right)$$

$$(6-82)$$

该函数由所有用户效用函数之和组成，含加权因子 α、β，矢量 $\boldsymbol{S} = [\boldsymbol{s}_1, \boldsymbol{s}_2, \cdots, \boldsymbol{s}_N]$ 及矢量 $\boldsymbol{P} = [\boldsymbol{p}_1, \boldsymbol{p}_2, \cdots, \boldsymbol{p}_N]$。分离涉及用户 i 的各项有

$$
\begin{aligned}
\text{Pot}(\boldsymbol{s}_i, \boldsymbol{S}_{-i}, \boldsymbol{p}_i, \boldsymbol{P}_{-i}) = & f_1(\boldsymbol{s}_i, \boldsymbol{p}_i) - \alpha \sum_{j \neq i, j=1}^{K} f_2(I(\boldsymbol{s}_j, \boldsymbol{s}_i), \boldsymbol{p}_j, \boldsymbol{p}_i) - \\
& \beta \sum_{j \neq i, j=1}^{K} \gamma_{ij} f_3(I(\boldsymbol{s}_i, \boldsymbol{s}_j), \boldsymbol{p}_i, \boldsymbol{p}_j) - \\
& \alpha \sum_{j \neq i, j=1}^{K} f_2(I(\boldsymbol{s}_i, \boldsymbol{s}_j), \boldsymbol{p}_i, \boldsymbol{p}_j) - \\
& \beta \sum_{j \neq i, j=1}^{K} \gamma_{ji} f_3(I(\boldsymbol{s}_j, \boldsymbol{s}_i), \boldsymbol{p}_j, \boldsymbol{p}_i) - \\
& \sum_{k \neq i, k=1}^{K} \left[f_1(\boldsymbol{s}_k, \boldsymbol{p}_k) - \alpha \sum_{j \neq k, j \neq i, j=1}^{K} f_2(I(\boldsymbol{s}_j, \boldsymbol{s}_k), \boldsymbol{p}_j, \boldsymbol{p}_k) - \\
& \beta \sum_{j \neq k, j \neq i, j=1}^{K} \gamma_{kj} f_3(I(\boldsymbol{s}_k, \boldsymbol{s}_j), \boldsymbol{p}_k, \boldsymbol{p}_j) \right]
\end{aligned}
$$

$$(6-83)$$

效用函数及位势博弈成为精确位势博弈需要满足

$$u_i(\boldsymbol{s}'_i, \boldsymbol{p}_i) - u_i(\boldsymbol{s}_i, \boldsymbol{p}_i) = \text{Pot}(\boldsymbol{s}'_i, \boldsymbol{S}_{-i}, \boldsymbol{p}_i, \boldsymbol{P}_{-i}) - \text{Pot}(\boldsymbol{s}_i, \boldsymbol{S}_{-i}, \boldsymbol{p}_i, \boldsymbol{P}_{-i})$$

$$(6-84)$$

当 $\alpha = \beta = 1/2$ 时存在下列两种情况：

情况 1：

$$\begin{cases} f_2(I(\boldsymbol{s}_j, \boldsymbol{s}_i), \boldsymbol{p}_j, \boldsymbol{p}_i) = f_2(I(\boldsymbol{s}_i, \boldsymbol{s}_j), \boldsymbol{p}_i, \boldsymbol{p}_j) \\ f_3(I(\boldsymbol{s}_j, \boldsymbol{s}_i), \boldsymbol{p}_j, \boldsymbol{p}_i) = f_3(I(\boldsymbol{s}_i, \boldsymbol{s}_j), \boldsymbol{p}_i, \boldsymbol{p}_j) \\ \gamma_{ij} = \gamma_{ji}, \ \forall i, j \end{cases} \quad (6-85)$$

情况 2：

$$\begin{cases} f_2(\cdot) = f_3(\cdot) \\ \gamma_{ij} = 1, \ \forall i, j \end{cases} \quad (6-86)$$

在情况 2 中,另一个精确位势函数可写为

$$\mathrm{Pot}(\boldsymbol{S},\boldsymbol{P}) = \sum_{i=1}^{K} f_1(\boldsymbol{s}_i,\boldsymbol{p}_i) - \sum_{j\neq i,j=1}^{K} f_3(I(\boldsymbol{s}_i,\boldsymbol{s}_j),\boldsymbol{p}_i,\boldsymbol{p}_j) \qquad (6-87)$$

效用函数及位势函数如果满足下列条件称为序数位势博弈:

$$u_i(\boldsymbol{s'}_i,\boldsymbol{p}_i) \geqslant u_i(\boldsymbol{s}_i,\boldsymbol{p}_i) \Leftrightarrow \mathrm{Pot}(\boldsymbol{s'}_i,\boldsymbol{S}_{-i},\boldsymbol{p}_i,\boldsymbol{P}_{-i}) \geqslant \mathrm{Pot}(\boldsymbol{s}_i,\boldsymbol{S}_{-i},\boldsymbol{p}_i,\boldsymbol{P}_{-i})$$

$$(6-88)$$

当 $f_{2i}(\cdot) = f_{3i}(\cdot) = f_{ui}(\cdot)$ 时,是有可能的,这里 $f_{ui}(\cdot)$ 是 $f_{\mathrm{pot}}(\cdot)$ 的序数变换。或者,当 $f_{2i}(\cdot)$、$f_{3i}(\cdot)$ $f_{\mathrm{pot}}(\cdot)$ 都是序数函数时,与每个用户相关的效用函数为

$$u_i(\boldsymbol{s}_i,\boldsymbol{p}_i) = f_1(\boldsymbol{s}_i,\boldsymbol{p}_i) - \sum_{j\neq i,j=1}^{K} f_{2i}(I(\boldsymbol{s}_j,\boldsymbol{s}_i),\boldsymbol{p}_j,\boldsymbol{p}_i) - \sum_{j\neq i,j=1}^{K} f_{3i}(I(\boldsymbol{s}_i,\boldsymbol{s}_j),\boldsymbol{p}_i,\boldsymbol{p}_j)$$

$$(6-89)$$

位势函数为

$$\mathrm{Pot}(\boldsymbol{S},\boldsymbol{P}) = \sum_{i=1}^{K} f_1(\boldsymbol{s}_i,\boldsymbol{p}_i) - \sum_{j\neq i,j=1}^{K} f_{\mathrm{pot}}(I(\boldsymbol{s}_i,\boldsymbol{s}_j),\boldsymbol{p}_i,\boldsymbol{p}_j) \qquad (6-90)$$

该公式允许每个用户有不同的效用函数,唯一的限制是相互之间效用函数是可变换的。

6.3.3　精确位势博弈举例

建模在方程(6-81)的第 i 个用户的效用函数为

$$u_i(\boldsymbol{s}_i,\boldsymbol{p}_i) = -\sum_{j\neq i} \frac{\boldsymbol{s}_i^{\mathrm{H}}\boldsymbol{s}_j\boldsymbol{s}_j^{\mathrm{H}}\boldsymbol{s}_i p_{ji}}{p_{ii}} - \sum_{j\neq i} \frac{\boldsymbol{s}_i^{\mathrm{H}}\boldsymbol{s}_j\boldsymbol{s}_j^{\mathrm{H}}\boldsymbol{s}_i p_{ij}}{p_{jj}} \qquad (6-91)$$

这里函数 f_2(方程(6-81))为网络中其他用户对用户 i 接收机的干扰,被用户 i 接收功率所加权;f_3 为由用户 i 对其他相关用户接收端机引起的干扰,被其他用户接收功率所加权。由于函数 f_2 和 f_3 有类似的结构,即 $f_2(\cdot) = f_3(\cdot)$,则方程(6-87)可以用下列精确位势函数表示该效用:

$$V(\boldsymbol{S},\boldsymbol{P}) = -\sum_{i=1}^{N} \boldsymbol{s}_i^{\mathrm{T}} \left(\sum_{\substack{j=1 \\ j\neq i}}^{N} \frac{\boldsymbol{s}_j\boldsymbol{s}_j^{\mathrm{H}} p_{ji}}{p_{ii}} \right) \boldsymbol{s}_i \qquad (6-92)$$

效用函数可写为

$$u_i(\boldsymbol{s}_i,\boldsymbol{p}_i) = -\frac{\boldsymbol{s}_i^{\mathrm{H}}\boldsymbol{R}_{-ii}\boldsymbol{s}_i}{p_{ii}} - \sum_{j\neq i} \frac{\boldsymbol{s}_i^{\mathrm{H}}\boldsymbol{s}_j\boldsymbol{s}_j^{\mathrm{H}}\boldsymbol{s}_i p_{ij}}{p_{jj}} \qquad (6-93)$$

式中

$$\boldsymbol{R}_{-ii} = \boldsymbol{R}_i - \boldsymbol{s}_i \boldsymbol{s}_i^{\mathrm{H}} p_{ii} - \boldsymbol{I} = \sum_{\substack{j=1 \\ j \neq i}}^{K} \boldsymbol{s}_j \boldsymbol{s}_j^{\mathrm{H}} p_{ji} \qquad (6-94)$$

其中:$\boldsymbol{R}_i$ 为用户 i 接收机所接收信号的互相关矩阵,即

$$\boldsymbol{R}_i = E[\boldsymbol{r}_i \boldsymbol{r}_i^{\mathrm{T}}] = \sum_{j=1}^{K} \boldsymbol{s}_j \boldsymbol{s}_j^{\mathrm{H}} p_{ji} + E[\boldsymbol{z}\boldsymbol{z}^{\mathrm{H}}] = \sum_{j=1}^{K} \boldsymbol{s}_j \boldsymbol{s}_j^{\mathrm{H}} p_{ji} + \boldsymbol{I} \qquad (6-95)$$

效用函数中:第一项可认为是与用户 i 相联系的接收机接收信号干扰噪声比的倒数;第二项是由该用户在其他用户接收机处引起干扰的加权和,贡献于网络的公平性。用户 i 试图最大化其 SIR,同时减少对其他用户接收机的干扰。

文献[16,17]提出一个与增加全局测量相类似的效用,它是系统中每个用户与多接收机之间会话而不考虑网络公平性的特例。

6.3.4 收敛性质

位势函数的最大值形成了网络的稳态。精确位势博弈展现了最优、更优响应收敛到这些稳定状态。最优响应可由每个用户改变其特征序列,以使得到对于网络当前状态的最好效用来实现。第 i 个用户的效用函数可重写为

$$u_i(\boldsymbol{s}_i, \boldsymbol{p}_i) = -\boldsymbol{s}_i^{\mathrm{H}} \left(\sum_{j \neq i} \frac{\boldsymbol{s}_j \boldsymbol{s}_j^{\mathrm{H}} p_{ji}}{p_{ii}} + \sum_{j \neq i} \frac{\boldsymbol{s}_j \boldsymbol{s}_j^{\mathrm{H}} p_{ij}}{p_{jj}} \right) \boldsymbol{s}_i \qquad (6-96)$$

令

$$\boldsymbol{R} = \sum_{j \neq i} \frac{\boldsymbol{s}_j \boldsymbol{s}_j^{\mathrm{H}} p_{ji}}{p_{ii}} + \sum_{j \neq i} \frac{\boldsymbol{s}_j \boldsymbol{s}_j^{\mathrm{H}} p_{ij}}{p_{jj}} \qquad (6-97)$$

则第 i 个用户的最优响应是对应于 $\boldsymbol{R}$ 最小特征值的特征矢量。为了允许在用户末端实现最优响应迭代,假设用户知道网络中所有其他用户的特征序列及所有的 $p_{ij}(i,j \in \{1,2,\cdots,K\})$ 值。

相应地,更优响应迭代也可在用户末端实现。在该方法中,用户随机地改变其特征序列,网络中的所有接收机都能"听到"这个特殊用户发回的由特征序列改变而引起的 SINR 改变。如果 SINR 中改变的倒数总和是负值,则用户坚持它的调整,否则退回它的特征改变。

参考文献

[1] Chakravarthy V, Nunez A S, Stephens J P, et al. TDCS, OFDM, and MC – CDMA: a brief tutorial[J]. IEEE Communications Magazine, 2005, 43(9): S11 – S16.

[2] 何世彪, 季烨, 潘辉. TDCS 中随机相位的混沌产生方法[J]. 重庆大学学报(自然科学版), 2007, 31 (12): 1371 – 1375.

[3] Rose C, Ulukus S, Yates R D. Interference avoidance for wireless systems[C]. IEEE 51st Vehicular Technology Conference Proceedings, 2000: 901 – 906.

[4] Viswanath P, Anantharam V, Tse D N C. Optimal sequences, power control, and user capacity of synchronous CDMA systems with linear MMSE multiuser receivers[J]. IEEE Transactions on Information Theory, 1999, 45 (6): 1968 – 1983.

[5] Rupf M, Massey J L. Optimum sequence multisets for synchronous code – division multiple – access channels [J]. IEEE Transactions on Information Theory, 1994, 40(4): 1261 – 1266.

[6] Massey J L. On Welch's bound for the correlation of a sequence set[C]. 1991 IEEE International Symposium on Information Theory, 1991: 385 – 385.

[7] Ulukus S, Yates R D. Iterative signature adaptation for capacity maximization of CDMA systems[C]. Thiry – Sixth Annual Allerton Conference on Communication, Control, and Computing, 1998: 506 – 515.

[8] Ulukus S E. Power control, multiuser detection and interference avoidance in CDMA systems[D]. New Brunswick: The State University of New Jersey, 1998.

[9] Ulukus S, Yates R D. Iterative construction of optimum signature sequence sets in synchronous CDMA systems [J]. IEEE Transactions on Information Theory, 2001, 47(5): 1989 – 1998.

[10] Anigstein P, Anantharam V. Ensuring convergence of the MMSE iteration for interference avoidance to the global optimum[J]. IEEE Transactions on Information Theory, 2003, 49(4): 873 – 885.

[11] Viswanath P, Anantharam V. Optimal sequences and sum capacity of synchronous CDMA systems[J]. IEEE Transactions on Information Theory, 1999, 45(6): 1984 – 1991.

[12] Rose C. CDMA codeword optimization: Interference avoidance and convergence via class warfare[J]. IEEE Transactions on Information Theory, 2001, 47(6): 2368 – 2382.

[13] Hicks J E, MacKenzie A B, Neel J A, et al. A game theory perspective on interference avoidance[C]. IEEE Global Telecommunications Conference, 2004: 257 – 261.

[14] Popescu D C, Rose C. Interference avoidance methods for wireless systems[M]. Boston, MA: Springer US, 2004.

[15] Menon R, MacKenzie A, Buehrer R, et al. Game theory and interference avoidance in decentralized networks [C]. SDR Forum Technical Conference, 2004: 13 – 18.

[16] Sung C W, Leung K K. On the stability of distributed sequence adaptation for cellular asynchronous DS – CDMA systems[J]. IEEE Transactions on Information Theory, 2003, 49(7): 1828 – 1831.

[17] Leung K K, Lok T M, Sung C W. Sequence adaptation for cellular systems[C]. The 57th IEEE Semiannual Vehicular Technology Conference, 2003: 2066 – 2070.

内 容 简 介

博弈论为无线网络的分析提供新的理论方法。本书介绍了运用博弈论的方法对无线网络的热点与难点问题进行博弈建模和博弈分析。全书共分为 6 章：第 1章博弈论基础，主要介绍博弈论的基本概念、基本术语、基本组成、基本定义和相关定理；第 2 章博弈模型，介绍了无线网络中常用的博弈模型，主要有古诺博弈、贝特兰德博弈、重复博弈、马尔可夫博弈、位势博弈、超模博弈和演化博弈，特别强调了重复博弈和位势博弈的基本形式及相关性质；第 3 章无线网络中博弈论应用议题，从总体上介绍了无线网络中的博弈应用问题，主要有 ad hoc 网络博弈建模、无线传感器网络中主动防御机制博弈分析、基于博弈论的跨层优化设计及无线网络中博弈论其他应用议题；第 4 章无线网络中基于博弈论的功率控制，主要有蜂窝网络中的功率控制、无线 ad hoc 网络中的功率控制、认知无线电中的功率控制、基于代价函数的功率控制；第 5 章基于博弈论的无线网络资源分配，主要有认知无线网络中的频谱分配博弈、基于代价的无线 ad hoc 网络带宽分配方法、基于博弈论的多无线电多信道无线网络的信道分配问题；第 6 章基于博弈论的干扰避免，主要有无线通信系统中的干扰避免、基于博弈论的干扰避免算法、非中心网络中基于博弈论的干扰避免。

本书可供电子与通信领域的研究人员、工程师，以及高等院校相关专业的教师及研究生参考。

Game theory provides a new theoretical approach for wireless networks. This book is intended to introduce game modeling and game analysing for the hotspots and difficult problems in wireless networks by means of game theory, which is divided into six chapters. Chapter 1, The Fundamentals of Game Theory, presents an introduction to basic concepts, basic terminologies, basic compositions, basic definitions and the related theorems of game theory. Chapter 2, Models of Game Theory, is devoted to several typical game models in wireless networks, such as Gournot Game, Bertrand Game, Repeated Game, Markov Games, Potential Game, Supermodular Game and Evolutionary Game. A special emphasis is on the basic forms and related properties of repeated game and potential game. Chapter 3, Related Issues of Game Application on Wireless Networks, is primarily concerned with applications of game theory to wireless networks. This chapter mainly contains modeling ad hoc networks as games, game analysis of active defense in wireless sensor networks, cross layer design and optimization based on game theory and other issues of game application. Chapter 4, Power Control of Wireless Networks Based on Game Theory, provides power control methods in different applications, such as power control in cellular communications systems, power control in wireless ad hoc networks, power control in cognitive radio, cost-based power control schemes and so on. Chapter 5, Resources Allocation with Game Theory for Wireless Networks, discusses spectrum allocation game in cognitive radio network, pricing-based approach of bandwidth allocation in ad hoc networks, and channel allocation based on game theory in multi-radio wireless networks. Chapter 6, Interference Avoidance Based on Game theory, considers models of interference avoidance in wireless systems, algorithms of interference avoidance based on game theory, and interference avoidance based on game theory in decentralized networks.

This book can serve as a reference book for researchers, engineers, teachers of related professions in universities and graduate students who are engaged in electronic and communication engineering domain.